KB137927

토목
공학의
역사

고대부터 근대까지

한스 스트라우브 지음
김문겸 옮김

사물의 기원과 초기 성장에 주의를 기울이는 자가 ······
사물을 가장 정확하게 볼 것이다.

He who considers things in their first growth and origin, whether a state
or anything else, will obtain the clearest view of them

– *아리스토텔레스*_{Aristotle}

이 책은 저자의 직업인 토목공학의 역사적인 발전에 대하여 수년간 정리한 일련의 기록물이다. 로마에서 장기간 체류하게 되고, 역사 전반에 대하여 강한 흥미를 가지면서 저자의 직업의 역사와 가까워지고자 하는 욕망을 가지게 되었다. 다른 직업의 친구들, 특히 건축가와 미술 역사가들과의 교류를 통해 저자와 같은 직업을 가진 여러 동료들에게서 역사적인 흥미가 부족한 것과 이 주제에 대한 자료 역시 부족하다는 것을 느끼게 되었다. 토목공학 기술 그리고 과학의 기원과 발전에 대하여 친숙해지고자 하면 역학의 역사에 대한 전문자료를 면밀히 조사하고, 찾기 어려운 고서적과 정기간행물에 흩어져 있는 자료를 탐색하는 데 의존할 수밖에 없었다.

저자에게 주어진 첫 번째 임무는 건설기술자에게는 기초적인 수단이 되는 구조해석의 공통적 개념과 방법의 기원과 점차적인 발전에 대한 큰 그림을 그리는 것이었다. 마찬가지로, 기술자에게는 일상적인 용어이긴 하지만, 공식, 관계, 방정식을 지칭하기 위하여 사용되는 인명, 즉 후크, 나비에, 클라페이론 등과 같은 사람들에 대한 주요 이력사항들과 친근해지도록 노력하였다. 스위스 건설저널Schweizerische Bauzeitung에 1938~1944년에 걸쳐 발간된 일련의 논문이 이 우연한 연구의 결과이다. 이 논문들 중 일부는 약간 수정하거나 또는 수정 없이 이 책에 포함되었다.

저자의 연구는 전쟁이 임박한 시기라서 로마에서는 엔지니어링과 관련된 일이 거의 중지된 반면 대부분의 도서관은 개방된 채로 있었기에 기대하지 않았던 추진력을 가지게 되었다. 뜻하지 않은 휴가는 연구의 깊이를 더해 르네상스로부터 19세기 중반까지 토목공학의 역사를 집중적으로 서술할 수 있는 기회를 주었다. 원고를 출판사 Birkhauser of Basle에 제출하였는데, 출판사는 그들의 출판물시리즈 "과학과 문화"에 포함될 수 있도록 원고를 좀 더 보완하고 확대해 주기를 제안하였다. 주된 목표는 이 시리즈의 방향에 맞추어 토목공학의 순수과학과 일반적인 문화 사이의 상호 관계를, 특히 각기 다른 예술사조에 주목하여 보여주는 것이었다. 다시 말하면, 현대예술에서 보여주는 바와 같이 토목공학 자체와 문화의 종합을 추구하는 것이었다. 이 제안은 저자의 개인적인 의도나 경향과 전적으로 부합되었기 때문에 기꺼이 받아들였다. 이렇게 보완된 것이 현재의 책이다.

따라서 이 책은 학생과 실무 엔지니어뿐만 아니라 넓은 범위의 일반인을 대상으로 하였다. 전자에 대해서는 과학과 예술의 보다 넓은 역사적 배경 위에서 자신의 직업을 이해하고, 지평을 넓혀 직업적으로 편협해지는 것을 막는 데 도움을 주고자 한다. 이 서문에서 인용구로 삼은 아리스토텔레스의 격언에 주의하면,

학문적으로 교육받은 기술자는 자신의 직업의 기원과 발전, 기반과 뿌리에 대하여 인식하여야 할 것이다.

일반인에게서는 이 책이 엔지니어링 세계에 대한 통찰력을 주기를 기대한다. 기본 원리가 전문화에 의하여 모호하게 되지 않은 과거의 단순하고 명료한 상황을 가지고 설명하는 것이 아마도 이런 목적을 이루기 위해서 가장 좋은 방법일 것이다.

이 두 가지 목적을 염두에 두고 주제의 서술은 일반적 성격을 고수하였다. 정역학과 재료역학 이론의 발전과 구조공학에의 그 개개 적용은 대강의 개요로만 표현하였다. 이론적인 역학은 거의 다루지 않았다. 특별한 문제의 탐구는 가능한 피하였다. 이론적이며 수학적 성격에 대한 논의가 불가피한 곳, 예를 들어 구조역학의 기원에 대하여 역사적 조사를 한 절들(제6장, 제7장 2절, 제9장 1절)은, 일반인의 경우 생략해도 좋을 것이다. 반면에, 토목공학의 발전에 큰 공헌을 한 인물들의 이력에는 잘 알려진 사실을 반복하는 위험에도 불구하고 좀 더 많은 공간을 할애하였다. 수많은 기념비와 구조물 중에서 대체적인 경향에 전형적인 것들만 선택하였다. 따라서 여러 중요한 엔지니어링 업적들이 책 중에 언급되지 않았으며 완벽성을 추구하지는 않았다.

전체 시리즈의 표제를 염두에 두고 저자는 주제의 한계를 가능한 한 넓게 잡도록 하고, 토목공학과 다른 문화사 영역의 밀접한 관계를 강조하려고 노력하였다. 이 면에서 저자는 개인적 소견을 항상 감추려고 하지는 않았다. 반면, 이야기는 의도적으로 토목공학에 제한하였으며 기계공학이나 근대 산업의 발전에 관한 것은 그 발전이 토목공학의 문제와 특별한 관계가 있을 때만 언급하였다. 따라서 이 책은 엔지니어링 전반에 대한 역사가 아닌 토목공학의 역사를 서술한 것이다.

한 손에는 역학이라는 과학을 가지고 다른 한 손에는 유서 깊고 창조적인 건설 기술을 가진, 큰 차이가 나는 뿌리로부터 현대 건설기술과 지금의 토목공학이 어떻게 발전되어 왔는가가 이 책이 보여주고 싶은 그림이다.

고대와 중세의 역사를 다루는 첫 두 장은 여러 역사자료에서 주어진 정보에 근거한다. 르네상스 시대부터는 원고나 기록된 자료의 사용을 포기하여야 함에도 불구하고 가능한 당시의 자료를 사용하였다. 자주 사용된 자료의 출처는 말미의 참고문헌에 정리하였으며 그렇지 않은 것들은 각주에 언급하였다.

한스 스트라우브

이 책의 영어판이 출현됨에 따라 독일어판이 쓰일 때 참조하지 못한 자료 등에 의하여 추가적인 보충이나 수정을 가할 수 있는 기회가 주어졌다. 약간의 공백을 메울 수 있었으며 독자들이 제공한 여러 유용한 의견을 따를 수 있었다.

그러나 전반적으로 이 책의 '조사survey' 성격은 영어판에도 보존되었다. 완벽성을 추구하지는 않았으며, 따라서 평론가가 제시한 의견을 모두 따를 수는 없었다. 다시 한 번, 독일어판과 마찬가지로 이 책의 주된 목적은 건설기술과 역학의 역사를 완벽하게 서술하는 것이 아니고 토목공학과 건설 기예 사이의 상호 관계를 묘사하는 것이다.

이 기회를 빌려 번역자 Erwin Rockwell에게 철저하고 성실한 작업을 수행해준 것에 대하여 특별한 감사를 드리고 싶다. 다른 언어로 서술된 말에 내재된 정신을 다시 일으키는 쉽지 않은 숙제를 모범적인 방식으로 만족하게 푸는 것 외에도, 그는 그 자신의 제안과 조언을 통하여 이 책의 작은 잘못들을 없애고 책의 완성도를 높이도록 도와주었다.

1951년 8월 로마에서
한스 스트라우브

제가 이 책을 처음 접한 것은 꽤 오래전 일입니다. 학교에서 토목공학을 가르치면서 어떻게 하면 학생들이 토목공학에 대한 자긍심과 흥미를 갖게 할 수 있을까를 고민할 때이었습니다. 어디에선가 인용된 한스 스트라우브의 이 오래된 문헌과 만나게 되었고, 아마존을 통해 낡은 중고 책을 구할 수 있었습니다. 책을 읽으며 저자의 토목공학에 대한 깊고 해박한 지식과 거기에 더해진 풍부한 인문학적 소양으로 인해 대개의 전문서적에서는 얻을 수 없는 느낌을 받게 되었고, 우리 학생들에게 이 책의 부분 부분을 소개하였습니다. 그러다가 원서, 특히 오래된 책이 지니는 난해하고 읽기 부담스러운 부분을 학생들이 편하게 읽을 수 있도록 하자는 마음에서 번역을 하게 되었습니다.

토목공학은 아마도 공학 중 가장 오래된 분야로 자연과학적 사고에 기반을 둔 강한 응용과학이면서도 또한 가장 인문학적인 성격이 강하다고 생각합니다. 영국의 토목공학자 토마스 트레골드는 "Civil engineering is the art of directing the great sources of power in nature for the use and convenience of man."이라고 정의한 바 있습니다. 토목공학은 자연을 대상으로 하고 있는 공학이면서 목적이 사람에 있는 만큼, 사람과 자연을 이해하는 노력과 지식이 전문적 공학 지식과 더불어 필수적이라고 생각합니다. 이 책에서 저자는 이미 오래전 요즈음에 중요시되고 있는 융합적 사고의 중요성을 강조하고 있습니다. 독자에게 이 점이 잘 전달되었으면 합니다.

최근 토목공학의 분야가 확장되고 전 세계적으로 시장이 확대되고 있음에도 불구하고, 국내에서 토목산업이 위축되어가는 모습은 매우 우려되고 안타깝습니다. 토목공학의 근원과 그 발전과정을 읽으며 산업의 근간을 이루는 사람들인 우리 토목 엔지니어들이 자부심을 가지고 일하는 데, 그리고 우수한 젊은이들이 토목공학에 입문하는 데 이 책이 일부라도 도움이 되었으면 합니다.

번역을 하면서 가능한 원저자의 뜻이 그대로 전달되도록 직역을 원칙으로 하되, 독자의 입장에서 필요한 경우는 적절한 변화를 주었습니다. 특히, 서술의 시점을 현시점으로 조정하여 번역하였으며, 이탈리아, 프랑스, 독일 등 여러 나라 언어로 표기된 원문과 각주의 인용문은 가능한 우리말로 번역하였습니다. 이 책은 저자가 구조공학자인 만큼 구조공학에 많은 부분이 할애되었고 토목공학의 방대한 분야를 다 담고 있지 못한 점이 아쉬움으로 남아 있습니다.

이 오래된 번역 원고가 책으로 빛을 보게 해주신 대한토목학회 이성우 회장님과 유영화 출판도서위원장님, 그리고 편집책임을 맡아 보기 좋은 모습과 읽기 좋은 내용을 가지게 해주신 이데아 박승애 대표님께 감사드립니다.

역자는 대한토목학회 47대 회장으로 일하며 "토목산업의 융성"을 가장 중요한 목표로 정하고 학회가 그 일익을 담당하도록 노력한 바 있습니다. 당시 취임사에서 밝힌 마음이 이 책을 번역하면서도 같았기에 이 글을 인용함으로 역자 서문을 맺겠습니다.

"깨끗하고 편리한 환경을 제공하고, 서로를 이어주며, 재해로부터 인류를 보호하는 토목공학은 참으로 위대한 학문입니다. 풍요롭고 아름다운 사회 환경을 제공해온 토목기술의 혜택은 우리 모두의 순간순간 일상사에 녹아 있습니다. 시간과 공간을 초월한 영원한 학문인 토목공학이 그 원래의 의미대로 우리 토목 엔지니어 각자의 마음에 뚜렷한 자부심으로 되었으면 하는 바람입니다."

2016년 10월 김문겸

9

차 례

그림 차례

13

서론

인류가 건설을 시작하면서부터 엔지니어링이 존재하여 왔다. 고대 엔지니어링의 업적은 현존하는 고대의 기념비적 건축물과 비교하여 그 수가 적다고 할 수 없다. 로마시대의 도로와 수로, 도시 등의 내구력은 2000년이 지난 현재에도 칭송의 대상이 되고 있다. 로마시대 공중목욕탕 홀의 대천정이나 길고 높은 수로의 석조 아치가 보여주는 규모나 견고성은 현대의 엔지니어링 작품과 어깨를 나란히 한다고 할 수 있다.

그렇지만 고대 엔지니어링 작품과 현대 엔지니어링 작품 사이에는 근본적인 차이점이 하나 있다. 고대 엔지니어링 작품은 그 시대의 상징적 건축물과 그 목적에 의하여 구별된다. 그것들은 성격에 있어서 신앙적이거나 기념비적이기보다는 실리적이다. 구조와 디자인에서는 단지 장식 꾸밈의 정도에서 차이가 날 뿐, 원칙적으로 비슷하고 둘 사이에 뚜렷한 경계는 없다. 반면에 로마 판테온 신전의 원형 지붕과 같은 여러 기념비적인 건축물들은 그 규모의 거대함에 의하여 엔지니어링 구조물로도 여겨질 수 있다.

현대의 엔지니어링 작품을 현대의 기념비적 건축물과 구별시키는 것은 그 규모와 형태가 이론적이고 과학적인 판단, 즉 직관적이지 않은 이론적인 도구에 의하여 결정된다는 사실이다. 건설 분야 거장master에 의한 업적은 엔지니어engineer의 업적과 건축가architect의 업적으로 나누어져 왔다. 전자는 주로 계산에 의존하고 후자는 주로 형태에 의존한다. 물론 이 둘에 대한 완전한 구분은 없고 공통적인 것이 많다. 엔지니어, 특히 현대 엔지니어가 그의 작품을 완성하기 위해서는 디자인을 어떻게 하여야 하는지를 알아야 하고 건축가는 구조해석의 방법들에 익숙하여야 한다.

건설 분야에서 과학적 사고방식이 점차적으로 확산되어 나간 과정을 보는 것이 이 책 후반부의 주요 주제이다.

18세기 중 정역학과 재료역학의 이론이 건설 학문에 도입된 것은 알브레히트 뒤러Albrecht Dürer의 말처럼 건설 공학의 세계가 공예로부터 예술로 변화된 것으로 볼 수 있다. 두 세기 전, 이 대화가는 회화 세계에서 공예를 추구하는 것에서 예술을 추구하는 것으로 회화를 승화시키고자 하는 유사한 노력을 하였다. 그의 인식에 따르면, 그가 수학과 원근법과 비례의 이론에 대하여 과학적으로 집중적인 연구를 하며 전개한 바와 같이, 회화는 법칙, 규정, 원리의 복합체이었다. 세상의 시작으로부터 18세기에 이르기까지, 건설의 장인들은 중요한 구조물의 설계에서도 주로 직감에 의존하는 공예가 수준에 머물렀다. "중세시대의 직감적 역학"이라고 말할 정도로, 구조물의 역학적 상황에 대한 직감적인 판단이 예술적 인식과 대부분 일치한다는 것은 잘 알려져 있다. 바로크시대에서까지도 거장은 자주 조형미술가로서의 직업과 건축가와 엔지니어로서의 직업을 겸하였었다. 이들 직업은 대상에서 차이가 있을 뿐이고, 물질을 다루는 정신적 과정은 정도의 차는 있어도 근본적으로 유사하다. 장인들의 훈련된 역학적 직감과 전통적 실무경험이 혼합되어, 비록 그 역학적 형태에 관해서는 현대 엔지니어링 구조물과 개념에 있어서 근본적 차이가 있음에도 불구하고, 현세에 추앙받는 구조물이 탄생하게 된 것이다.

시간이 지남에 따라 공방과 길드guild에서 역학 경험이 누적된 것이 사실이다. 르네상스 초기에는 주로 이탈리아이지만 알프스 이북 지방을 포함하여 기술적 공예의 발전에 뒤이어 회화미술이 발전하게 되었다. 바사리Giorgio Vasari에 의하면 동시대의 여러 미술들은 긴 경간을 연결하거나 창의적인 기계를 설계하는 구리

주물을 생산하는 능력에 의하여 명성을 얻었다.

그러나, 마흐Mach[1])가 주목한 바와 같이 "경험적 역학"은 현대적 개념의 "과학적 역학"과는 뚜렷이 구별되어야 한다. 과학의 일차적인 목표는 **인식**cognition이다. 학문으로서의 정역학은 고립되어 있는 초기의 시작(아리스토텔레스Aristotle, 아르키메데스 Archimedes, 제1장 4절; 또는 13세기의 네모어Jordanus de Nemore)을 제외하고는 주로 현시대의 산물 이다. 16세기경에 시작된 현대 역학은 실질적 응용분야와는 독립적으로 발전되 었고 장인들과 연계되지 않았다. 앞으로 서술할 바와 같이 이 발전은 물리학자 와 수학자의 업적에 의하여 주도되었다. 증대된 과학적 지식과 연구의 결과를 구조 설계와 실제 구조물의 문제에 적용하고자 하는 노력이 주어진 것은 상대적 으로 늦은 시기인 18세기 중이었다.(제5, 6장) 과학으로서의 구조역학의 출현은 현 대 구조공학의 태생을 의미한다. 이는 건설 예술 전반을 개혁하고 이전에는 꿈 도 꾸지 못한 가능성을 열었으며 다른 공학 분야와 함께 19세기와 20세기에 발 자취를 남겼다.

과학적 역학의 발전이 공방과 길드와 무관하게 이루어졌다는 말은 과학과 실무 가 전혀 연결되지 않았다는 것과는 다르다. 비트루비우스Vitruvius도 건축예술가는 엔지니어링 작업과 건물의 계획과 설계에서 정면과 평면의 일반적 구성, 석재 절단의 완성 등을 위하여 세상의 시작부터 필요한 기하학과 수학에 익숙해야 한 다고 요구하였다. 더군다나 르네상스 시대에서는 수학과 기하학의 지식은 원근 법을 정확히 사용하기 위하여, 그리고, 고대 폐허를 측량하고 도면화하기 위하 여 필수적이었다. 따라서 이러한 과학은 동시대의 미술가에 의하여 의욕적으로 연구되었다.

예를 들어, 16세기 피렌체의 미술학교는 수학을 필수교과목으로 하는 일종의 종합기술학교이었다. 여기서는 수학을 추상적이며 순수한 형태뿐만 아니라 첨

---

1) Mach, p.1(책 말미의 참고문헌 목록 참조).

단과학으로서 예술과 엔지니어링 기술 모든 분야를 포함하는 **설계 예술**art of design 로 의도된 응용 형태로 강의되었다.[2] 건축가들은 고대의 작품과 가르침에 대한 감탄에 가득 차 아르키메데스, 비트루비우스 등의 과학적이며 기술적인 저술을 의욕적으로 연구하고 토론하였다. 그들의 관심이 다양하였다는 것을 볼 때, 레온 바티스타 알베르티Leon Battista Alberti와 레오나르도 다 빈치Leonardo da Vinci 같은 인물이 수학과 역학의 분야에서도 귀중한 공헌을 하였다는 것은 놀랄 만한 것이 아니다.

그러나 역학적 거동에 대한 지식이 심화되고, 관측의 정확도와 증명의 확실성에 대한 요구가 엄격해지면서 과학자들은 전문화되어 물리학자로 되어가는 경향이 있었다. 그들이 지레, 도르래, 권양기 같은 전통적 실용기구들이나, 자유낙하, 미사일 궤도, 보의 휨 강도와 같은 고전적 문제에도 관심이 있었던 것도 사실이다. 그러나 그들의 주된 목적은 엔지니어링의 목적을 뒷받침하기보다는 연구와 과학을 진흥하고, 자연법칙을 탐색하는 데 있었다.

2) Olschki, III, pp.141, 143.

제 **1** 장

고대

1. 운하와 도로

역사가 시작되던 시기의 고대 사람들에게 있어서도 그 시대가 경제적이며 문화적인 번영의 시대인가의 여부는 기술 지식수준과 관련되고 좌우된다. 우리 시대보다 2~3000년 앞서 번영을 이룬 나일 계곡과 메소포타미아 문명도 토양을 비옥하게 하고 수많이 집중된 인구에 필요한 생활환경을 가능하게 한 거대한 운하와 관개시설이 없이는 불가능하였을 것이다. 대규모의 관개시설이 소멸된 후 메소포타미아는 다시 황량하고, 경작이 불가능한 초원으로 돌아가 버려 현재는 낮은 인구밀도로 방랑하는 목동들의 생활공간이 되고 말았다.

유명한 통치자나 용사의 이름과 성공담이 후세에 전해지는 것보다 고대 이집트와 바빌로니아의 거대 수리시설과 운하의 기획자나 건설자에 대해서는 알려진 바가 적다. 소규모의 관개수로나 사람 또는 소에 의해 움직이는 원시적 수력기계들은 농민들이 세대를 거치며 점차적으로 완성시키는 일상적 발명이라고 할 수도 있을 것이다. 그러나 헤로도토스Herodotus[1]에 의하여 언급되고 후에 계속적으로 수리(예로서, 프톨레미 필라델푸스Ptolemy Philadelphus 치하)된 나일 강 델타와 홍해를 연결하는 고대 운하나 대규모 댐과 저수지는 탁월한 공학 능력을 지닌 사람이나 팀에 의하여 기획되었을 것이다.

---

1) "Histories", 제4장 39, 42절

이집트에서는 해마다 발생하는 나일 강의 대홍수가 지나가면 재산의 경계를 재조정하여야 했다. 이 작업은 상당한 기하학 지식이 필요하였고, 숙련된 측량기사에 의해서만 수행될 수 있었을 것이다. 각 변의 비가 3:4:5로 피타고라스 정리의 한 경우인 직각삼각형이 이러한 목적을 위해서 사용된 기구 중 하나이었다. "대규모 공사의 수행에 측량기사가 어느 정도의 기여했는가는 증명될 수 없다. 그러나 대운하 건설은 현장 측량기사에 의하여 진척되었을 것이다."[2]

비록 나일 강 델타와 메소포타미아의 암석이 없는 평원에서는 수리水理 엔지니어들이 지반재료를 주 건설재료로 사용할 수밖에 없었을 것임에도 불구하고 특히 바빌로니아에는 많은 수로와 운하 유적이 현존하고 있다.[3]

그리스와 이탈리아에서는 좀 더 견고하고 건조한 암질 흙이 건설재료로 사용되었고 엔지니어들은 이에 따라 좀 더 다양한 과제를 대하게 되었다. 그리스에는 주로 지하 배관인 도시 급수체계의 자취가 많이 남아 있으며 대부분이 현재도 사용되고 있다.[4] 페르가몬Pergamon에서와 같이 그중 일부는 압력관으로 되어 있다. 에트루리아인과 로마인은 급수와 배수 시설 건설에 전문가들이었다. 로마의 고대 클로아카 막시마Cloaca Maxima, 또는 기원전 4세기에 건설된 것으로 추정되는 알바누스Albanus와 네미Nemi 호수의 배수구 등이 그 증거이다. 서기 40~50년 클라디우스Claudius 황제에 의하여 건설된 푸치노Fucino 호수의 배수시설이 이런 종류 중 가장 중요한 구조물이다. 배수구가 없는 호수의 월류를 저류시킬 수 있도록 살비아노Salviano 산과 인근 리리스Liris 계곡을 8.4m 고저차, 5.6km 길이의 터널로 연결하였다. 이 터널은 40개의 샤프트로부터 동시에 시공되었는데, 기계적 도움을 받을 수 없던 시대에 터널공학과 측량기술의 위대한 업적으로 여겨

---

2) Merckel, p.92.(책 말미의 참고문헌 참조)

3) Ernst Herzfeld의 메소포타미아 도로지도 참조.("Archäologische Reise im Euphrat-und Tigrisgebiet", D. Reimer, Berlin.)

4) E. Curtius, "Die städtischen Wasserbauten der Hellenen", Berlin, 1894.

진다.[5] 주로 토압에 의한 어려움이 커서 시공의 품질은 훌륭한 계획을 충실히 따르지 못하였다. 트라야누스Trajanus와 하드리아누스Hadrianus에 의한 복구노력에도 불구하고 5세기 중에 붕괴되었다. 1854~1870년에 토를로니아Torlonia 왕자에 의하여 옛 터널의 일부가 새로운 배수구로 사용되면서 다시 배수가 되기 전까지 호수는 가득 찼었다.

이 엔지니어링 위업이 현대에서도 칭송의 대상이 된다는 것은 플리니Pliny, 타키투스Tacitus, 수에톤Sueton, 디옹 카시우스Dion Cassius 등에 의하여 언급된 바로 추측할 수 있다.

이 터널이 수로로 건설된 반면, 초기 도로 터널의 예도 있다. 예를 들면, 포실리포Posillipo 곶을 가로 질러 도시와 바뇰리Bagnoli 근교를 연결하는 소위 나폴리 동굴(그로타Grotta)이 그것이다. 길이가 700m인 이 터널은 초기 기독교 시대까지 거슬러 올라간다. 원래는 도보 교통만을 위하여 건설되었으나 수 세기 동안 수차에 거쳐 폭이 확대되었다. 고대 산악 도로에서도 짧은 터널 단면을 만나 볼 수 있다. 베스파시안Vespasian 치하에서 건설된 플라미니아 가도Via Flaminia의 페트라 페르투사Petra Pertusa 터널이 그 예이다.

로마인들의 또 다른 엔지니어링 업적은 기원전 마지막 3세기와 기원후 1세기에 걸쳐 건설하여 도시에 신선한 물을 풍부하게 공급하였던 대수로이다. 티베리우스Tiberius의 시대에는 매일 6.8억 리터의 물이 로마로 공급되었다. 표[6]는 10대 수로의 상세한 내용으로서, 로마인의 공학 기술을 어떤 서술보다 더욱 잘 보여주고 있다. 두 번째 열의 이름은 실제 건설자가 아니고 공사를 주도 또는 후원한 관료 또는 통치자의 이름이다.

---

5) Ccozzo, "Ingegneria Romana", Rome, 1928.
6) Feldhaus에 따름. Brunet도 동일한 표를 인용함. 자세한 기술적 내용은 Kretzschmer의 "Rohrberechnung und Strömungsmessung in der altrömischen Wasserversorgung", "Zeitschrift des Vereins Deutscher Ingenieure", 1934. p.19 참조.

표. 로마시대의 10대 수로

건설연도	건설자	명칭	길이 (km)	회랑길이 (km)	흐름단면적 (m²)	
B.C. 305	아피우스 클라우디우스 Appius Claudius	아피아 Appia	16.56	0.09	?	
B.C. 263	-	아니오 베투스 Anio vetus	63.60	0.33	0.95	
B.C. 145	마키우스 Marcius	마키아 Marcia	91.30	10.25	1.18	
B.C. 127	-	테플라 Tepula	22.80	9.50	0.178	0.485
B.C. 35	아우구스투스 Augustus	줄리아 Julia				
B.C. 22	아그립바 Agrippa	버고 Virgo	20.85	1.03	1.00	
B.C. 5	아우구스투스 Augustus	알시티나 Alsietina	32.80	0.53	변단면	
-	아우구스투스 Augustus	어거스타 Augusta	1.18	-	?	
A.D. 35	티베리우스 Tiberius	아니오 노버스 Anio novus	86.85	13.00	1.90	
A.D. 40-49	칼리굴라 / 클라우디우스 Caligula / Claudius	클라우디아 Claudia	68.75	13.00	1.33	
계			404.69			

수리 사업 외에 고대인들에게 있어서 중요한 엔지니어링 대상이 도로 건설이었다. 페르시아 또는 로마와 같이 중앙집중적 정부를 가진 제국의 도로는 주로 전략적이며 경제적인 목적에 의하여 건설되었으므로 그 성격상 실용주의적인 면이 강하다. 반면, 그리스에 있어서의 도로는 경제적 행위의 장소만이 아니고, 신앙의 발현이며 순례의 장소로서 예술적 이해를 담고 있다. 이런 면에서도 그리스인은 시적으로 탁월한 민족임을 알 수 있다. 그리스인들이 자연 재해에 대한 대응에 소극적이었던 것은 아마도 나무, 샘, 골짜기가 생명이 있는 것으로 여기거나 요정과 신격화된 영웅의 거주지로 생각하는 등 자연에 대한 물활론적 인식에 기인하였을 것이다. 도로는 신들에게 봉헌되었다. 기념비와 성전으로 치장되었으며 마을 주변에서는 묘지가 도로를 따라 있었다. 경치가 좋은 곳은

돌에 조각한 벤치와 계단이 도보 여행자를 머물게 하도록 유혹하였다. 로마나 중국의 도로 주변 집들이 여관이나 숙소였던데 반하여 그리스는 신 또는 영웅을 기리기 위하여 헌정된 것이었다.

그리스 도로는 인위적으로 깎아 내거나, 또는 시간의 흐름에 따라 자연적으로 닳아서 생긴 150cm 간격의 두 줄 바퀴 홈을 가지고 있어 철로의 초기 형태를 보인다. 인위적인 홈은 보통 약 20~23cm 폭과 7.5~10cm 깊이로 되어 있다. 때때로 불규칙한 암석지반에서는 경사를 부드럽게 하기 위하여 깊이가 30cm 정도까지 증가하기도 하였다.[7] 반대 방향으로 운행된 차량을 위한 교차점이 일정한 간격을 두고 설치되었다. 그러나 상대방이 지나가도록 하는 어려움은 너무나 자주 큰 싸움을 일으키게 한 것 같다. 소포클레스 비극의 배경이 된 비참한 부친 살해로 맺어지는 오이디푸스와 라이오스 왕의 싸움을 예로 들 수 있다.

도시의 도로는 대부분 포장되어 있었다. 돌로 포장된 시장 광장은 호머[8]의 시에서도 읽을 수 있으며, 그러한 포장의 잔재가 발굴에 의하여 밝혀진 바 있다.

그러나 도로공학의 명장은 로마인들이었다. 불모의 알프스, 습지, 대초원, 사막 등도 그들의 단단한 도로 앞에서는 장애가 되지 못하였다. 도로는 로마의 상인들과 관료, 파발마와 군단이 한 속주에서 다른 속주로 사시사철 안전하게 이동할 수 있게 하였다. 제국시대의 로마 도로는 약 8만km까지 연장되었으며 스페인에서 시리아, 다뉴브에서 북아프리카까지에 이르는 고대 제국의 모든 지역에서 그 잔재와 흔적이 현재도 발견되고 있다. 적절한 암석 재료가 가능한 곳에서는, 자갈이 깔리지 않은 옛 상업도로가 놀랍게도 정확한 패턴으로 이어진 다각형의 육중한 판석으로 포장되어 강건한 도로로 대체되었다. 이는 지금도 로마의 건실함의 증거가 되고 있다.그림 1

---

7) R. J. Forbes, "Notes on the History of Ancient Roads and their Construction", Amsterdam, 1934.
8) "There, too, is their place of assembly about the fair temple of Poseidon, fitted with huge stones set deep in the earth."("Odyssey V" I, V, 266~267, A. T. Murray"s translation, London, 1924.)

그림 1. 로마 근교 알반 언덕의 로마시대 도로

속주의 도로 건설은 공병military engineer에 의하여 계획되고, 조직되고, 감독되었으며, 평화 시에 군단에 의하여 실행되었다. 물론, 지역주민이나 노예도 이 목적을 위하여 강제 징용되었다. 대제국의 도로를 위한 거대한 비용은 공공자금이나 경우에 따라서는 부유한 민간인의 기부에 의하여 충당되었다. 예를 들어 아우구스투스는 도로를 몇몇 부유한 원로원 의원에게 할당하여 유지관리하도록 하였다. 그 자신도 플라미니아 가도의 책임을 맡았다.

아피아 가도Via Appia와 같이 유명한 도로의 이름은 실제의 도로 건설자의 이름이 아니고 감독한 관리, 대부분 건설을 시작하고 감독한 검열관의 이름이다. 지방도로의 건설과 유지관리의 의무는 일반적으로 인근 사유지의 주인에게 주어졌다.

건설의 기술적인 문제에 대해서는 지역의 상황에 맞추어 각기 다른 방법이 사용되었다. 비트루비우스Vitruvius에 의하여 설명되었다고 전하는 다음의 방법이 문헌에 자주 인용된다. 길 위에 대규모 암석 블록을 쌓고("stratumen"), 쇄석을 한 층 깔고("ruderatio"), 모래층을 덮은 후("nucleus"), 마지막으로 큰 다각형 현무암 블록을 깔아("summum dorsum"), 그 광택을 낸 표면이 도로면이 되도록 하였다. 그러나 포브스[9] Forbes는 실제로는 이 설명이 도로의 건설에 사용된 것이 아니고, 석조 또는 모자이크로 된 마룻바닥에 사용된 것이라고 지적하였다. 실제로 이런 복합 단면은 도로에 거의 사용되지 않았다. 애쉬비[10] Ashby는 라티움 지방에서 이런 여러 층들을 지닌 도로를 하나도 찾지 못하였다. 일반적으로는, 토사 또는 암반 위에 직접 놓인 모래층에 육중한 다각형의 현무암 블록이 설치되었다.

어떤 경우에는 큰 암석 조각으로 된 기층 위에 부분적으로 석회모르터로 쇄석이나 자갈을 다져 표면층을 형성하였다.[11] 습지 지역이나, 암석 재료의 공급이 어려운 지역에서 로마인들은 파일 기초 위에 목재 방죽 길을 가설하였다.

대부분의 경우 도로를 따라 연석이 설치되었으며, 마을과 도시 내에서는 층을 높인 보도가 가설되었다. 다음 절에서는 엔지니어링 업적과 교량을 주제로 다룬다.

2. 교량과 건물

서론에서 논한 바와 같이 전형적인 엔지니어링 방법이라고 표현해온 실용적 방법이 가장 먼저 개발된 것은 교량과 건물 건설의 분야이었다. 그러나 이 개발은 대부분 18세기 중에 일어난, 비교적 근래의 일이다. 중세나 고대 시대에 있어서 현대적 의미로서의 토목공학의 전형적 특징, 즉 구조물의 치수와 형태를 결

---

9) R. J. Forbes, "Notes on the HIstory of Ancient Roads and their Construction", Amsterdam, 1934.
10) "The Roman Campagna in Classical Times", 1927, p.42.
11) 예를 들어 Merckel, p.248과 "Handbuch der Architektur", Vol. II 참조.

정하는 데 수학과 물리학 법칙을 의도적이며 정량적으로 사용한 흔적이나 어떤 암시도 찾을 수 없다. 물론 이집트 시대로부터 로마제국 시대까지, 또 초기 로마네스크로부터 후기 고딕 시대까지 특히 볼트$_{vault}$로 된 구조물에서 구조적으로 "볼드니스[12]$_{boldness}$"가 커지는 뚜렷한 경향을 읽을 수 있는 것이 사실이다. 여기서 볼드니스는 경간비와 그 경간 사이에 사용된 재료를 표현하기 위하여 사용한다. 볼트의 예술은 로마시대 공중목욕탕의 홀과 12, 13세기 고딕성당에서 절정에 이르렀다. 그러나 두 경우 모두 형태와 치수는 **훈련된 직감**이라고 말할 수 있는 것에 의하여 결정되었다. 이 시대, 특히 그리스 시대에서는 역학 분야의 놀라운 과학적 수준에도 불구하고(제4절 44쪽), 이론과 실무의 관련성, 즉 현대 엔지니어링의 의미로 과학적 지식을 실무 목적으로 적용하고자 하는 노력을 찾을 수는 없다.

그러나 고대 이집트의 경우, 상대적으로 짧은 경험이지만 신중한 결론의 징후를 아주 초기 단계에서도 찾을 수 있다. 사카라$_{Saqqara}$에서의 발굴을 보면, 기원전 3000년경의 시대에 어떻게 원시적으로 굽지 않은 벽돌에 의한 건설에서 갑자기 부분적으로 또는 전반적으로 재단된 석재 기술로 진화되었는지, 그리고 이 기술이 동일한 기념비(조세르Zoser 피라미드) 내에서까지 처리가 점차 정교해지고 석재 벽돌이 점차적으로 거대해지는 바와 같이 어떻게 점차적으로 개량되었는지를 볼 수 있다.[13]

현존하는 구조물 중 가장 오래된 이 구조물에서 현대의 엔지니어가 느끼는 가장 뚜렷한 특징은 경제적 원리가 거의 적용되지 않았다는 것이다. 이들 구조물에 대하여 가장 놀라운 것은 피라미드(기원전 3000년 초 3, 4대 왕조의 모든 유명한 피라미드 중 첫 번째를 포함하여)가 정확한 기하학적 패턴으로 형태를 갖추고 내부에는 작은 무덤을 위

---

12) 현대 엔지니어링에 있어서 아치구조 특히 교량아치에서의 볼드니스는 ℓ^2/f를 의미한다. 여기서 ℓ은 아치의 경간, f는 아치의 높이이다.

13) J. Ph. Lauer, "Fouilles à Saqqarah – La Pyramide à degrés", Cairo, 1936. 이 책은 이 외에도 발굴된 고대의 도구와 점토, 석회암가루, 규사 등으로 제조된 모르터의 구성에 관련된 흥미로운 내용을 담고 있다.

그림 2. 아메노피스Amenophis 3세 궁의 룩소르Luxor 신전

한 방과 하나 둘의 좁은 출입 복도를 둔 거대한 석재 벽돌의 더미에 지나지 않는다는 것이다. 후대 왕조의 사원(대부분 기원전 1600년 이후)에는 하중을 지지하는 부재와 공간을 걸치는 부재가 있는 것이 사실이다. 그러나 엄청나게 큰 석재 기둥과 아마도 직경의 1.5배가 넘지 않는 경간에 걸친 거대한 보 형태는 역학적 관점에서 보았을 때 구조물이라 하기는 어렵다.그림 2

이러한 구조물을 시공하기 위해서는 마치 현대의 시공 과제가 엔지니어의 모든 자원을 동원하는 것과 마찬가지로 이집트 엔지니어의 지식과 솜씨를 동원하였을 것이다. 그 당시에는 구조해석이나, 인장시험, 재하시험과 같은 것이 필요하지 않았던 것이 사실이다. 그러나 석재를 채취하고 이를 채석장에서 현장으로 수송하는 문제, 수백 톤에 이르는 오벨리스크를 포함하여 거대한 블록을 옮기는 문제,[14] 경도가 높은 화강암을 아직도 살아 있는 것처럼 완벽히 표면 처리

---

14) 페니키아인이 건설한 몇몇 구조물도 거대한 석재 벽돌을 포함하고 있다. 예를 들어, 발벡의 신전테라스는 270m³(3.6×3.9×19.2m)이 넘는 벽돌을 포함하고 있다. "Handbuch der Architektur" Vol. II, p.9 참조.

하는 문제, 사막 주변에서 필요한 거대한 노동력을 조직하고[15] 음식을 조달하는 문제 등이 있었을 것이다. 이 모든 문제들은 현대에서 유사한 구조공학적 과제를 황량한 지역에서 수행하도록 임명된 기술자가 오직 현대적 기계시설과 기술을 가지고만 해결할 수 있는 정도의 어려움을 발생시켰을 것이다.

물론 파라오가(충성스러운 특권층 관료들과 경우에 따라서는 사제들의 지원 아래) 전체주의적 지배를 하였기 때문에 무제한의 수단과 노예의 노동력을 사용할 수 있었다. 그러나 노예나 죄수들도 식사를 하여야 하고[16] 대규모의 오벨리스크 등의 석재를 기반암으로부터 채취하고, 이동하고, 시공하는 등의 어려운 기술적 과제를 수행하기 위해서는 노동력에 대한 효율적인 조직화가 필수적이다.

이집트 시대의 구조물들은 한쪽의 예술적 의도와 다른 쪽의 기술적과 경제적 가능성 사이의 상호 관계를 보여주는 최초의 예이다. 이러한 기술과 조형 사이의 조화가 예술의 '황금시대'에서 볼 수 있는 전형이고, 앞으로 반복적으로 언급될 것이다. 역학적 지식이 부족하였기 때문에 단지 수직하중만을 받는 단순한 구조가 사용되었다. 그러나 이러한 제약에도 불구하고 무제한의 방법이 사용되어 가장 견고한 재료와 가장 장대한 규모를 가진 구조물을 시공할 수 있었다. 이러한 외적 조건이 조형적 직감을 자극하고 미적 감각을 일으켜 이집트에서는 로마 제국 시대까지도(이 시기에 와서는 기술적 및 경제적 상황에 상당한 변화가 있었음에도 불구하고) 계속 사용된 구조형태를 창조한 것이다.

이집트(델타와 상류지역)와는 다르게 메소포타미아의 평원에는 자연 석재가 희귀하였기 때문에 아시리아와 바빌로니아의 기술자들은 주로 벽돌을 건축 재료로 사용

---

15) 헤로도토스(제2권 124절)에 의하면 기원전 2850년경 건설된 Cheops의 피라미드는 20년 동안 10만 명이 동원되었고 각 팀은 3개월마다 교대되었다. 이를 계산하면 석재 1ft³당 7½일의 작업일수가 소요된 것을 의미한다. 이 숫자가 첫눈에는 과장되어 보이지만 원시적인 도구에 의존하여 석재를 채취하고 처리하는 어려움과 사람의 힘에만 의존하여 석재를 이동하고 들어 올리는 어려움을 생각하면 과장이 아닐 수도 있다.

16) 라메스 3세 시대(기원전 1200년) 유적의 비문에 노동자들이 식량배급을 받지 못하여 네크로 폴리스에서 파업을 한 기록이 있다.(카이로의 이집트 박물관 2층 29호실)

하였다. 아시리아인들은 이집트의 풍습과는 다르게 굽지 않은 벽돌을 사용하였고 습기를 지닌 채로 시공되어 건축물 내에서 건조되도록 하였다[17]. 그러나 기원전 6, 7세기의 바빌로니아인들은 일반적으로 구운 벽돌을 사용하였다. 네브카드네자르Nebuchadnezzar 2세에 의하여 시공된 건축들이 그 예이다. 1913년에 콜데바이R. Koldewey에 의하여 발굴된 '바벨탑'의 폐허는 굽지 않은 벽돌로 된 중앙을 구운 벽돌이 15m 둘러싸고 있다. 접착 재료로는 모르터 대신에 역청bitumen이 종종 사용되었다.

이제 그리스로 가서 그들의 가장 중요한 건축물인 신전을 보면, 파에스툼Paestum과 시실리의 고대 도리스 양식의 기둥에서 4, 5세기의 이오니아 양식과 코린트 양식으로 변천하며, 기둥의 세장비가 점차 커지고 기둥 간 경간이 점차 길어지는 명확한 경향을 볼 수 있다. 이러한 예술적 경향의 변화는 기본적으로 미학적 감각의 지적 변화 과정이다. 그러나 좀 더 적은 재료를 가지고 보다 긴 높이를 이루고 보다 긴 경간을 연결하는 구조적 경향의 변화와 명백히 일치하고 있다. 따라서 좀 더 날씬하고 가벼운 형태에 대한 선호도는 보다 높고 날씬한 기둥과 긴 경간의 보의 건설을 주저하지 않게 되는 역학적 직감의 발전과 관계가 있다고 추론하는 것은 합리적이다.

좀 더 효율적인 구조 기술로 가는 가장 중요한 계단이자 장 경간을 연결하기 위하여 필수적인 것이 볼트vault(둥근 천장) 기술의 발명이었다. 이집트와 그리스의 보수적이고, 신성하고, 기념비적인 구조물의 건축가들은 볼트의 시공법에 익숙하지 않았기 때문에 에트루리아 인들이 구조물에 볼트를 도입한 것으로 인식되어 왔다. 그러나 메소포타미아의 발굴에 따르면, 기원전 3천 년대까지 올라가는 더욱 오래된 예를 수로와 묘지를 가로지르는 지하 볼트(예를 들면, 우르Ur, 누파르Nuffar, 와르카Warka)에서 볼 수 있다.[18] 이집트인들도 중요한 구조물에서는 아니지만 기원전 2

---

17) A. Choisy, "Histoire de l"Architecture", Paris, 1899.
18) A. Hertwig, "Die Geschichte der Gewölbe", Technikgeschichte, Vol. 2.

그림 3. 로마 근교의 밀비오 교

천 년대에 이미 볼트 구조를 사용하였다.

그리스인들은 볼트 기법이 데모크리토스Democritus(기원전 470년~360년경)에 기원한다고 하였다. 그러나 그리스인조차도 이미 그 이전에 볼트를 사용하였었다. 볼트 기법의 시초는 미케네의 아트레우스 보고Treasury of Atreus에 사용된 바와 같은 유사 돔 pseudo-cupola기법으로서, 원형의 방위에 동심원 링 형태의 석재 블록을 연속적으로 작게 하며 수평으로 깔아 돔을 완성하는 방법이었다.

탁월한 엔지니어이었던 로마인들은 볼트 기법의 예술을 놀라울 정도의 완성도까지 올려놓았다. 많은 점에서 로마인의 스승이라고 할 수 있는 에트루리아인도 모르터를 사용하지 않고 쐐기 형태의 블록을 사용하여 볼트로 된 마을 입구와 교량을 건설하는 방법을 알고 있었다. 현존하는 예로서 기원전 500년경에 건설된 로마 북부 비에다에 있는 경간 7.2m의 교량을 들 수 있다. 기원전 마지막 세기와 기원후 1세기에 로마제국 전 지역에 세워진 수많은 아치 교량이 아직도 그대로 또는 폐허 상태로 존재하고 있다. 로마만 보아도 수 개의 아치 교량이 현존하여 비록 계속된 보수를 거친 것이 사실이긴 하지만, 현재의 육중한 도

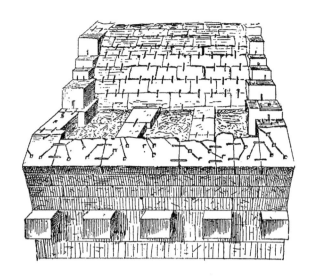

그림 4. 로마의 세스티오 교
(구조물의 강도를 증대하기 위하여 블록을 철재 꺾쇠로 연결하였다.)

시 교통 하중을 감당하고 있다. 이들 중 가장 아름다운 것이 하드리아누스의 아일리우스 교橋Pons Aelius이다. 3개의 중앙 아치가 아직도 그대로이고 원래의 건축적 장식도 그대로 지니고 있다. 또 다른 로마 교량인 밀비오 교橋Pons Mulvius는 포르타 델 포폴로에서 약 2.4km 북부에서 티베르 강을 가로 질러 플라미니아 가도의 중하중을 소화하고 있다. 이 교량은 제2차 세계대전 중 처음에는 이탈리아와 독일 군, 나중에는 연합군의 전 군대의 하중을(중량의 탱크를 포함하여) 지탱해냈다. 단지 하나의 결점은 강도의 부족이 아니고 부족한 폭(난간 사이의 간격이 약 6.6m)이다. 오래된 4개의 중앙 아치 중에서 2개는 석회 홍예 장식이 있는 본래의 모습 그대로 이고, 다른 2개는 15세기 중 석재 블록을 부분적으로 벽돌로 대치하여 복원한 모습이다.그림 3, 4

아우구스투스에 의하여 건설되고 1304년 예외적인 강도의 홍수에 의하여 파괴된 것으로 추정되는 나르니Narni의 네라Nera 수로는 로마시대 교량건설의 가장 장엄한 업적 중 하나이다. 16m에서 31m 사이의 경간을 가진 4개의 아치 중에서 가장 왼쪽 경간의 20m 아치 하나만 남아 있다.[19] 트라야누스 황제 시대에 투르

---

19) G. Albenga, "Il ponte murario romano", in L'ingegnere, 1939, p.869.

누 세베린Turnu Severin의 다뉴브 강에 건설된 이 교량은 석재 교각으로 지지된 목재 상부구조를 갖고 있었다.

잘 알려진 바와 같이, 교량 건설자가 강에 교각 기초를 시공하는 데 겪는 어려움은 아치 볼트를 건설하는 어려움에 못지않다. 로마의 엔지니어는 현재도 사용되고 있는 말뚝 기초나 케이슨 기초 공법과 같은 몇몇 방법에 익숙하였다. 비트루비우스는 이 두 방법을 다음과 같이 설명하였다. "만일 견고한 지반이 나타나지 않고 지반이 연약하거나 습지이면 그 부지를 굴착하고 정리한 후 사전에 목탄 칠을 한 오리나무, 올리브나무, 참나무 등으로 된 말뚝을 가능한 서로 가까이 기계로 타설하여야 한다. 말뚝 사이의 간극은 재로 채워야 한다. 중량의 기초는 이런 기반 위에 놓여야 한다."[20] 두 번째 방법에 대해서는 다음과 같이 설명하였다. "선택된 부지 위에 참나무 말뚝들을 체인으로 결합하여 만든 댐을 물속에 형성한다. 말뚝 사이 수면 이하에서 노상을 굴착하고 고른 후, 댐의 빈 공간을 석재와 모르터를 앞에서 설명한 바와 같은 수경水硬석회와 화산회 모르터로 혼합하여 채우도록 한다."[21]

로마의 교량 건설기술의 중요한 목적 중 하나는, 도시에 식용수를 중력에 의하여 공급하기에 적합한 높이로 관로를 건설하기 위하여 필요한 수로 교량을 시공하는 것이었다. 로마제국 내에 수 km 길이의 아치 수로가 건설되었으며, 몇몇은 아직도 남아 있다.그림 5 님스의 가르드 수로교Pont du Gard나 스페인 세고비아의 수로교 등은 수개 층의 아치로 깊은 계곡을 가로지른다.

마지막으로, 기원전 7세기경으로 생각되는 로마의 전설적인 수브리시어스 교량 Pons Sublicius을 포함한 로마 목재교량과, 로마군 공병단에 의하여 극히 단 시간에 건설되었던 군사교량도 언급할 필요가 있다. 기원전 54년에 시저 군단에 의하

---

20) Book III, Chapter 3(English translation by Joseph Gwilt).
21) 1933년 12월 7일 "Engineering News Record" 제5권 제12장, 675쪽에 기원전 2000년경 고대 이집트 무덤에 사용된 석회암 케이슨 기초에 대한 설명이 나와 있다.

그림 5. 로마 근교의 클라우디아 수로

여 건설된 라인Rhine 교가 바로 그 예이다.

로마인들은 볼트를 교량 건설뿐만 아니고, 건물의 건축에도 이용하였다. 아치의 광범위한 사용이야말로 로마건축을 그리스건축과 차별화하는 주요 요소이다. 그리스 양식의 기둥을 존속시키기는 하였지만, 장식적인 의미로 역할이 낮아졌다. 다시 말하면, 로마의 건축가들은 하중을 지지하고 경간을 연결하는 구조로서는 볼트를 선호하였다. 이는 신전을 제외한 거의 대부분의 기념비적 건축 사업에 적용되었다. 원형경기장 전면의 창, 공회당basilica, 출입문, 개선문 등은 일반적으로 반원의 형태를 가지고, 연결되는 반기둥half-column과 아키트레이브architrave는 단지 장식적 기능을 갖고 있다. 아치의 건축 장식적 기능은 토목공학의 관심사가 아니다. 반면에 목욕탕, 공회당, 다른 황실 건물 내부의 볼트는 토목공학의 위대한 업적으로 인정된다. 로마 판테온 신전(그림 6)은 경간이 43.4m까지 이르며 이는 1500년이 지난 후에나 경쟁이 될 수 있고, 근대에 와서야 능가할 수 있게 되었다.

그림 6. 로마의 판테온 신전

쐐기 형상의 블록, 또는 방사형으로 쌓은 벽돌로 된 동심원 링을 사용하는 초기의 볼트 기술은 기원후 1세기에 근대의 콘크리트 기술과 관련되는 좀 더 효율적인 볼트 기법으로 대치되었다. 일종의 거푸집casting 기법을 사용하여 임시이지만 견고한 목재 틀 위에 모르터 층과 벽돌 또는 응회암 조각으로 된 층을 번갈아 쌓아 볼트를 시공하였다. 판테온과 같은 주요 건물의 경우에는 베어링 리브bearing rib와 릴리빙 아치relieving arch로 이루어진 구조계를 거푸집 이전에 설치하여 목재 틀에 가해지는 하중을 경감시켰다.

아치, 돔, 교차 볼트의 하부 면은 항상 반원형이었다. 필요한 경우, 교차 볼트에서 몇몇 지점에 집중되는 추력을 지탱하기 위하여 고딕 시대의 중세 형식과 대비되게 교각 또는 벽을 사용하였으나 외부로부터는 거의 눈에 띄지 않는다. 4세기 초기에 건설된 로마 시의 콘스탄틴 공회당의 경우, 벽은 건물에 포함되어 반

그림 7. 콘스탄틴 공회당

원형 볼트로 덮인 칸막이를 형성하고 있다.그림 7 이들 볼트 위에 한때는 25m 경간을 덮었다가 지금은 무너진 본당 교차 볼트의 기공점springing을 지지 교각의 일부와 함께 아직도 볼 수 있다.

로마 근교의 헬레나 황비 무덤을 덮고 있는 돔에서와 같이 몇몇 경우에, 볼트 재료의 중량을 줄여 볼트의 추력을 감소시키려는 시도를 볼 수 있다. 이를 위하여 중공 토기Pignatte를 콘크리트 볼트 내부에 설치하였고, 기념비 토르 피나타라 Tor Pignattara의 대중적인 이름도 이에 유래된다. 이 기법은 예를 들어 라벤나Ravenna 의 몇몇 건물에 특별히 제작된 쐐기 형태의 토기를 사용한 4, 5세기 중에 완성 되었다.

로마제국 시대의 수많은 유적에서 볼 수 있는 바와 같이, 이러한 볼트로 된 내부를 가지는 규모의 건물을 건설하기 위해서는 당연히 기술적인 지식만이 아니라 상당한 재정적인 노력이 필요하였다. 이는 두 세기에 걸쳐 방해받지 않은 평화를 누린 로마제국과 같은 광범위한 권력에 의해서만 가능한 일이다.[22]

실제로 로마제국의 멸망과 함께 중대한 변화가 일어났다. 대규모 건물들은 더 이상 대 경간의 볼트로 된 회당이 아니고, 그 자리는 비록 회당과 마찬가지로 상당한 크기이지만, 기둥 열에 의하여 3개 또는 5개의 회중석으로 구분된 기독교 성당이 차지하였다. 개개의 경간은 상대적으로 경량인 목재 지붕 구조로 연결될 수 있었고 이는 수평 추력을 일으키지 않았다. 따라서 상대적으로 얇은 벽으로도 충분하였고 새로운 기법에 의해 건축 재료를 상당히 절약하고 동일한 부피의 내부 공간을 확보하여 비용을 절약할 수 있었다. 소규모 건물, 세례당 등과 라벤나 성 비탈리St. Vitale와 밀라노Milan 성 로렌조St. Lorenzo의 중앙 돔과 같은 몇몇 주요 건물에서 볼트 기법은 계속 사용되었다. 그러나 일반적으로 서방의 기독교 사회에서는 그들의 경제력에 좀 더 적합한 체제, 즉 경간을 줄이기 위하여 필요한 경우 중간 지지를 두는 목재 지붕 구조를 채택하였다.

미술사의 기록에 의하면, 로마의 이교도 시대로부터 초기 기독교 미술로 바뀌면서 형태와 공간에 대한 감성에 급격한 변화가 있었다.[23] 이 예술적 감각의 변화는 미학의 이성적인 면에 관련된 과정으로 받아들여진다. 그러나 우리는 다시 한 번 예술적 의도와 기술적, 경제적인 가능성의 광범위한 일치를 보게 된다. 이는 일차적인 원인으로 생각하여야 하는 외부 조건의 변화라는 점은 의심의 여지가 없다. 신에 의한 조화가 현시된 것으로 하기에는 설득력이 없으며, 필요에 의하여 가치가 만들어진 것이라 함이 옳을 것이다.

---

22) 로마제국 공공건물의 비용과 관련해서는 Friedlander의 "Sittengeschichte Roms" Phaidon 판, 1934, 770쪽 참조.
23) Samuel Guyer, "Einraum-geteilter Raum", in Neue Zürcher Zeitung, 2nd March, 1937, p.6.

3. 조선과 항만 건설

고대에는 해운이 수송에서 차지하는 몫이 현대보다 훨씬 컸다는 것은 의심의 여지가 없다. 현대에서는 해운이 아마도 가장 경제적일 수는 있지만 수송의 여러 방법 중 하나로 인식된다. 그러나 고대에서 해운은 큰 부피 또는 중량의 화물을 경제적으로 장거리 운송할 수 있는 단 하나의 가능한 방법으로 인식되었다. 19세기 중에 증기기관이 발명되고 발달됨에 따라 육상운송이 수상운송보다 놀랍게 혁신되었다. 따라서 현대의 여러 교통수단 중 해운의 우월성은 그 전의 시대보다 뚜렷하지 않다.

페니키아, 그리스, 카르타고, 로마의 목선의 추진력은 돛과 풍력, 또는 노이었다. 노잡이는 3단으로 배치되었다고 한다(트라이림trireme). 심지어 기원전 4세기 이후에는 노잡이를 5단으로 배열한 선박이 사용되었다고 주장하기도 한다.[24] 그리스의 일반적인 갤리선은 약 40~50m의 길이, 약 4.9~5.2m의 폭을 가지며, 약 170명의 노잡이가 승선한다. 그러나 더 큰 규모가 알려지지 않은 것은 아니다. 예를 들어, 메르켈Merckel에 의하면 이집트의 곡물선 이시스Isis는 길이 55m, 폭 13.7m, 높이 13m이었다. 아르키메데스가 감독한 것으로 추정되고 시라큐스의 히에로에 의하여 건조되어 이집트의 톨레미 2세에게 증정된 유명한 왕실 바지선은 더욱 큰 규모라고 전해진다.

그렇지만 고대 선박의 외형과 상부구조를 고전적 표현과 묘사(대부분 단지 한 층의 노만 보여주고 있다.)에 근거하여 재구성하기는 어렵다. 그래도 약 20여 년 전에 로마 근교 네미 호수의 바닥에서 인양한 칼리굴라의 두 척의 왕실 바지선으로부터 구조 상세를 어느 정도 알 수 있다. 불행하게도 이 값진 선박은 특별히 지어진 박물관에 전시된 지 10년도 지나기 전에 제2차 세계대전의 피해를 입게 되었다. 비

---

24) 최상단의 노의 길이가 너무 길고 따라서 무겁게 되기 때문에 사실이라고 믿기는 어렵다. 층이 다른 3단의 노를 사용한 트라이림의 경우조차도 의심스럽다.

록 이들 선박은 항해를 위한 선박이라기보다는 바닥이 평평한 바지선이었지만, 규모가 거대하여 큰 선박은 길이가 71m, 폭이 18.5m에 이른다. 이들 선박은 잔존하는 고대 선박의 유일한 표본이었기 때문에, 이들의 파괴는 대치될 수 없는 손실로 여겨져야 한다. 목적에 따른 특별한 장비를 제외하면 네미 바지선의 구조적 특징은 고대 상선이나 전투선의 그것과 큰 차이가 없을 것이다. 실제로 현대에서도 목재 어선이나 범선은 거의 동일한 원칙에 따라 건조되고 있다.

네미 바지선에서 사용된 장비는 특별한 관심을 갖게 한다. 이들 중 일부는 현대 장비와 큰 차이가 없다. 둘 중 하나는 길이가 4m이며 영국 해군본부 닻의 닻장 anchor stock과 비슷한 닻장, 대단히 정밀한 부속으로 이루어진 대형 동 마개, 원시적인 피스톤 펌프, 롤러 지지된 회전반 등이 그것이다.

고대의 해운은 현대와 비교하여 상대적으로 작고 약하며 일반적으로 개방된 형식이므로 너무 떨어지지 않은 거리에 많은 수의 대피 항구가 필요하였다. 현존하는 중세의 항구 대부분은 고대에도 이미 사용되고 있었다. 울퉁불퉁한 해안을 따라 있는 그리스의 자연 항구의 경우가 특히 그렇다. 많은 경우, 작은 섬들이 둑길로 해안과 연결되었으므로 두 개의 항구가 건설되었다. 예를 들면, 튀루스의 아이깁티우스 항Portus Aegyptius과 시도니쿠스 항Portus Sidonicus, 또는 알렉산드리아의 메이저 항Portus Major과 마이너 항Portus Minor 등이다.**그림 8**

도로 건설에서와 마찬가지로 그리스인의 항만 건설과 더 강하고 덜 예민한 로마인의 항만 건설에는 뚜렷한 차이가 있다. "그리스의 항구는 항상 목적에 따라 만 또는 곶이 있는 자연적인 장소에 위치하는 데 비하여, 로마인들은 모든 것을 인간의 노력에 의하여 건설되어야 하는 장소까지도 선택하였다." 그리스인들은 가능한 지반, 조류 등의 일반적인 조건에 자신들을 적응시키려 한데 비하여 로마인들은 자연조건이 심하게 방해하려 하여도 위축되지 않았다. 이것이 포추올리Pozzuoli, 테라치나Terracina, 안치오Anzio, 오스티아Ostia 등 많은 로마시대 항구가(비록 방대한 노력과 거대한 기술을 가지고 건설되었고 현대에서도 그 유적이 칭송

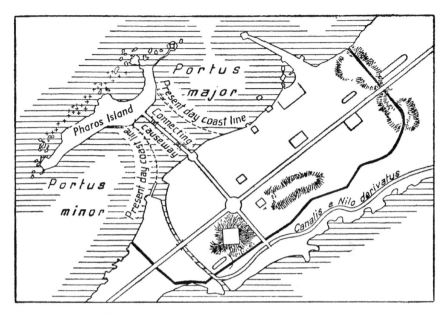

그림 8. 알렉산드리아 항

받지만) 실트에 파묻히거나 바다에 굴복한 이유이다. 트라야누스 황제 시대에 건설된 첸툼첼레Centumcellae 항과 같은 항구는 현재에도 사용되며, 현 치비타베키아 항Portus Civitavecchia의 내부 만을 형성하고 있다.그림 9 19세기 후반까지 전반적으로 원형을 유지하던 원래의 항구는 현재 다르세나Darsena 부두로 불리는 내항과 비키에레 항Molo del Bicchiere과 라짜레토 항Molo Lazzaretto으로 불리는 혀 형태의 방파제로 형성된 좀 더 큰 계선지로 구성되었다. 외부 계선지로 들어오는 입구는 현재 "트라야누스 방파제Antemurale Trajano"로 불리는 방파제로 보호되었다. 불행하게도 이 항구는 제2차 세계대전 동안 극심한 피해를 입었다. 입구 측면에 있던 두 개의 로마시대 원형 건축물은 파괴되었고 폭탄과 지뢰에 의하여 고대의 다르세나는 거의 완전한 파괴에 이르렀다. 다르세나는 비록 로마시대까지는 아니지만 르네상스 시대로 거슬러 올라가는 요새로 둘러싸여 있었고 입구 폭이 불과 18m이고 높은 건물로 둘러싸여 기분 좋은 친밀함을 주는 공간이었다. 이 작은 항구는 어선으로 가득 차 아마도 고대 항구와 별로 다르지 않은 즐겁고 그림 같은 풍경을 연출하였었다.

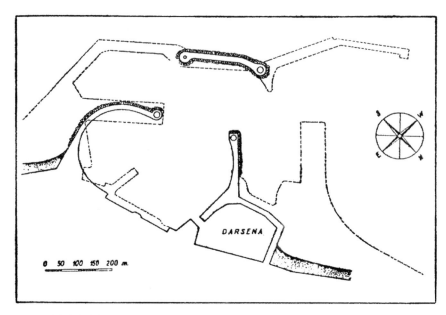

그림 9. 치비타베키아 부두(점선 부분은 근대의 부두)

오스티아에는 38만m²에 이르는 육각형 형태의 항구가 트라야누스 황제시대에 건설되어 현재까지 존재하고 있다. 그러나 티베르 강의 충적으로 말미암아 해안이 실트로 덮이게 되어 고대의 항구는 3km 내륙에 황폐한 벽과 소나무로 둘러싸인 그림 같은 연못 형태로 남아 있다. 로마 시가 생활필수품을 공급받던 이 항구의 규모와 대단한 구상을 평면도(그림 10)로부터 확실히 느낄 수 있다. 인접한 이솔라 사크라Isola Sacra에는 4층 등대의 그림이 무덤 모자이크로 보존되어 있다.그림 11

고대 항만 공사를 검토하여 보면, 많은 경우 당시의 공법이 아직도 사용되고 있고 현재의 일반적인 공법과 비교해 놀랍게도 차이가 적어 특별한 관심을 가지게 한다.

방파제와 둑의 하부구조는 일반적으로 쇄석으로 되어 있다. 그러나 무게가 9톤에 이르며 일반적인 벽과 같은 형태로 가설된 사각 형태의 콘크리트 채석 블록

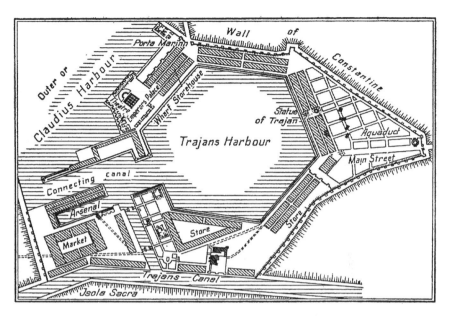

그림 10. 오스티아 인근의 트라얀 항구와 부두(Lanciani-Merckel)

그림 11. 4층 등대와 범선(오스티아 근교의 이솔라 사크라의 무덤 내 모자이크)

으로 된 해저 기초의 예도 있다.[25] 첸툼첼레 항의 건설에 대하여 플리니는 "거대한 석재를 광폭의 선박으로 운송하여 하나씩 가라앉혀 자중에 의하여 고정하며 마치 성벽을 쌓는 것과 같은 방법으로 점차적으로 누적되도록 ……" 라고 표현하였다.[26]

부두 벽체와 소규모 방파제는 해저 콘크리트로 건설되었는데, 현재 이탈리아에서 동일한 목적으로 사용되는 재료와 방법과 마찬가지로 쇄석, 석회, 화산회의 콘크리트 혼합을 사용하였다. 이렇게 강하고 내구력이 있는 재료로 건설된 수공구조물들은 해수의 물리적, 화학적 공격을 거의 2천 년간 버티어 왔다. 이들은 포추올리, 포르미아Formia, 안치오에 있는 캄파니아와 라티움 해안에서 아직도 볼 수 있다.

비트루비우스[27]는 포추올리 콘크리트의 인공 블록으로 된 방파제의 건설 공법을 기록하였다. 이들 블록은 해상에서 제조되어 2개월의 양성기간을 거친 후, 블록을 부분적으로 지지하던 모래가 모래함에서와 같이 빠져나가게 하여 바다에 가라 앉혔다.

4. 고대의 공학 - 아르키메데스

이미 서술한 바와 같이 고대에는 공학 자체가 존재하지 않았다. 그러나 일반적인 과학적 사고법을 창조하고 추후 공학의 기반을 이루는 기하학과 역학 특히 정역학의 기초를 쌓은 것이 그리스인들이다. 시라쿠사 출신의 아르키메데스는 비범한 수학적 천재성과 고도의 전문기술, 그리고 역학문제에 대한 통찰력을 종합하여 세계 최초의 대기하학자로 떠올랐다.

---

25) "Annali dei Lavori Pubblici", Rome, 1940, p.521, 그리고 여기의 인용문헌.
26) Letter XXXI, William Melmoth's translation, London, 1931.
27) 제5권 12장.

기원전 6세기 이오니아의 철학자인 밀레투스 출신 탈레스와 그의 제자들은 우주에 대하여 초자연적 또는 신비주의적으로 설명하기보다는 일원론적 또는 유물론적으로 설명함에 의하여 정밀한 자연과학을 시작하는 바탕을 마련하였다.

피타고라스, 아낙사고라스, 물질의 원자 구성을 선언한 데모크리토스 등 수학과 물리학 역사에 속하는 학자들은 여기서는 생략하도록 한다. 그러나 16 및 17세기까지 이르기까지 중세 시대와 르네상스 시대의 전반적인 과학 특히 역학과 정역학에 지대한 영향을 미친 철학 및 과학 업적(유명한 "역학 문제"와 같이 그의 제자와 계승자들에 의하여 기록된 노트와 발언을 포함)을 이룩한 스타기라의 아리스토텔레스Aristotle(기원전 384~322년)에 대해서는 잠시 설명하고자 한다. 그런데 여기에서의 영향은 좋은 의미로서만은 아니라는 것을 인정하여야 한다. 역학 분야에 있어서 대철학자의 그늘은 수 세기에 걸친 발전 도상에 어느 정도 장애요소가 되었다. 고전적인 믿음을 그 자신의 관측으로 대치한 갈릴레이에 와서야 "무거운 물체가 가벼운 물체보다 빨리 낙하한다.", "자연 운동은 강제 운동과 구별된다.", "물체는 공기의 동시 추진력이 있어야만 비행을 계속할 수 있다." 등의 아리스토텔레스 동역학에서 멀어질 수 있었다.

아리스토텔레스에 의하면, 물체 추력의 크기는 중량(그는 이를 질량과 동일시함)과 속도의 곱이다. 가상 속도 원리의 기원을 포함한 생각에 의하여 그는 지렛대의 원리를 설명하기에 이르렀다. 그의 "속도의 평행사변형 원리"는 이후 구조해석의 발전에 중요한 역할을 한다. 왜냐하면 이 원리는 "힘"의 개념이 명확히 인식된 이후 힘의 평행사변형 원리를 즉각 인식하는 길을 열었기 때문이다.

아리스토텔레스는 이집트의 알렉산드리아를 건설한 알렉산더 대왕의 스승이었다. 이 그리스의 전진 기지는 곧 그리스 세계의 지식 중심이 되었으며, 현대의 대학이나 연구기관과 견줄 만한 연구시설을 갖추었다. 수백 명의 과학자와 학생들이 도서관과 박물관을 이용하였다. 그들 중 한 사람이 전 시대에 걸쳐 위대한 수학자 중 하나인 유클리드이다. 그의 저서인 "기하학 원론"은 기하학 기본의 논집으로 내용의 논리와 개념의 완전성에 있어서 타의 추종을 불허한다. 극소수의 정의와 공리로부터 방대한 영역의 결론을 논리적 힘으로 이끌어내는 유클리드의 방법은 2000년 동안 이상적이고 필적할 수 없는 정밀과학의 모범이 되었다.

아르키메데스도 고향인 시라쿠사에서 배움을 마친 후, 전통에 따라 알렉산드리아로 가서 "기하학 원론"의 저자가 사망한 후 몇 년 뒤 수학 연구를 완성하였다.

아르키메데스는 후에 기술적인 역학이 놀랍게 발전되도록 한 물리수학 학파의 창시자로 존중되어야 한다. 그는 고대세계에서 가장 재능있는 기하학자로서 "갈릴레이나 뉴턴과 견줄 만한 천재"(브루네Brunet)이었다. 그의 저술인 "평면의 균형에 대하여"는 지레 이론과 평행사변형, 삼각형, 사다리꼴, 포물선의 일부 등과 같은 간단한 도형의 무게중심을 다루어, 정역학 분야에서 최초로 중요한 업적을 서술하고 있다. 브루네[28]에 의하면 고대 역학에 있어서 두 가지 다른 연구방법이 구분되어야 하는 데, 하나는 아리스토텔레스로 대표되는 방법이고 다른 하나는 아르키메데스로 대표되는 방법이다. 전자는 기본적인 개개의 기계와 그 작동을 관찰함으로 시작하여 문제를 형성하는 데는 기술적이지만, 모든 물체는 지정된 장소에 돌아가고자 한다는 가정과 같은 형이상학적인 개념에 의하여 사고가 종종 혼란되기 때문에 문제를 해결하는 데 덜 적합하다.

반면에 아르키메데스는 유크리드의 방법을 따라 작은 수의 기본 원리로부터 시작하여 직관적 생각에 개방된 사고를 논리적으로 연속함으로써 역학의 기본 법칙을 추론하고자 노력한다. 마흐Mach는 아르키메데스가 당연하다고 생각한 대칭지레의 특별한 경우(동일한 거리만큼 떨어져 있는 동일 중량은 평형상태를 이룬다.)를 추론함으로써 지레의 일반 법칙을 어떻게 증명하는가를 서술하였다.

---

28) 책 말미의 참고문헌 참조.

아르키메데스는 유체정역학 분야에서의 연구를 통하여 가장 잘 알려져 있다. 그의 연구는 "유체 내에 잠긴 물체에 작용하는 부력은 물체에 의하여 제거된 유체의 중량과 같다."는 소위 '아르키메데스의 원리'에 적용되었다.

순수 및 응용수학 분야에 있어서 아르키메데스의 업적 중에서 무한 미분의 최초 기원이 된 실진법悉盡法exhaustion method을 거론할 수 있다. 이를 통하여 아르키메데스는 원과 타원의 면적, 타원과 포물선 회전체의 체적 등을 필요한 정밀도만큼 계산할 수 있었다.

그러나 아르키메데스는 물리학자나 수학자로서뿐만 아니라 최고의 천재성을 지닌 기술자로도 기억된다. 증명되지 않은 아랍어 자료에 따르면, 그는 측량을 수행하였고 이집트의 교량과 댐을 건설하였다. 분명한 것은 그가 응용수리학에 강한 관심을 가졌다는 것이다. 예를 들어, 그는 나선형 펌프의 발명자로 알려져 있다. 이 장치는 그 하부가 수중에 잠겨 회전할 때 수면이 상승하여 상부로 흐르도록 하는 나선을 포함하는 경사진 원통형 튜브로 구성되어 있다. 기록에 의하면 이 장치는 관개용수를 양수하는 데 수레바퀴 물통 대신으로 사용되었다.

아르키메데스가 지렛대와 도르래를 이용하여 진수시켰다고 하는 대형 왕실 선박은 이미 앞에서 언급한 바 있다. 수력 오르간과 해시계, 일종의 천체관측관 등 유사한 기계가 아르키메데스에 의하여 발명된 것인지 증명하는 것은 쉽지 않다. 시라쿠사를 포위 공격하는 로마군 선박을 불타게 하려고 점화거울을 사용하였다는 이야기는 소설로 간주하여야 할 것이다. 그렇지만 그가 그의 역학 지식과 발명 능력을 고향을 방어하기 위하여 사용하였다는 것은 진실일 것이다.

아르키메데스가 목욕하던 중 아르키메데스의 원리에 착상을 하고 벌거벗은 채 뛰어 나와 주위를 무시하고 집으로 가며 "알아냈다Eureka"고 외친 전설은 유명하다. 이런 저런 전설들은 그의 지식과 인품이 그와 동시대 및 후세 사람들에게 깊은 인상을 남겼다는 증거일 것이다. 그의 죽음과 관련된 전설도 마찬가지이다. 승리한 로마군의 장군은 위대한 과학자를 살려두려고 하였으나 모래 위에서 연구에 몰두하던 아르키메데스는 다가 온 로마 군인에게 그의 원을 방해하지 말라고 외치다가 살해되었다.

아르키메데스와 함께 그리스 즉 고대 과학의 황금시대는 대체로 종말을 고하게 되나, 두 명의 다른 수학자가 그를 잇게 된다. 즉, 원뿔곡선론으로 유명한 페르가몬 출신 아폴로니오스Apollonius(기원전 240~170년)와 4세기 후에 활동한 대수학의 아버지 디오판토스Diophantus이다.

좀 더 공학과 관련된 과학은 주로 알렉산드리아에 기반을 둔 응용역학이다. 체시비오스Ctesibios, 필로Philo, 헤로Hero 등이 발명한 수력 오르간, 자동 기계 등 기계적, 물리적 장난감은 토목기술자보다 기계기술자에게 더 큰 관심을 일으키는 것이 사실이다. 그럼에도 불구하고 비트루비우스[29]는 아르키메데스의 저술뿐만 아니라 무엇보다도 압력 펌프의 발명에 공헌한 체시비오스의 저술도 건설자가 연구하여야 할 업적 중에 적합한 것으로 평가하였다. 필로의 저술은 대부분 전승되지 않았지만, 기계적 성격의 업적 외에도 항만 건설, 요새 건설, 기중기 등에 공헌한 것으로 알려져 있다.

기술자와 건설자로서 가장 중요한 사람은 헤로이지만, 그의 정확한 이력 자료는 알려져 있지 않다. 마흐는 기원전 1세기 사람으로, 뒤엠Duhem은 기원후 1세기 사람으로 하고 있다. 브루네는 헤로가 유클리드, 아르키메데스, 아폴로니오스 등을 언급하였으나, 헤로 그 자신은 파푸스에 의해서만 언급된 점을 지적하였다. 따라서 가능한 그의 생애는 기원전 150년부터 기원후 250년으로 제한된다. 그의 저술 중, "역학", "실용 역학의 이론과 적용에 대한 고전 논문집", 그리고 권양기, 지레, 도르래, 쐐기, 윔기어 등 소위 5대 기본적인 기계와 좀 더 복잡한 몇몇 기계를 설명한 일종의 "기술 편람"이 아랍어 번역본으로 현존한다.

---

29) 제2권 제1장.

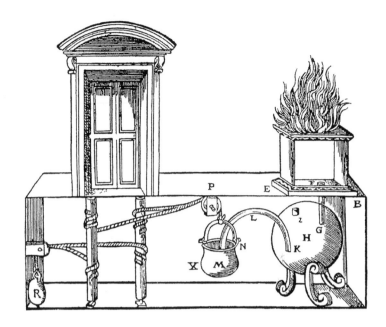

그림 12. 헤로의 사원 문 자동 개폐장치. 제단의 화기에 의하여 데워지고 팽창된 공기가 상자 F를 통과하여 물이 부분적으로 채워진 구체 H에서 물의 일부를 관 L을 지나 냄비 M까지 이동시킴. 따라서 무거워진 냄비는 내려가게 되고 그 과정 중 도르래 P에 지지된 두 밧줄에 의하여 사원의 두 문을 엶. 제단의 불이 꺼지게 되면 물이 M으로부터 구체 H로 돌아오고 냄비가 가벼워지면서 평형추 R의 무게가 문을 닫기에 충분해 짐.(브루네와 미엘리의 설명)

헤로의 저술 중 좀 더 관심이 가고 르네상스 시대에 종종 번역된 것이 전투 기계와 자동 기계에 대한 저술이다. 진공("헤로의 구체")을 곡선 사이폰의 영향과 함께 다루는 등의 기체역학에 대한 두 권의 책이 가장 유명하다. 콘스탄티노플에서 1896년 발견되었으며 측량기술을 다룬 헤로의 수학 논문이 우리의 주제와 관련하여 특별한 관심을 끈다. 왜냐하면, 대부분의 고대 수학 논문이 순수 과학적 성격을 지닌데 반하여 실용적 기하학의 개념과 고대세계의 측량을 알려주기 때문이다.

헤로가 그의 "기체역학과 자동장치"에서 기술한 천재적 기계 장치의 예로서 사원의 문을 제단용 화기의 열에 의한 공기팽창의 영향으로 자동으로 개폐하는 기계(아마도 모형일 뿐임)를 언급할 수 있다.그림 12와 범주 참조

전술한 바와 같이 로마인들은 고대의 위대한 기술자들이었다. 그러나 과학자나 연구자들의 업적은 그리스인들의 업적과 비교가 되지 못하였다. 플리니의 방대한 저술은 중세시대의 자연과학에 큰 영향을 미쳤으며, 현재도 고대세계의 지식을 평가하는 도구로 큰 가치를 가지고 있다. 하지만 플리니는 극히 부지런하고 세밀한 편집인 이상으로 보기는 어렵다. 그러나 우리는 고대 특히 로마의 공학을 다루는 2개의 중요한 업적을 가지고 있다. 즉, 비트루비우스의 "건축서"와 프론티누스Frontinus의 "로마의 수도"이다.

비트루비우스는 아우구스투스 황제 시대에 10권의 책을 저술하였다. 저자의 생애나 개인에 대해서는 잘 알려지지 않았다. 다음 절에서도 많이 다룰 그의 책은 건축과 시공의 기술적 문제를 다루고 있으며 전반적인 건축 예술에 대한 완벽한 집대성이다. 다음은 각 권에서 다루는 주제의 간단한 목록으로서 이 책의 풍부한 내용을 느낄 수 있다.

제1권: 건축가와 시공자에게 요구되는 지식과 건축 전반에 대한 개요
제2권: 건축예술의 기원, 건설 재료와 그 이용
제3권: 건축 설계와 건축의 규정, 사원 건축
제4권: 기둥의 설계, 사원 건축 각론
제5권: 극장 등 기타 공공건축, 항만과 수공 구조물
제6권: 개인 주택
제7권: 벽, 석회, 치장 벽토 세공, 칠
제8권: 급수, 샘, 관로, 우물
제9권: 시간 측정 기기와 다른 종류의 다이얼
제10권: 기계의 원리(기중기 기어, 트래드 휠과 펌프, 수력 오르간, 투석기 등과 같은 기본적인 기계)

프론티누스(기원후 40~103년)는 주목할 만한 기술자이었다. "수도 관리자curator aquarum"로서 로마 수도의 감독으로 임명되었으며, 그의 책은 로마 엔지니어링에서 중요한 이 분야에 대하여 자세히 기술하고 있다.

비트루비우스와 프론티누스 모두 르네상스 시대에 열심히 연구되었으며, 비트루비우스는 비뇰라_{Vignola}와 팔라디오_{Palladio}로 대표되는 16세기 중반의 고전주의 건축 운동에 결정적인 영향을 미쳤다.

5. 고대의 엔지니어, 시공자, 건축유적

고대의 엔지니어나 시공자[30]에 대해서는 비교적 잘 알려져 있지 않다. 좀 더 근세에 있어서 특별한 구조물을 시공자나 설계자의 이름에 따라 명명하여(예를 들어, 미켈란젤로의 성베드로 성당 돔, 툴라의 라인 강 운하, 암만의 허드슨 교 등) 그들에게 주된 명예를 주는 관습에 반하여, 고대 구조물은 지배자, 군 사령관, 장군 등 주로 건설을 명령 또는 주문하거나 최소한 건설비용을 조달한 자의 이름으로 명명되었다. 따라서 우리는 아피아 가도, 트라야누스 교량과 트라야누스 항구, 카라칼라 목욕탕과 디오클라티아누스 온천 등으로 부른다. 그리스인들에게는 천한 일[31]에 대한 경멸심이 일부 작용했을 것이며, 로마인들에게는 명성이나 명예를 갖는 자는 오직 정치적 관료라는 사실이 작용했을 것이다. 로마에서는 건설감독조차도 대부분 정치인들이었고 기술자가 아니었다.

그럼에도 불구하고, 유명한 기념비적 구조물의 설계자 이름 몇몇이, 비록 이들이 건설이 진행되는 동안 한 정확한 역할을 확실히 알 수는 없지만, 고대로부터 전해지고 있다. 따라서 많은 경우 그들이 설계자인지, 현장엔지니어인지, 시공자인지, 또는 단순한 감독관으로 인용된 것인지는 불분명하다.[32]

---

30) 메르켈은 고대의 건설자, 엔지니어, 시공자 등에 대하여 상세하게 기술하고 있고, 그중 일부를 이 절에서 인용한다.
31) 그럼에도 불구하고, 헤로도토스는 "그들이 헬라스에서 가장 위대한 3개 공사를 수행하였다"는 사실 때문에 사모스 인에 대하여 상당히 자세하게 서술하고 있다. 이 중 유팔리누스(Eupalinus)가 건설한 지하 대수로와 항구를 보호하는 방파제 두 가지는 엔지니어링 사업이고 나머지 하나는 신전이다.(헤로도토스 제3권, 60절)
32) 고대 이집트에서는 건설사업의 감독이 '왕의 건설고문', '왕의 건설총괄본부장' 등으로 불리는 고위직이었다.

플루타르크Plutarch는 "페리클레스의 생애"에서 엔지니어링 업적으로 간주되는 칼리크라테스Callicrates가 건설한 장벽을 포함하여 페리클레스 시대 구조물의 설계자를 밝혔다.

기원전 5세기 후반 밀레투스 출신의 히포다무스Hippodamus는 유명한 도시 계획가이었다. 실제로는 오랜 기간에 걸친 개발을 한 사람의 것으로 간주하는 관습이 있는 그리스인들은 그를 직사각형 형태의 도로체계를 가진 일반적 도시계획의 창시자로 간주하였다.

알렉산드리아의 도시 건설에는 알렉산더의 궁중건축가 디노크라테스Dinocrates와 광산엔지니어 크라테스Crates가 기여한 것으로 알려져 있다.

피레우스의 병기 창고를 건설한 것으로 알려진 필로Philo도 알렉산더 대왕과 동시대인이다. 기원전 285년경 소스트라토스Sostratos는 알렉산드리아 부근의 파로스 섬에 그 유명한 등대를 건설하였다. 높이가 135m이었다고 하는 이 타워[33]는 세계 7대 불가사의로 여겨지며, 라틴어로 모든 등대의 어원이 되었다.

많은 그리스인들이 로마에서 기술자와 건축가로 종사하였다. 살라미 출신의 헤르모도루스Hermodorus는 기원전 2세기 중 쥬피터 스타토르Jupiter Stator 신전과 마르스Mars 신전 건설을 책임진 것으로 인용된다. 로마에서 일한 그리스 엔지니어 중 가장 유명한 자는 2세기 초반의 다마스커스의 아폴로도루스Apollodorus일 것이다. 그는 트라야누스와 하드리아누스 밑에서 일하였으며, 트라야누스 광장 등 로마의 공공건물과 투르누 세베린의 다뉴브 강 교량의 건설자로 지명된다. 하드리아누스 치하에서 불명예스럽게 되고 처형된 것으로 전해진다.

---

33) 이 타워는 처음에는 단지 주간 항해를 위한 신호로 사용된 것으로 보이지만, 후에 1세기 중 등대로 사용되었다.

로마에서 일한 건축가와 엔지니어의 대다수가 사실은 노예이었다. 부자인 크라수스는 시이저와 폼페이우스와 제1차 3두 체제를 형성하였고, 영리한 젊은 노예에게 기술적 훈련을 시키는 학교를 운영하였으며 후에 이들을 고용하였다.

고대 기술자의 활동에 대하여 우리에게 전해져 오는 자세한 일대기의 대부분은 부족하거나 있다 하여도 전설 또는 기담의 형태로 되어 있다. 좀 더 자세한 내용은 다행히 우리가 소유하게 된 단편이나 비문으로부터, 그리고 기술적 상세를 다룬 비트루비우스 책의 몇몇 장으로부터 얻을 수 있다. 메르켈은 지금의 엔지니어와 마찬가지로 그 당시의 토목 엔지니어로 느끼는 어려움과 놀라움의 감정을 생생하게 전달하는 비문으로 보존된 공공사업 엔지니어의 보고서를 인용하고 있다. 이 보고서의 저자는 분명히 오랜 출타 후 터널 현장으로 복귀한 설계자이며 감리책임자일 것이다. "거기에서 나는 모든 사람이 낙담하고 화가 난 모습을 보았다. 그들은 반대 방향에서 추진한 두 터널이 이미 각각 산의 반 이상을 굴진된 상태에서 접합되지 못하였기 때문에 두 터널의 갱도가 만날 것이라는 희망을 포기하고 있었다. 이런 경우 항상 그런 것처럼 모든 잘못은 엔지니어에게만 귀착되었고 …… 나는 산등성이에 터널 축의 정확한 위치를 표시하였다. 모든 공사의 평면도와 단면도를 작성하였다 ……그리고 시공업자와 작업자를 불러 그들 앞에서 2교대의 숙련된 고참들의 도움을 받으며 굴착을 시작하였다. 그러나 내가 4년 동안 출타한 중에 …… 시공업자와 감독들은 실수를 계속하였다. 각 터널의 단면은 모두 직선에서 우측으로 벗어나 만일 내가 늦게 도착하였다면, 살다에Saldae는 하나의 터널 대신에 두 개의 터널을 가질 뻔하였다."

현재와 마찬가지로 고대 건설공사의 주된 형태와 치수는 공사 전에 다소 정확한 도면에 의하여 결정되었다. 다행히 고대 이집트에서 제작된 도면의 일부가 현존하고 있다. 예를 들어, 람세스 4세의 석조무덤 도면은 파피루스에 기록되어 튜린 박물관에 보존되어 있다. 축척 1/28인 이 도면은 최근에 무덤을 계측한 바

와 모든 기본적인 면에서 정확히 일치하고 있다.[34]

되르프펠트_{Dörpfeld}는 두 개의 발굴된 비문에 대한 가정에 따라 그리스에서는 "기술자들이 현대에서와 마찬가지로 사전에 공사도면과 설명서를 제출하여야만 되었고 정밀한 계획은 공사가 승인된 후에만 가능하였다. 공정 자체는 설명도면을 수반하지 않았지만 계획의 모든 치수는 설계도서에 포함되어 있었다."고 결론지었다.[35]

비트루비우스[36]는 시공자와 건축가가 만족하여야 하는 자격을 나열한 바 있다. 글쓰기 능력, 제도 능력, 기하학, 광학, 대수학 지식 등을 들었다. "건축가는 그의 기억을 보조하여 관찰과 경험을 기록할 수 있도록 글쓰기 능력이 충분하여야 한다. 제도는 그의 설계 형태를 표현하기 위하여 필요하다.[37] 기하학은 정확한 직선과 원, 수평, 정사각형을 사용하여 설계자가 평면 상에 건축물을 묘사하는 것을 수월하게 하여주는 도구가 되기 때문에 많은 도움을 준다. 광학 지식은 건축물의 향에 따라 필요한 빛의 양을 판단할 수 있도록 하여준다. 대수학은 경비를 산출하고 공사의 측량을 도와주며, 기하학 법칙의 도움과 함께 한 부분의 다른 부분과의 비례가 달라짐에 따라 발생하는 난해한 문제를 해결할 수 있게 한다."

비트루비우스는 이론적 지식은 대상에 대한 실무적인 경험이 동반되어야 한다는 다소 당연한 요구를 제안하고 있다. "단순히 실무적인 건축가는 그가 채용하는 형태에 대하여 충분한 이유를 부여하지 못하며, 이론적인 건축가는 실물 대신에 그림자를 잡는 실패를 하게 된다. 따라서 이론적이며 실무적인 자는 이중으로 무장하여 자신의 설계의 타당성을 입증할 수 있을 뿐만 아니라 이를 실행

---

34) "Ägypten und ägyptisches Leben im Altertum" by A. Erman; revised by H. Ranke, Tübingen, 1923, p.422. 이 책에는 평면도의 복제본이 있다.

35) Merckel, p.350.

36) 제1권, 제1장.

37) Feldhaus(p.184)에 따르면 도면은 경석으로 다듬은 양피지에 제도 펜으로 그려졌다.

해 낼 수도 있는 것이다."[38]

마지막으로 비트루비우스는 설계자에게 역사, 철학, 음악, 의학, 법, 천문학에 대한 지식을 요구하기까지 하였다. 이 로마 이론가의 요구사항을 만족시키는 시공자는 따라서 모든 인류 지식에 대한 명인이어야 했을 것이다. 비트루비우스는 이런 요구사항에 대하여 정당한 이유를 부여하고 있다. 역사에 대한 지식은 설계자가 적절한 장식을 사용할 수 있게 한다. 철학은 그에게 "지성의 고귀함"을 부여한다. 더군다나 이 학문은 고대세계에 있어 자연과학의 몇몇 분야 특히 역학분야를 포함하고 있었기 때문에, 따라서 아마도 이 주제를 포함시킨 상대적으로 정당한 이유가 될 것이다. 음악은 쇠뇌나 석궁의 줄에서의 인장 정도를 음의 강도로부터 인식하기 위하여 필요하다. 의학은 기후와 지역여건이 주민 건강에 미치는 영향을 평가하는 데 필요하다. 법에 대한 지식은 건물의 처마와 하수구 등을 건설하는 데 필요하다. 비트루비우스가 설계자에게 요구한 이 너무 포괄적인 목록은 이러한 설계자의 모델이 로마시대 현실을 반영하기보다는 비트루비우스의 상상의 결과일 것이라 하는 의혹을 일으키게 한다.

일반적으로 보아 고대 세계에 있어서 건축가와 시공자에 대한 훈련은 실용적이었다.[39] 중세 시대를 거쳐 바로크 시대에 이르기까지의 기간에서와 마찬가지로 도제는 길드에 의해서만, 그리고 현장에서 선택되었으며 좀 더 유능한 자가 그 과정의 장인이 되었다. 몇몇 경우를 제외하고 그들의 사회적 지위는 다소 높지 않았다. 반면에 정치가 또는 행정가로서 정부의 관리들은 기술적 지식이 부족함에도 불구하고 또한 그렇기 때문에 보다 큰 위세를 누렸다.

원래 이집트나 로마에서 정부의 설계자나 기술자는 성직자에 속하거나 최소한 그에 가까웠다. 이 가설은 교량가설자를 의미하는 라틴어 "폰티펙스Pontifex"가 고

---

38) Joseph Gwilt의 영문 번역본으로부터의 인용.
39) Feldhaus(p.201)에 따르면 228년경 Alexander Severus 치하에서 로마에 특히 역학과 엔지니어를 위한 일종의 대학이 세워졌다고 한다.

대 로마의 고위성직자(주교)를 지칭하는 데 사용된 것으로도 증명될 수 있다. 그 후로 사원, 수로, 도로 등의 건설은 그리스에 있어서는 특별 관청에 의하여, 로마에 있어서는 주로 감찰관censor에 의하여 시작되고 감독되었다. 로마시대에는 종종 구조물에 담당 감찰관의 이름을 붙였다. 공공도로에 대한 감독은 조영관 aedile에 의하여 수행되었다. 제국시대에는 도로, 수로, 하수도, 하천 등 각각의 공공건설 분야를 담당하기 위하여 특별한 "관리자curator"가 지명되었다.

공사 계약권은 현재와 마찬가지로 주계약자와 부계약자에 대하여 각기 다른 방법으로 부여하였다. 예를 들어, 아테네의 성벽은 시공자 칼리크라테스에게 일괄로 시공을 맡겼으며 그는 공사를 10개로 분할하여 하도급업자에게 할당하였다. "지방 정부가 사원을 건설하거나 동상을 건립하기 위하여 계약을 체결하고자 하면 견적과 도면을 제출하여 신청한 예술가를 면접하여 최저가로 최상의 최단시간의 시공을 약속한 자를 선정하였다."[40] 지우세페 코조Giuseppe Cozzo[41]는 로마의 콜로세움에서 4부분의 시공방법에 약간씩의 차이가 있음에 주목하여 공사가 4부분으로 분할되어 아마도 각기 다른 계약자에게 할당되었을 것이라고 결론지었다. 공사계약서는 현재와 마찬가지로 수행될 공사에 대한 자세한 시방서, 사용될 재료, 주어질 보증, 대금의 지불방법 등을 포함하였다.

건설 인부는 자유인이나 해방노예, 혹은 노예이었다. 로마에서 자유인은 초기단계에 혈연이나 길드에 의하여 조직화되었고 가장 오래된 것은 석공과 목수의 길드이었다. 초기 황제시대에는 부분적으로 전쟁포로 중 선발되었던 노예가 가장 큰 인부 그룹이었다. 사실상, 보유한 노예 수를 오늘날의 기계나 설비의 경우와 마찬가지로 도급업자의 재고 크기로 간주하였다.

그러나 고대 세계에 있어서 건설을 위한 설비나 기계 장치에 대해서 알려지지

---

40) Plutarch, Friedlander가 p.770에서 인용.
41) Chapter 4, pp.215, 224.

그림 13. 로마시대 기중기 기어:
트래드 휠과 도르래(로마 라테란
박물관의 조각)

않은 것은 아니다. 특히 로마인은 대규모 공공 공사를 대대적인 기계의 도움이 없이는 불가능했을 단시간 내에 완성할 수 있었다. 예를 들어, 콜로세움은 공사가 시작된 지 수년 내에 봉헌되었다. 그러나 코조는 석회 지지구조와 계단 및 관람석 좌석만이 먼저 완공되었고, 석회 블록으로 된 1층과 벽돌 형태 콘크리트로 된 상부층의 벽은 나중에 완성된 증거를 찾았다고 믿었다. 더군다나 일체로 이루어진 대리석 또는 화강암 기둥과 같은 거대한 부재는 권양기의 도움이 없이는 취급이 불가능하였을 것이다. 콘스탄틴 대성당에서 가져와 현재는 로마 성마리아 마조레 성당 앞에 아직도 원상태 그대로 서 있는 기둥은 길이가 14.3m이고 직경이 1.75m이다. 더 큰 알렉산드리아의 소위 폼페이 기둥은 화강암으로 길이가 18.3m이고 직경은 상부에서 2.3m, 하부에서 2.7m이다.

비트루비우스는 그의 책 10권에서 도르래와 권양기 등 그 시대의 여러 건설기계를 상세한 작동방법과 함께 묘사하고 있다.그림 13

로마의 라테란 박물관에는 사람들이 걷고 기어오르는 대형 트래드 휠에 의하여 가동되는 도르래와 권양기 등이 있는 고대 건설 현장의 양각화가 있다. 이 장치는 근대에 이르러 전기모터가 소개되기 전까지 거의 변화 없이 사용되었다.[42] 이 작은 예술품은 고대 건설 현장의 생생한 모습을 간단명료하게 보여주고 있다.

또한 로마의 시, 즉 버질Virgil의 서사시 제1권에도 카르타고의 건물 건설현장에서의 생생한 활동이 묘사되어 있다.[43]

"튀루스 사람들, 서로를 부르며
힘써 일한다 : 몇몇은 벽을 넓히고,
몇몇은 성을 쌓고 ; 건장한 사람들
땅을 파거나, 무거운 돌을 밀어 옮긴다.
집을 지으려는 자는 집터를 고른다.
맴돌아 도랑을 설계한 뒤에……
여기서는 몇몇 이들이 항구를 설계하고,
저기서는 다른 이들이
극장의 기초를 닦고 있네.
무대를 장식하고 앞으로 보일 극을 위하여
대리석을 잘라 힘센 기둥을 만든다."

---

42) 저자는 소년기에 이러한 기계가 베른의 건축 현장(아마도 "신 카지노" 건축 현장이었을 것임)에서 아직도 사용되는 것을 본 기억이 있다.
43) John Dryden의 번역으로부터 재번역.

제 **2** 장

중세

1. 로마네스크 및 고딕 시대의 볼트기법

앞에서 기술한 바와 같이 로마제국 멸망 이후 서양에서 볼트기법은 주로 소규모
이거나 중요도가 떨어지는 건물에 제한적으로 사용되었다.[1] 그러나 비잔틴, 소
아시아, 메소포타미아에서는 돔과 볼트 건설의 전통이 계속되었다. 비잔틴 돔(하
기야 소피아 532~537년, 직경 31m), 소아시아의 볼트 공회당, 사사니아 돔(체시폰 왕궁의 원통형
볼트, 지간 25.6m, 벽두께 7m) 등이 그 증거이다.

유럽에서 볼트기법이 주요 구조물에 다시 사용된 것은 11세기 **로마네스크** 양식
이 등장한 이후 처음에는 프랑스에서, 조금 후에는 독일과 이탈리아에서이다.
프랑스 남동부의 단일 본당nave으로 된 소규모 성당을 반원통 볼트로 건설하면
서 11세기 전반부 중에 발전이 시작되었다. 그 후에 오베르뉴Auvergne, 부르고뉴
Burgundy, 북부 프랑스의 주요 성당에서 내진choir과 측랑side aisle, 때로는 좁은 중앙
본당에도 볼트가 사용되었다. 클뤼니Cluny의 세 번째 성당(1088년에 착공하여 1131년 완공,
1811년 파괴)의 본당을 덮는 지간 11m의 반원통 볼트, 베즐레Vezelay의 수도원 성당
(1104년 봉헌)의 지간 10m의 궁륭 교차 볼트가 그 뒤를 잇는다. 이들 성당은 이후
2세기에 걸친 볼트기법의 웅대한 발전의 시작을 예고하고 있다.

---

1) 몇몇 예외가 있는데, 주로 돔으로서 엑스라샤펠의 샤를마뉴 궁 성당의 돔(796~804년 건설)이나 피렌체
   의 세례당 돔(직경 25.6m) 등을 들 수 있다.

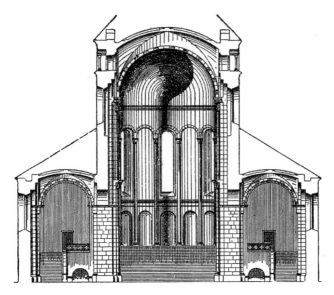

그림 14. 슈파이어 대성당(데히오에 의한 단면도)

같은 시기 또는 약간 후에, 이탈리아 북부와 독일 남서부에서 볼트를 사용한 공회당이 처음 건설되었다. 이들 중 중앙 본당 지간이 12m인 교차 볼트로 건설된 밀라노의 성 엠브로지오 성당, 1093년 착공하여 중앙 지간 9m로 직사각형 평면에 흥미로운 교차 볼트로 시공된 독일 라흐_Laach의 수도원, 특히 슈파이어 대성당 등을 주목할 수 있다. 1030년, 이 성당의 건설이 시작되었을 때는 평면의 목재 지붕으로 설계되어 있었다. 1106년까지 즉위한 하인리히 4세는 원래의 계획을 변경하여 높이 32m, 폭 13.1m인 본당 지붕을 교차 볼트로 하기로 결정하였다. 그러나 이 "볼트 역사의 위대한 전주곡"은 구조해석의 기발한 개념보다는 최상의 솜씨, 과감한 대담성, 충분한 자금에 기인한 성과를 보여주고 있다. 데히오_Dehio가 지적한 바와 같이 슈파이어 대성당의 천정을 볼트 지붕으로 하는 결정은 공학의 주요 발전에 따른 것이 아니고, 자신의 마음대로 할 수 있는 여러 방법을 가진 단호하고 강력한 왕의 결심에 기인한다고 할 수 있다. 비록 볼트 추력이 작은 곳에서 벽감_recess을 사용함에 의하여 두께 2.4m를 넘는 거대한 측벽이 가벼워진다고 하여도, 사용된 재료의 양이 대단하여 경제 원리가 적용되었다고 볼 수는 없다.그림 14

이후에 건설된 성당(마인츠Mayence, 보름스Worms 등)에서는 볼트 기법에 구조적 발전이 없었는데, 그 이유 중 하나는 프랑스에서 오래전부터 알려져 온 버트레스buttress 장치가 독일에서는 무시되었기 때문이다. 그러나 서쪽과 일드프랑스Isle-de-France 지방에서는 다수의 대성당들이 12세기 말과 13세기 초에 연달아 건설되었고 전례 없이 완벽한 볼트의 예술을 가져 왔다. 1137년 시작된 파리 북부 생드니 St. Denis의 수도원 성당의 재건축과 함께 이제는 **고딕**이라 불리는 양식이 처음으로 도입되어 이후 계속되었다. 고딕은 랑Laon, 샤르트르Chartres, 노트르담 드 파리 Notre-Dame de Paris, 랭스Reims, 아미앵Amiens 등의 대성당과 함께 완벽의 절정에 이르게 되는데, 이들 성당은 1155년에서 1220년에 이르는 기간 중 놀라울 만큼 단시간 (샤르트르의 경우는 25년 이내이며, 랑의 경우는 더욱 단시간) 내에 완성되었다.

잘 알려진 바와 같이, 고딕 건축가에게 최소량의 재료를 가지고 최대의 공간을 확보하고, 특히 그들의 성당 본당에 하늘로 솟는 높이[2]를 주어 영적인 신앙에 대한 바람을 적절히 표현하도록 하는 구조적인 도구는 다음과 같다.

1. 압축력을 받는 기둥과 주로 창문 등을 에워싸는 역할을 하는 비내력 벽의 구별
2. 쉽게 채택할 수 있는 첨두아치의 적용
3. 볼트를 지지하는 리브와 경량의 중간 판벽 널의 구별
4. 볼트의 추력을 감당하는 버트레스와 플라잉 버트레스flying butress 체계의 완벽성

따라서 우리는 일종의 뼈대 구조를 보게 된다. 그러나 모든 부재들이 단지 추력을 감당하고 전달할 수밖에 없기 때문에, 기둥pillar과 버팀보strut에 더하여 인장 부재와 강결 뼈대를 사용할 수 있는 현재의 시스템보다 복잡하고 노력이 들 수밖에 없다.

---

2) 예를 들어 아미앵 대성당의 볼트는 높이 42.7m, 경간 13.4m이다. 보베 대성당(1284년 준공 직후 부분 적으로 붕괴)의 볼트는 더욱 높아, 높이 48m, 경간 15.5m이다.

견고한 암석 재료를 역학적 기능이 필요한 곳에 집중시키는 원리를 지속적으로 적용함에 의하여 재료를 상당히 절약할 수 있었다. 이것은 예를 들어, 창의 중앙선(즉, 두 인접한 버트레스의 중앙)을 통과하는 단면이 만나는 부분을 검게 표시한 그림 15의 우측에서 명백히 알 수 있다. 이 부분은 버트레스 체계 자체(그림의 좌측 반)와 비교하여 미미하며, 버트레스는 건물 길이의 작은 부분에 걸쳐 있기 때문에 그 의미가 적다.

그러나 보다 복잡한 시공에 노력이 필요하고, 각각의 암석 블록에 대하여 조심스럽고 숙련된 취급을 하여야 하기 때문에 재료의 절감은 부분적으로 상쇄되었다. 한편으로는 조건이 현재와는 사뭇 달랐다. 임금은 낮은 반면 폭약이 없고 도로조건이 열악하며 기계적 수송수단이 없었기 때문에 암석 재료의 재단과 수송비용이 많이 들었다.

첨두아치는 역학적으로 효과적이다. 반원아치에서는 지간 1/4에서 추력의 선으로부터 상당히 벗어나는 데 비하여 첨두아치에서는 추력의 선이 상당히 일치한다. 게다가 첨두아치의 지간에 대한 높이의 비가 커질수록 아치 추력이 작아지고 추력의 선이 가팔라진다. 그렇지만 첨두의 파괴는 일정하지 않고, 다만 역학적으로는 그곳에 집중된 쐐기돌keystone의 중량에 의한 것이라고 일부 설명될 수 있다.

볼트와 관련하여, 힘을 받는 리브와 경우에 따라서는 두께 15cm에 지나지 않는 중간 패널을 분리하는 것은 구조물의 안전을 위협함이 없이 중량을 줄이고 따라서 추력을 줄이는 또 다른 방법이다. 고딕 볼트 리브의 강렬한 형태는 감소된 중량에도 불구하고 관성모멘트를 증가시켜 이들 부재의 좌굴강도를 증가시키는 데 도움이 된다. 또한, 이러한 시스템을 가설할 때는 임시 지지틀이 단지 리브에만 필요하고 대부분의 패널은 아마도 임시 지지틀 없이 리브에 부설할 수 있었을 것이므로 가설이 용이하도록 하였을 것이다.(주로 독일과 영국에서 적용된 도브테일 Dovetail 기법)

그러나 고딕 건축가들의 잘 발달된 역학적 감각과 전문적 기술을 가장 설득력 있게 보여주는 것은 지상에서 상당히 높이 있는 본당 볼트의 기공점에 작용되는 아치 추력을 흡수하고 전달하기 위하여 채용한 완성도가 높은 버트레스와 플라잉 버트레스의 체계이다. 이들 기공점에서 추력은 두 분력으로 나눌 수 있다. 수직방향으로 작용하는 그중 하나의 분력은 벽을 통하여 지반으로 전달된다. 경사 방향으로 외측을 향하는 또 다른 분력은 플라잉 버트레스에 의하여 다음 열, 그리고 경우에 따라서는 그 다음 마지막 열의 기둥으로 전달된다. 이 과정 중 경사 방향 압력의 하향 추세는 첨탑pinnacle의 중량에 의하여 증가하게 된다. 물론 아직 수평 분력이 남아 있는데, 이는 최외측 기둥을 버트레스와 같이 확대함에 의하여 감당하게 된다. 그림 15, 16 참조

전체 구조계는 완벽하게 고안된 역학적 체계를 형성하여, 현대의 기술자도 만일 인장력과 휨모멘트가 아닌 압축력만 전달하는 재료만을 사용하게 제한되었다면 이 체계를 개선하기 어려웠을 것이다. 이 체계의 완벽성은 놀라울 만하기 때문에 건축의 미학적인 면을 강조하기를 좋아하는 한 예술 역사가는 이 완벽성은 이미 어느 정도 수학적 개념에 근거할 것이라고 시사한 바가 있다.[3]

그러나 길드의 전문적 경험으로 파악되고, 장인으로부터 장인으로 전수된 건설에서의 공식과 수학적, 기하학적 법칙은 대부분 형태와 구성에 대한 질문[4]에 대한 것이고 공학 그 자체와는 상관이 없었다는 것은 의심의 여지가 없다. 6세기가 지난 다음에야 구조해석에 기반을 두고 과학적으로 구조요소를 설계하고자 하는 첫 시도가 있게 된다.[5]

---

3) "건축은 과학이 되었다. 사실상 확신을 가지고 결정할 수 없는 수학적 개념에 어느 정도는 근거하였다."(Dehio, "Geschichte der Deutschen Kunst", vol. II, p.29) 사실 몇몇 고딕과 비잔틴 볼트에 대하여 적절한 구조 해석이 수행되었다는 의견은 A. Hertwig 교수("Geschichte der Gewölbe", Technikgeschichte, vol. 23, 1934, p.86)에 의하여 제기되었다. 그러나 이 논문은 사실적 증거나 또는 자료에 의하여 확인되지 않으며, 이는 단지 대상 구조물의 의도성과 완벽성에 따라 생긴 추론일 뿐이다.
4) 120쪽의 각주 17 참조.
5) 제5장 제2절 참조.

그림 15. 퀼른 대성당(좌측은 버트레스를 통과하는 단면이고, 우측은 창의
중앙선을 통과하는 단면. 데히오에 의함)

그러므로 고딕 볼트의 리브, 버트레스와 플라잉 버트레스의 설계는 적절한 구조해석을 기반으로 하지 않고, 경험과 직관에 의지한 것이었다. 그럼에도 불구하고 종합적인 배치와 설계는 구조적, 경제적 고려를 할 수 있는 능력에 의하여 도달하게 되었음이 틀림없다. 더욱이 모든 요소의 예술적인 완벽성은 칭송될 만하다. 고딕 건축가들은 그런 건설에 만족하지 않았다. 각각의 요소는 구조적이며 미학적인 이중의 목적을 만족시켜야 하였다. "더 이상 로마네스크 양식에서 장식적으로 주된 도구이었던 유사 구조형식을 상징적으로 사용하지는 않았다. 모든 개개 구조요소는 정확하게 진실로 만족시켜야 하는 기능이 있다. 그들 중 아주 작은 것도 전체를 파괴시키지 않고 빼낼 수 없다. 구조와 장식이 일

그림 16. 고딕 버트레스 체계: 파리의 노트르담 성당

체화되었다."[6]

이미 1장에서 언급한 바와 같이, 예술적 표현에서의 전성기로 간주되는 12세기 말로부터 13세기까지의 프랑스 대성당들은 구조적 기법과 예술적 모습의 일체화를 보여주는 완벽한 예이다. 그러나 이들은 또한 이러한 일체화가 오래 계속되는 것이 아니라는 것을 보여주는 좋은 예이다. 예술적이기보다는 구조적인 동기에서 나왔지만, 실제의 예술가에 의하여 만들어지는 미적 표현의 힘과 새로운 디자인에 대한 시각적인 매력이 곧 감지되고 인식되게 되었다. 이렇게 되자마자 원래의 역학적 기능은 종종 잊게 되고 형태가 과장되고 단순한 장식 요소로 격하되는 경향을 보이게 되었다. 사실상 이러한 경향은 체계가 완성되면

6) Dehio, "Geschichte der Deutschen Kunst", vol. I, p.256.

서 곧 나타나게 되었다. 처음에는 몇몇 성당에서 보이는 과도한 장식에서, 나중에는 주로 리브가 더 이상 볼트를 지지하는 구조가 아니고 단지 장식 요소로서 볼트 위에 펼쳐진 형태가 되는 영국과 독일 고딕의 후기 중 명백히 나타나는 볼트 리브의 복잡함에서 찾을 수 있다.[7]

이러한 예술적이며 형식적인 경향과 고도로 발달된 구조 기술의 낭만적인 결합 때문에, 고딕 대성당들의 건설자들을 엔지니어로 여기는 것은 적절하지 않다. 프랑스 대성당, 스트라스부르와 쾰른 대성당의 건설자는 "엔지니어"나 "건축가" 이상이었으며, 단어 최상의 의미로서 **거장**master이었다. 그들은 공예가이자 설계자이며 예술가이었으며, 방대한 지식을 구사하지는 않았을 수는 있으나, 자신의 직업에 있어서는 최고의 장인이었다.

중세 건축가의 면면에 대해서는 그들의 이름조차도 알려진 바가 거의 없다. 알프스 북부에 첫 번째 로마네스크 성당이 지어질 때는 수도원이 거의 모든 예술과 과학이 이루어지는 장소이었다. 이와 관련하여 우리는 종종 건축가로도 종사한 신부와 수도사에 대하여 듣게 된다. 그러나 그들은 아마도 예외적이었을 것이다. "건설 공사를 성공적으로 감독하기 위해서는 작업에 몰두하여야 한다. …… 그러나 그 당시 주교bishop와 수도원장abbot은 대부분 고귀한 혈통이고 종교적인 일과 세속의 일 등 이중의 임무를 수행하기에 바빴다. 그렇다 하여도 건물의 설계에 대하여 어느 정도 영향력을 발휘할 수는 있었다. …… 성당의 규모, 사용될 재료, 인력의 소집, 추종할 표본과 새롭게 도입할 혁신, 이 모든 문제들이 감독의 책임이었다. …… 그러나 작업의 수행은 주로 일반 인부의 손에 달려 있었을 것이다."[8] 이들은 아마도 이탈리아 인부 이주자들이었을 것이다. 지중해 연안 국가에서의 석공 전통이 고대로부터 소멸되지 않았기 때문이다. 사실 이탈리아 인

---

7) 이탈리아에서는 볼트 기법의 전통이 소멸되지 않았고, 성당의 넓은 본당(피렌체 성당의 중앙 본당의 폭은 약 17m로 모든 프랑스 성당의 폭보다 크다.)은 약간의 편경사를 가진 첨두아치로 된 볼트를 사용하였다. 버트레스와 플라잉 버트레스의 사용이 멸시되었으므로 볼트 추력을 감당하기 위하여 타이를 사용할 필요가 종종 있었다.

8) Dehio, "Geschichte der Deutschen Kunst", vol. I, p.86.

부들은 11세기 중에는 바이에른 지방에서, 12세기 중에는 작센 지방에서 활동이 많았다.

그러나 일부 이름은 우리에게 전해 내려오고 있다. 엑스라샤펠의 대성당 건축가인 "마지스터 오도Magister Odo", 수도원장 휴고 하에 클뤼니 수도원 성당 재건축을 책임진 수도사 가우조Gauzo와 헤질로Hezilo 등이 알려져 있다. 그러나 밤베르크의 오토Otto of Bamberg(슈파이어 대성당) 또는 슈게르Suger 사제(생드니의 수도원 성당) 등과 같이 대성당의 건축과 관련되어 있는 성직자의 대부분은 아마도 기술적 감독이라 하기보다는 재정적, 행정적인 책임을 진 사람들일 것이다.

고딕 시대 중의 건축물 건설과 관련하여서는 조금 더 알려져 있다. 볼트와 버트레스의 복잡한 시스템은 높은 기술지식 수준이 요구되었고 이는 훈련되고 숙련된 전문가에 의해서만 이루어질 수 있다. 길드의 중요도가 점점 커짐에 따라, 공사의 설계 및 시공에 있어서 주도적인 역할을 하였던 성직자의 몫은 점점 작아졌다. 이 도중에 지식과 경험이 축적되었으며 직업비밀로 보호되었다. 게다가 지방 주민들의 자원봉사에 의하여 공사의 속도는(특히 프랑스 대성당의 경우에) 크게 개선되었다. "그 해(1144년), 처음으로 석재, 목재, 옥수수 등 대성당 공사에 필요한 물품을 손수레로 나르는 샤르트르의 신자들을 볼 수 있었다. 마치 마술 지팡이에 닿은 것처럼 첨탑이 하늘로 솟아올랐다. …… 습지를 가로질러 무거운 짐을 나르며 하나님의 공사를 찬양하는 남자 여자들이 보였다."[9]

거장들은 홀로 또는 숙련된 기능인들과 함께 한 현장에서 다른 현장으로, 때에 따라서는 장거리를 이동하였다. 그들 중 하나인 빌라르 드 온느쿠루Villard de Honnecourt는 그의 고향인 북부 프랑스에서 헝가리까지 이동하였다. 그의 스케치북이 전해지고 있으며 13세기 초기의 기법과 관련된 지식의 주요한 자료가 되

9) Mont-Saint-Michel의 Robert 연대기 중에서. Dehio의 "Die Kirchliche Baukunst des Abendlandes", Stuttgart, 1892-1901, vol. II, p.22로부터 인용.

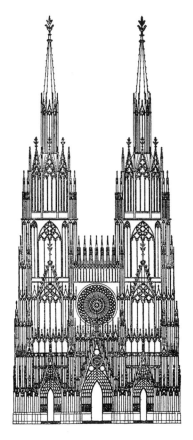

그림 17. 스트라스부르 대성당 전면부의
고딕 디자인(데히오 재작성)

고 있다. 여기에는 건축도면 외에 고딕볼트의 상세, 일종의 목재 트러스 교량의
스케치, 몇 가지 기계, 간접적 거리 측정 방법 등을 수록하고 있다.[10]

1257년 자료에 의하면 쾰른 대성당의 건축가로 거장 게르하르트Magister Gerardus
Lapicida, rector Fabricae를 지목하고 있다. 그의 생애에 대해서는 아무것도 전해지지 않
았다. 그러나 아미앵의 길드에서 중요한 또는 지도적인 지위에 있었을 것으로
짐작할 수 있다. 스트라스부르 대성당의 건축에는 몇몇 이름이 관련되고, 그중
어윈 폰 스타인바흐Erwin von Steinbach는 괴테가 그를 기억하며 헌정한 찬양으로 인
하여 괴테의 애호가들에게 친근하다.

---

10) H. Hahnloser 교수의 facsimile edition, Schroll, Vienna, 1935 참조.

다행히도 스트라스부르와 쾰른 대성당은 당시의 공사도면이 전해진다. 공사의 수행에 앞서 도면을 통하여 결정하기 위한 어느 정도의 구조 및 형태 상세를 보여주는 정면도를 그린 대형 양피지이다.그림 17

로마네스크 시대 중에는 "생갈St. Gall 수도원의 도면에서 볼 수 있는 바와 같이, 치수가 삽입된 대략의 도면이 공사감독의 바램을 표현하는 전부였으며 나머지 상세는 숙련공에게 맡겨졌다." 반면에 고딕 시대의 도면은, 비록 이들 도면이 스트라스부르의 경우와 같이 수십 년, 어떤 경우는 수세기에 걸친 공사기간 동안 계속적인 수정을 거쳐야 하였지만, 전반적 기하형태를 보여주는 공사도면으로 주어졌다.

렌치G. Lenzi[11]는 이탈리아에서, 특히 "왕좌에 앉은 최초의 근대인"이라 불린 호엔슈타우펜 왕조의 프리드리히 2세 하에서의 도급공사와 관련하여 흥미로운 점을 기록하고 있다. 그 시대에 있어서도 도급을 맡는 것이 쉬운 일은 아니었다. 예를 들어 어떤 경우 이미 주어진 도급도 경쟁자가 저가로 들어오게 되면 취소되었다. 어떤 "최고장인"은 공사가 왕의 마음에 들지 않아 투옥되고 재산이 몰수되었으며, 도급자는 사슬에 매인 채 강제 노동을 해야만 하였다.

2. 중세의 교통, 도로, 교량

고대보다 중세의 교통 상태는 확실히 퇴보하였다. 기술적으로 설계되고 말끔히 포장된 로마의 도로와는 달리, 중세시대에는 여름에는 먼지로 겨울에는 진흙탕으로 초라한 도로에 의지하여만 하였다. 예를 들어, 독일에서는 바퀴로 통행할 수 있는 유일한 도로였던 "왕의 고속도로"에 대해서만 도로관리가 제한되었다.

---

11) "Il Castello di Melfi e la sua costruzione", Rome, 1935.

당시에도 도처에서 고대 로마의 도로는 여전히 사용되고 있었다. 그러나 유지 관리가 부실하여 종종 도로의 보수 상태가 비포장도로의 상태보다도 좋지 않았다. 실제로 훼손되고 단절되어 있는 로마 도로의 폐허는 오히려 차량 교통에 방해가 되기도 하여 왔다. 반면에 많은 수의 로마시대 교량은 강을 건너는 중요한 기능을 충실히 만족시켜 왔다. 왜냐하면, 11세기 말까지 초기 중세 시대의 교량 건설 업적은 항상 화재와 홍수로 인한 파괴에 노출되어 있는 목교에 제한되었기 때문이다. 작은 물줄기는 주로 도보로 건너게 되어 있었다. 예를 들어, 카롤링거 왕조 시대에는 짐마차를 덮는 방수 가죽을 사용하도록 하는 "제국왕실의 국가재산법령Capitulare de villis vel curtis Imperii"이란 법이 있어 "화물이 비나 강을 건널 때 받게 되는 피해를 입지 않도록" 하였다.

1198년과 1235년 사이에 편찬된 가장 오래된 독일의 법전인 '작센슈피겔 Sachsenspiegel'에는 도로와 도로 교통에 관한 여러 규정들이 포함되어 있다 : "…… 도로는 마차가 양방향으로 통과할 수 있도록 넓어야 한다. 보행자는 승마자에게, 승마자는 마차에, 빈 마차는 적재된 마차에 길의 우선권을 주어야 한다."[12]

중세 후반에 이르러 교통 분야에서의 진척이 눈에 보이기 시작하였다. 적절한 예가 13세기 초반에 개장된 알프스산맥을 직접 남북으로 최단거리로 가로지르는 생 고타르 고개St. Gotthard Pass이다. 그 시절까지 우르세른Urseren 계곡과 로이스 Reuss 강의 낮은 계곡 사이에서는 가파르고 험난한 쉴레른Schöllenen 협곡이 어떠한 직접적인 물품거래도 가로막고 있었다. 적절하게 관리된 포장도로와 체인에 의해 암반에 지지된 교량[13](예를 들어, 유명한 Stiebende 교 : 석재 교량인 악마의 교량 이전의 목재 교량, 역자주)을 포함한 여러 교량으로 협곡을 통행할 수 있게 되었으며, 이는 엔지니어링 작업으로 간주하기에는 다소 무리가 있지만, 명실상부한 최고의 업적으로 여겨진다. 루체른Lucerne 호수와 마조레Maggiore 호수의 수로와 함께, 이 남북을 연결하

---

12) Feldhaus에 의한 인용, p.283.
13) Gagliardi, "Geschichte der Schweiz", Zürich, 1934, vol. I, p.164, 그리고 여기서 인용된 문헌 참조.

는 새로운 교통망의 탄생은 중앙 유럽의 교통 상태에서 대단한 진보이었다.

저지대 지역에서, 12, 13세기에 걸쳐 이루어진 교통 시설은 주로 교량 공사로 인하여 개선되었으며, 이러한 교량의 대부분은 초기의 목재 교량을 대체하는 석재 교량이었다. 라티스본Ratisbon의 다뉴브 강 교량(1135~1146년), 드레스덴Dresden의 엘베 강 교량, 뷔르츠부르크Wurzburg의 마인 강 교량, 세계에서 가장 오래된 석교들인 영국 런던의 템스 강(런던 교 1831년에 파괴)과 프라하Prague의 몰다우 강 교량, 피렌체의 아르노 강 교량(현재의 폰테 베키오Ponte Vecchio 자리) 등이 12세기 중에 완공된 교량들이다. 로마의 전통(예를 들어, 홍수 배수구가 교각 위에 존재)에 따라 지어진 다른 교량으로, 1177~1185년에 지어진 유명한 아비뇽Avignon의 론 강 교량이 있다. 이 교량의 4개 아치는 현재에도 여전히 존재한다. 이 교량은 생 베네제St. Benezet에 의해서 건설되었으며, 그는 1189년에 교량의 유지관리를 봉사로 하기 위한 '교량봉사단Brotherhood of the Bridges'을 조직한 바 있다.

12세기 중의 석재 아치 교량의 부활은 동시대 교회 건물에서의 아치의 발전과 전혀 관계가 없는 것은 아니다. 그러나 이러한 연결성은 다소 표면적이며, 기술적이고 형태적인 세부사항을 연결하기는 어렵다. 도처에 존재하는 고딕 양식의 교회처럼 첨두아치 형태는, 앙트래Entraygues 근교의 트뤼예르 강의 교량(13세기) 또는 몽토방Montauban의 타른 강 교량(1291~1335년) 등의 특별한 경우에만 교량에 적용되었다. 석재 교량의 내력 구조는 일반적으로 원통형 볼트로 되어 있으나, 상세에 있어서는 다양하였다. 동일 교량에서도 각각의 경간이 상당히 달랐으며, 스틸티드stilted 반원아치부터 타원형 곡선과 낮은 절편아치에 이르기까지 다양한 형태의 아치가 사용되었다. 예를 들어 1335~1345년에 타데오 가디Taddeo Gaddi에 의해, 또는 다른 자료에 의하면 네리 디 피오라반티Neri di Fioravante에 의해 건설되었다는 피렌체의 폰테 베키오 교량(그림 18)의 높이는 경간의 15분의 1정도 밖에 되지 않는다. 대부분의 로마 교량들이 적어도 중앙 부분에서는 수평인 도로를 이루며, 일련의 유사한 정규 반원형 아치로 이루어진데 반하여, 중세의 교량은 보통 국부적인 환경에 적합하도록 시공되었다. 기초 공사의 어려움으로 인

그림 18. 피렌체의 폰테 베키오

해 하나의 긴 경간(보통은 중앙경간)과 여러 개의 짧은 경간으로 교량을 구성하는 것
이 바람직하다 싶으면 급한 도로 경사를 택하기도 하였다. 따라서 중세시대 대
부분의 교량은 로마 교량에 비해 상당히 독특하였으며, 로마 교량들에 비하여
서로 간에도 차이점이 많았다.

산악지대에서 종종 있는 경우와 같이, 사람이나 짐을 운반하는 동물들만 교량
을 통과한다면 교량의 상부구조가 급한 경사를 가져도 받아들일 수 있다. 누군
가가 14세기 중 루카Lucca 근교에서 건설된 가파르게 경사진 아치 형태의 세르키
오 교량(그림 19)과 마주친다면, 그 교량이 실제로 실용적인 면에 의해서만 설
계되었는지 아니면 미적인 면도 감안되었는지에 대한 궁금증을 품을 것이다.
이런 생각은 특성상 실용적이지만, 상상력을 불러일으키도록 설계된 중세의 성
城에 대한 데히오의 논문[14]을 연상시킨다. "실제로도 강해야 하지만 외관상으로

---

14) Dehio, "Geschichte der Deutschen Kunst", vol. II, p.297.

그림 19. 루카 근교 세르키오 강의 교량

도 강해 보여야 한다. 이것이 성을 과도하게 높이고, 경외감을 불러일으키는 요소를 의도적으로 과장한 이유이다."

아치의 경간이 72m, 높이가 21.3m에 이르는 북부 이탈리아의 트레조Trezzo 지역의 아다 강Adda을 지나는 대 교량은 중세시대 가장 대담했던 교량 설계이자 그 시기의 가장 뛰어난 공학적 성취였다. 베르나보 비스콘티Bernabo Visconti를 위해 1370~1377년 중 건설된 이 교량은 공작소유 성의 진입로가 되었고 포탑으로 무장되어 있었다. 전략적 중요성으로 인해 교량은 반세기도 유지되지 못했다. 1416년 성이 포위당했을 때 교각 중 하나가 약화되어 파괴되었다. 오늘날에는 두 개의 교각과 그 위에 걸쳐진 볼트의 잔해들만이 남아 있다. 두께 2.3m, 폭 9m에 달했던 이 아치는 고대의 교량들과 비교할 때 진일보한 것이다. 아치의 경간은 로마 교량 중 가장 경간이 길다고 알려진 나르니Narni의 네라Nera 강 교량보다 경간이 두 배 이상이었다. 이와 비슷한 경간은 19세기 후반에 이르러서 현대의 콘크리트 교량과 철근콘크리트 교량이 출현한 이후에나 다시

그림 20. 베로나의 카스텔로 베키오 교량

나타나게 된다.

트레조 교량의 형태는 아마도, 불행히도 제2차 세계대전에 희생양이 된 베로나 Verona(1354~1356년)의 스칼리거Scaliger 교량Ponte del Castello Vecchio의 형태와 유사했을 것이다.[15] 이 교량은 중간이 찬 스판드렐과 톱니형 벽을 가지고 있었다.그림 20 이 교량의 세 개의 경간 중 최장경간(49m)과 몇몇 프랑스에 있는 교량(Vieille Brionde, 54.3m, 1340~1480년 중 건설, 1822년 파괴)은 트레조 교량과 가장 유사한 형태와 경간 길이를 가진 교량들이다.

중세 엔지니어링에 대한 그림은 아마도 수리 공사를 언급하면서 완성될 것이

---

15) 로마 교량을 포함한 베로나의 여러 교량과 함께, 카스텔로 베키오 교량도 이탈리아가 휴전을 결정하기 이틀 전인 1945년 4월 25, 26일 야간에 독일군에 의하여(군사적 목적으로?) 파괴되었다. 이후로 이 교량은 하천 바닥으로부터 건설 재료를 구하는 등의 힘든 노력 끝에 본래의 모습과 아주 동일하게 복원되었다.

다. 이러한 차원에서 가장 웅장한 예의 하나가 바로 자유 이탈리아인 공동체 지휘 하에 롬바르디아Lombardy 평원에서 수행된 관개, 배수설계이었다. 1179년에 시작된 밀라노의 나빌리오 운하Naviglio Grande 공사는 오랜 기간의 중단을 거쳐 1257년에 되어서야 재개되어 그 후 몇 년 뒤 완공되었다. 광범위한 운하 시스템은 롬바르디아 평원을 범람으로부터 보호하였고, 현재에도 보호하고 있으며, 티치노Ticino의 깨끗한 물을 관개용수로 제공하였다.

3. 중세 - 스콜라 철학 시대의 이론역학

한 손에는 신앙과 종교를, 다른 한 손에는 이성과 논리를 놓고 이를 조정함을 목표로 했던 스콜라 철학은 합리적이고 논리적인 탐구에 대한 정규교육으로, 수학뿐 아니라 정밀한 과학과 역학의 발전도 촉진시켰다. 그리고 알베르투스 마그누스Albertus Magnus와 레이문두스 룰루스Raimundus Lullus같은 스콜라 철학자들은 응용과학에 관심을 가졌다. 후자의 "아르스 마그나Ars Magna(great art)"는 "모든 지적 과학과 자연과학의 완성"에 있는 "모든 지식의 상호 통섭과 방향 재설정"을 지향하는 "창의와 관념의 결합에 대한 환상적인 교재"이다.(펠트하우스)

자연과학의 발달에 있어 더욱 중요한 요인은 스콜라 철학의 적대자인, 당시 가장 앞선 파리대학(1200년 설립)과 옥스퍼드대학(1214년 설립)에서 수학한 로저 베이컨Roger Bacon(1214~1294년)이었다. "경이의 박사Doctor mirabilis"로 불렸던 그에게 경험, 실험, 그리고 수학은 현대에서와 마찬가지로 자연과학의 세 기둥이었다. 대수학, 기하학, 천문학, 그리고 실험과학이 그의 주제였다. 그의 저술 "학문과 자연의 신비한 힘에 대하여"(1242년)에는, 그중에서 무엇보다도, 화약에 관한 서술이 최초로 포함되어 있다.

세련된 아치와 버트레스로 이루어진 고딕건축은 "석화된 스콜라 철학"이라고 불려왔다. 그러나 사실, 교육된 박사와 사색하는 철학자들은 자신들만의 세계에 살았고, 숙련된 석공과 정교한 건설업자들의 세계와는 거리가 멀었을 것이다. 고딕 볼트를 통하여 뛰어난 역학적 감각을 익힌 건설현장과 길드의 실무자들은 교육된 교수들과 수학자들이 합리적이고 이론적으로 해석과 증명을 하려고 노력하기 훨씬 이전부터 지레와 경사면 등의 원리에 본능적으로 익숙해져 있었을 것이다. 진리를 찾는 과정에서, 과학자들은 숙련된 기술자의 기술적 감각을 잘못된 것이라 단정하는 오류를 종종 범하곤 하였다. 그러나 완전한 침묵의 천년이 지난 후 처음으로, 당시 과학자들은 그 이후 실질적 과학으로서 토목공학이 중단되지 않고 발전하도록 하는 핵심을 형성하게 되는 "구조해석"의 문제들에 대해 다시 논의하게 되었다.

중세 역학의 태동기에 요르다누스 드 네모어라는 특별한 이름이 계속 언급된다. 출생과 사망시기뿐 아니라 국적까지도 그의 생애에 관해서는 확실히 알려져 있지 않다. 11세기 또는 12세기에 살았던 것으로 언급되기도 하나, 대부분의 사학자들은 13세기로 판단한다. 그는 독일 출신이며 도미니크 수도회 소속이었던 것으로 보인다. 하지만 뒤엠Duhem이 지적하듯, 그의 성 "드 네모어"는 그가 이탈리아계일 수도 있음을 보여준다.

그가 쓴 것으로 보이는 대수학, 기하학 그리고 역학에 관한 기존의 많은 필사본이 모두 요르다누스 자신에 의해 쓰인 것은 아니다. 작자미상의 논문들에 추후 이 유명한 학자의 이름을 부여한 것으로 보인다.[16)]

이 책의 주제와 관련하여 우리에게 주어진 역학 문제에 대한 저서는 우리에게 여러 형태로, 심지어 "Elementa Jordani super demonstrationem ponderis", "Elementa Jordan de ponderibus" 등과 같은 여러 제목으로 전해져 왔다. 이들 저서에서 작가는 그 당시에는 그리스 학문의 잔재로 알려진, 특히 유클리드가 집필한 것으로 보이는 단편 논문 "무게에 대한 논문De Ponderoso et levi"과 아리스

---

16) Duhem, vol. I, p.98.

토텔레스의 "역학 문제"의 시기로 돌아간다. 그러나 여러 면에서 요르다누스는 그의 그리스 선배들보다 상당히 앞서 있었다.

그의 논문 시작부에서[17] 중력이 물체의 위치에 의존한다는 "위치중력gravitas secundum situm (positional gravity)"의 개념을 전개시킨다. 경사면에서 움직이는 중량을 생각할 때 위치중력이란 경사면에 평행한 유효성분만을 의미한다. 경사가 완만해질수록 "위치중력"의 크기는 작아진다. 이 개념은 지레와 각지레angular lever에 대한 반성으로 이어진다. 이러한 반성은 당시 그가 힘의 모멘트 개념을 인지하지 못하고 있었다는 것을 보여주는 분명한 오류를 포함하고 있다.

반면, 요르다누스는 명확히 표현하진 않았지만 직감적으로 가정한 명제를 통하여 비대칭 지레의 원리에 대한 증명을 제시하였다. "중량 G를 높이 h까지 들 수 있는 힘은 중량 G/n을 높이 n×h까지 들 수 있다." 이 정리는 이후 17, 18세기 중에 중요한 역할을 하게 되는 가상변위의 원리에 대한 기원을 내포하고 있다.

전술된 논문 외에, 13세기의 중요한 업적의 하나가 "요르다누스의 주요 중량에 관한 책Liber Jordani de ratione ponderis"이라는 제목으로 전해진다. 그러나 뒤엠[18]은 이를 요르다누스가 아닌 다른 기하학자의 저서로 보았다. 이 저서가 후세에 미친 엄청난 영향, 특히 레오나르도 다 빈치의 역학 개념에 미친 영향 때문에 뒤엠은 성명미상의 저자를 "레오나르도의 선구자"로 불렀다.

저자는 처음 세 장에서 정역학의 문제를 다루었다. 그러면서 그는 각지레에 대한 요르다누스의 오류를 바로잡았다. "위치중력"의 개념을 보다 명확히 정의하였으며, 이를 경사면의 문제에 적용하여 처음으로 정확히 해결하였다. 논증에서 저자는 요르다누스가 특별한 경우에 적용했던 에너지의 원리를 능숙하게 다

---

17) Duhem, vol. I, ch. VI.
18) vol. I, ch. VII.

루었다. 논문의 마지막 장은 물체의 움직임에서의 매체(물, 공기)의 영향을 특별히 다루는 동역학에 관련된 것이다.

중세 시대의 결론에 이르며, 경사면과 지레에 대한 이론역학과 또한 유체역학을 다룬 물리학자인 파르마의 블라시우스Blasius of Parma는 반드시 언급되어야 한다. 그에 대해서는 조금 더 알려져 있다. 본업이 물리학자인 그는 14세기 후반부터 15세기 초에 걸쳐 볼로냐Bologna, 파도바Padua, 파비아Pavia 대학에서 천문학과 철학을 강의하였다. 그의 저서 "도량형론Tractatus de ponderibus"은 르네상스 시대의 수학자인 루카 파치올리Luca Pacioli, 레오나르도 다 빈치, 그리고 카르다노Cardano에게 영향을 미쳤다.

제 3 장

재료역학의 시작

1. 레오나르도 다 빈치와 르네상스의 수학자들

16세기와 17세기의 과학자의 관심을 차지한 여러 물리학적 또는 역학적 문제들 중에서 두 가지가 토목공학에서 근본적인 중요성을 가진다. 정역학의 기본 문제인 힘의 합성(힘의 평행사변형)과 재료역학theory of the strength of materials에서 가장 중요한 주제인 휨의 문제이다. 두 문제 모두 르네상스 시대에 처음 시도되었지만, 엔지니어나 건설에 직접 관련된 사람들에 의해서가 아니고, 서론에서 이미 서술한 바와 같이 순수 자연과학이 발생하는 한 단계로서, 또한 경험적이라 할지라도 수학의 학문 분야로서 역학이 출현하는 단계로서, 과학자들에 의하여 시도되었다. 힘의 합성 문제는 레오나르도 다 빈치, 스테빈Stevin, 갈릴레이, 로베르발Roberval 등이 시도하였고 최종적으로 바리뇽Varignon과 뉴턴이 해결하였다. 휨의 문제도 이들과, 이들 외에도 마리오트Marriot, 후크Hooke, 자코브 베르누이Jokob Bernoulli, 라이프니츠Leibniz, 파랑Parent 등과 연결되나, 이들 모두 최종 해를 구하는 데는 성공하지 못하였다. 이 최종 해는 18세기가 도래할 때까지 기다려야 하였다.(쿨롱 Coulomb과 나비에Navier)

역학의 기본 문제인 힘의 합성에 대한 답을 성공적으로 얻기 위해서는 무엇보다 먼저 **힘**의 개념을 방향을 지닌(벡터로서의) 양으로 이해하고 정의하는 것이 필요하였다. 이는 그 자체로서도 추상적 개념에 대하여 상당한 노력을 하여야 하는 과제이었다. 처음에는 힘의 특별한 경우로서의 무게(중력)와 일반적인 힘에 대한 구별조차 확실하지 않았다. 스콜라 철학의 기하학자와 물리학자들인 요르다누스 드 네모어와 그의 제자들은 고대 이후 처음으로 역학 문제에 관심을 가졌으나 비 수직력("위치중력")에 대하여는 아직은 희미한 개념만 가지고 있었다.

르네상스의 시작과 더불어 건축가와 조형미술가나 화가들이 물리학적, 역학적인 문제에 관심을 돌리기 시작하였다. 한쪽의 자연과학, 수학, 기하학, 역학과, 다른 한쪽의 실용 건설기술과 산업기술, 두 분야의 접촉이 잠시 동안은 이루어지는 것으로 보였다. 예술가들이 고대에 대한 열의를 가지고 과학기술 주제에 대한 고전 지식에 접하게 되면서 이들의 이론에 대한 지식수준이 높아지게 되었다. 원근법에 대한 연구를 하고 이를 점차 회화에 적용함에 따라 기하학에 대한 깊은 지식이 필요하게 되었다. 여기에 르네상스의 일반적 현상으로서 만물의 이해와 지식에 대한 갈망, 그리고 편협한 전문성에 대한 반감이 더하여졌다.

알베르티(1404~1472년)는 이론과 실제, 과학과 생활을 조화시키고자 노력하였다.[1] 실무 기술자를 위하여 저술한 "수학적 게임Ludi matematici"에서는 높이의 측정, 한쪽 둑에서의 관측에 의한 강폭의 계산, 강에 대한 규정 등 측량과 엔지니어링 분야에 있어서 구체적인 문제를 풀기 위하여 필요한 지침을 제공한다.

이론 역학에 가장 관심을 보인 르네상스 예술가는 레오나르도 다 빈치(1452~1519년)이었다. 그의 노트에는 수많은 기계와 기계적 장치뿐만 아니라 이론적 관계를 묘사하거나 물리적 법칙을 유도하고 설명하고자 하는 스케치를 찾아 볼 수 있다. 그는 무게중심, 경사면의 원리, 힘의 본질 등을 다루었다.[2] 두 개의 경사진 줄로 지지된 추를 관찰함에 의하여, 방향을 가지고 직선을 따라 집중된 힘의 개

---

1) Olschki, vol. I, p.45.
2) 레오나르도의 힘의 정의는 전형적인 예술가의 회화적인 언어와 극적인 인상을 보여준다. "힘이란 정신적인 능력이며 또한, 의도하지 않은 외적 강압에 의해 의도적 능력으로 생성되어 본능적으로 움츠리고 굽혀진 육신에 자리 잡으며 스며든 보이지 않는 위력이라고 생각한다. 더불어 이 경이로운 위력으로 활력이 넘치는 생명을 육신에 부여하는 것이다. ……"(Cod. A, 36, V, 마르코롱고(Marcolongo)의 인용글 중 307쪽).

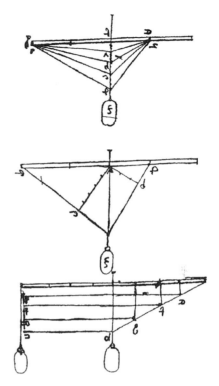

그림 21. 레오나르도 다 빈치에 의한 힘의 합성

념과 두 힘을 하나의 합력으로 만드는 문제에 이르게 되었다.그림 21 이와 관련
하여 레오나르도는 처음으로 힘의 **모멘트**(힘과 지렛점으로부터 거리의 곱)의 기본 개념을
비 수직력에 대하여 적용하였다.(수직력에 대한 모멘트의 개념은 아르키메데스, 그리고 상당한 시간이
지난 후 요르다누스 드 네모어와 그의 제자들에 의하여 정의된 지렛대의 원리에 암시적으로 포함되어 있다.) 레오나
르도의 또 다른 스케치에서는 그가 또한 보의 휨 문제를 해결하기 위하여 시도
한 것을 볼 수 있다.

레오나르도를 어느 정도 엔지니어로 간주할 수 있을까? 이 위대한 화가는 같은
시대의 모든 조형미술가나 화가와 마찬가지로 건축과 밀접한 관계를 추구하였
다. 그에 의하여 설계된 교회의 모형과 도시계획 스케치, 그리고 그가 계획하고
어느 정도는 실제 감독하기도 한 성城과 운하 또한 알려져 있다. 그러나 실질적
건축가로서는 모든 경우에서 당시의 화가나 조각가, 특히 미켈란젤로나 라파엘

로와 비교하여 능동적이지 않았다. 확실히 그에게 공을 돌릴 수 있는 건물이나 건물의 일부도 없다. 그의 건축적 상상력은 그의 그림과 스케치에만 나타나 있을 뿐이다.

레오나르도는 르네상스의 전형적인 **만능인**uomo universale이었다. 지식과 인식에 대한 그의 탐구는 과학의 전 분야에 걸쳐 있다. 그러나 그의 연구 작업이 체계적이지는 않았다. 연구는 우연하게 외부로부터의 충동에 의하여 불러일으켜졌다. 화가와 시각예술가로서 그는 직관을 중요하게 여겼으며, 이런 면에서 그는 정말 순수과학자라기보다는 기능인이나 설계자에 가까웠다. 과학은 기술의 하인이었다. 그러나 그가 발명한 대부분의 기계의 경우에 있어서, 그는 실질적인 적용이나 효율적인 활용에 대한 생각이 없이 성급히 그린 스케치에 의한 조악한 기하학적 묘사에 만족하였다. 이 사실은 하이덴라이히Heydenreich[3]가 지적한 바와 같이 레오나르도는 실질적인 적용의 가능성을 보여줌에 따라 이론적 개념의 유익함을 증명하는 데 주된 관심을 가지고 있었음을 알려 준다. 그는 한 증명이 이루어지고 나면 다른 문제로 관심을 돌렸다. 질적으로 그는 생각보다 덜 기능인이나 발명가이었다. 그는 가장 먼저 인식에 관심이 있었고, 그의 연구는 항상 기적 활용에 중점을 두었음에도 불구하고, 목적에 의하기보다는 원리에 의하여 결정되었다. 만일 실제적 과제가 그에게 영감을 준 것이 있다면, 그것은 무거운 중량을 양중하고 수송하는 것과 같은 구조물 시공 분야에서 찾기가 가장 쉬울 것이다. 아마도 이런 과제들이 그를 지레나 도르래와 같은 기계장치와 기초적 기계, 마찰력의 영향 등과 같은 연구에 몰두하게 한 원인이었을 것이다.

금속세공기계, 선반, 작업대 등으로부터 직물기계, 방적기, 직물재단기계 등에 이르기까지 기계 도구에 대한 레오나르도의 많은 섬세한 도면들은 그가 당시의 기술 전 분야에 걸친 지식을 가지고 있었다는 것을 시사한다. 반면에 체사레 보르자Cesare Borgia를 섬기면서 얻은 "일반 엔지니어Ingegnere generale"라는 타이틀에도

---

3) 1941년 5월 19일, 로마의 독일 예술사 연구소에서의 강연

불구하고, 하나의 주어진 과제에 집중하거나 시간계획에 따라 작업하거나(화가나 조각가로서도 마찬가지로), 한번 시작한 일을 완성하는 것을 명백히 싫어하는 것으로부터 그의 예술가적 기질이 기술자적 심성보다 우월한 것을 분명히 알수 있다. 진정한 엔지니어는 창조적인 상상력뿐만이 아니라 체계적인 생각과더불어 기술적, 경제적인 실용성에 대한 명확한 개념이 있어야 한다. 이런 측면에서 레오나르도는 창조적인 상상력만을, 그렇지만 아주 풍부하게 가지고 있었다고 할 수 있다.

레오나르도는 유클리드의 "기하학원본", 아리스토텔레스의 "역학", 아르키메데스와 헤로의 여러 저서에도 정통하였다. 그러나 정역학에 대하여 그에게 주요한 자료는 "요르다누스의 주요 중량에 관한 책Liber Jordani de ratione ponderis"(79쪽 참조)과 파르마의 블라시우스Blasius의 저술이다. 레오나르도는 아마도 밀라노의 로도비코모로의 성에 머무를 때의 친구인 루카 파치올리Luca Pacioli(1445~1515년경)를 통하여 이들 책을 접하였을 것이다. 그가 119 솔도soldo(이탈리아의 옛 동전/역자 주)를 주고 파치올리의 "산술총람"을 구입하였다는 것을 그의 노트 중에서 찾을 수 있다.

잘 알려진 바와 같이, 이 대화가는 그의 생애를 통하여 과학적인 업적을 출판하지 않았다. 먼 후세의 연구 결과를 예측하기도 하는 그의 아이디어, 주장 또는 인식 등은 그의 일기 속에 담겨 있다. 이들 노트가 출판되어 폭넓은 독자들이 접근할 수 있게 된 것은 한참 후세이다. 이들은 어떤 면에서는 독백과 같아 과학의 지속적인 발전에 영향을 즉각적으로 미치지 못하였다. 만일 그런 영향이 있었다면 이를 추적하기가 쉽지 않다. 뒤엠은 레오나르도의 아이디어가 그의 후계자들의 직접적인 영감으로 사용되었을 수도 있는 연결고리를 탐지하였다고 믿은 것이 사실이다. 그는 증명되지는 않았지만 잘 증명된 것처럼 보이는 논문을 전개하였다. 그의 논문에 의하면, 레오나르도는 원고의 복사본을 그의 제자인 프란체스코 멜치Francesco Melzi에게 전하였고, 밀라노 부근 바프리오의 저택에 보관되었다가 카르다노, 베네디티Beneditti, 귀도발도Guidibaldo del Monte, 베르나디노 발디Bernadino Baldi 등에게 알려져, 종국적으로는 갈릴레이에게 간접적인 영향을

미쳤다고 하였다.[4]

초기 르네상스의 **탐색 장인**searching master들에게는 하나로 간주되었던 건축과 역학은 16세기 초기에 다시 사이좋게 헤어진다. 미켈란젤로에게는 비뇰라와 팔라디오 등 고전주의자들과 마찬가지로, 건축은 다시 주로 미학의 대상이었다. 동시에 역학은 전문적 과학자의 특권으로 되었다. 16세기 이탈리아에 있어서 고대에 대한 연구, 특히 그리스에 대한 연구는 순수과학의 발전을 일으켰다. 유클리드, 아르키메데스, 헤로, 아폴로니우스, 톨레미, 아리스타쿠스의 저술이 라틴어로 번역되었으며 주석되었다. 예를 들어, 인본주의 기하학자 세대의 스승인 우르비노 출신의 페데리코 코만디노Federico Commandino(1509~1575년)는 수학의 지식으로 유명한 만큼 그리스에 대한 지식으로도 유명하였다. 그의 제자인 베르나디노 발디는 헤로의 저술을 번역, 편집하였으며, 비트루비우스의 책과 아리스토텔레스의 "역학"을 주석하였다.

이들 이탈리아 르네상스의 수학자와 기하학자들 대부분은 특히 역학 문제에 관심을 두었다. 카르다노(1501~1576년), 타르탈리아(16세기), 베네데티(1530~1590년), 베르나디노 발디, 그리고 코만디노의 또 다른 제자인 귀도발도 델 몬테(1545~1607년)등이 그들이다. 역학 분야에서 그들은 레오나르도와 마찬가지로 지렛대, 경사면, 도르래 등의 원리를 연구하였다. 그들은 이들 법칙의 수학적 정형화를 찾고자 하였으며, 윈치, 나사, 도르래 등 단순한 기계의 작동에 대하여 과학적이며 이론적으로 이해하고자 노력하였다. 귀도발도의 "기계학Mechanicorum Liber"(페사고, 1577년)과 베네디티의 "수학과 물리학의 다양한 견해Diversarum speculationim mathematicarum et physicarum liber"(튜린, 1585년)에서 이들 기계에 대한 묘사와 이론적 설명을 찾을 수 있다.

이들 과학자 중 가장 실제적인 목적에 관심이 있었던 사람이 타르탈리아이었다.

---

4) Duhem, vol. I, p.35; vol. II, pp.110과 139; 그리고 Mach, p.76.

그의 "다양한 발명의 문제Quesiti et inventioni diverse"는 다른 주제와 함께 대포와 탄도학, 축성법 등의 문제들을 다루고 있다. 이는 일종의 예술가와 기술자들의 처방전을 모은 것이다. 타르탈리아와 카르다노(누가 최초로 3차방정식의 해를 발견했는가에 대하여 타르탈리아의 경쟁자)는 요르다누스 드 네모어와 그 학파에 좀 더 가깝고, 아리스토텔레스학파(소요학파)에 앞서 있었다. 반면에, 베네디티와 귀도발도는 아리스토텔레스, 파푸스 등 그리스학파로 퇴보하여 유클리드의 미묘한 추론을 소중히 하였다.

이러한 역학의 초기 단계에서의 업적에 더 관심이 있는 독자는 뒤엠의 훌륭한 저술인 "역학의 기원Les origines de la statique" (파리, 1905~1906년)을 참조할 수 있다. 이 책에는 이들 각 과학자들의 업적이 자세히 설명, 분석되어 있다.

이탈리아 르네상스의 과학적 사고는 곧 나라의 경계를 넘어 그 영향을 미치게 되었다. 무엇보다도 네덜란드인 시몬 스테빈의 업적에 이르게 되었다. 그는 그의 저술에서 다른 인용과 함께 카르다노의 "균형에 관한 새로운 작업Opus novum de Proportionibus"을 인용하고 비평하였다. 더불어 레오나르도와 같이 고대와 중세의 도구를 사용하여 동시대 이탈리아인과 마찬가지의 정역학 문제, 즉 중심, 지렛대, 경사면 문제를 해석하였다. 그 또한 두 줄에 매달린 추의 경우에서 힘의 합성과 분해를 연구하였다. 1586년 네덜란드어로 출판되고, 1608년 라틴어로 "정역학에 관한 수학기록Mathematicorum Hypomnemata de Statica"라고 번역 출판된 정역학 책에서 힘의 평행사변형 법칙과 모멘트의 개념을 정확히 사용하고 있다. 그는 힘의 크기를 힘의 방향에 평행한 직선의 길이로 기하학적으로 처음 표현한 학자이었다. 이렇게 함으로써 그는 19세기 중 구조해석의 중요한 분야로 성장하는 공학의 한 분야인 **도해역학**의 기초를 놓았다.

이 네덜란드 수학자의 특별한 중요성은 지적인 추상적 개념과 본능적인 필연성을 통하여 논리적인 결론에 이르게 하는 상상력의 크기이다. 한 예로 경사면 문제에 대한 그의 이해를 보도록 한다. 그는 삼각 프리즘 둘레에 놓인 무한 길이의 체인(그림 22)을 상상하여 이 체인은 마찰력이 없는 경우에도 평형을 분명히

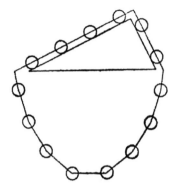

그림 22. 스테빈의 경사면과 무한 체인

유지할 수 있다고 주장하였고, 이 추론은 그로 하여금 경사면의 법칙에 이르도록 하였다.[5)]

정수역학의 분야에서 스테빈은 특정한 경우(예를 들어 용기 최상부의 면적이 적은 경우) 바닥에 작용하는 압력이 용기 내 모든 액체의 중량을 초과할 수 있다는 소위 "정수역학 역설"을 처음 주창한 학자이다.

스테빈은 처음에는 상인으로 앤트워프Antwerp에서 그의 경력을 시작하여 브뤼주Bruges 자유항의 행정직을 맡았다. 후에 프러시아, 폴란드, 스웨덴, 노르웨이로의 장기간의 여행과 라이든Leyden 대학(1583년)에서의 공부를 마친 다음에는 헤이그에서 수학교수 및 오렌지의 모리스Moritz of Orange 왕자를 보좌하는 회계담당자가 되었다. 나중에는 군대의 보급 장교, 수로 감독, 수로 책임자 등을 역임하였다. 이 과정을 통하여 토공과 수공 건설 분야의 실무 기술자들을 만나게 되었다. 대체로 그는 실용적인 것에 목표를 두었으며 그의 과학적 노력이 일상생활에 사용되도록 노력하였다.

역학 문제에 대한 저술 외에, 스테빈은 회계, 군사 등에 대해서도 저술을 남기

---

5) Mach, p.24. 그리고 Duhem, vol. I, p.272.

었고, 이는 모두 네덜란드어로 저술되었으며, 그중 중요한 것들은 곧 라틴어로 번역되었다. 라틴어는 당시는 물론 그 이후로도 오랜 기간 자연과학 분야에서 일부 국가에 한정되지 않고 편견 없는 국제적 공용어로 사용되었다.

역학 문제들을 수학적, 과학적으로 다룰 필요성을 처음 인식한 것이 수공에 관련된 엔지니어들(스테빈과 마찬가지로 레오나르도도 수공에 관심을 가졌다.)이라는 것은 우연이 아닐 것이다. 돔이나 교량의 설계에 있어서는 직감과 역학적 느낌이 충분하였다. 그러나 운하의 건설에 있어서는 수리학에 대한 충분한 지식과 정확한 현장 측량이 필수적이었고, 이는 비록 초보적인 장비에 의지하더라도 수학적으로 교육된 측량기사에 의해서만 수행이 가능했을 것이다.

2. 갈릴레오 갈릴레이

상술한 르네상스 시대의 이탈리아인 대부분은 **창의적 예술애호가**(ingenious dilettante)라고 불릴 수 있다. 그러나 잠시 후 이탈리아는 역학 분야에서 역사적으로 위대한 과학자 중 하나인 갈릴레오 갈릴레이(1564~1642년, 즉 시몬 스테빈보다 약간 젊은 세대)를 배출하게 된다. 그는 특히 아리스토텔레스로 대변되는 고대 과학자들의 권위에 대한 맹목적인 믿음보다는 직접적인 관찰과 실험에 의지하여 기초적인 성과를 이루어냈다. 그는 "어떻게?" 라는 질문을 "왜?" 라는 질문으로 대치하였다고 할 수 있다. 이 토스카나 출신 물리학자의 업적은 동역학, 천문학, 광학뿐만 아니라 자연과학의 한 분야로서의 토목공학, 말하자면, 정역학과 재료역학에 있어서도 중요한 역할을 한다. 따라서 그에 대하여 서술할 공간을 할애함이 마땅하다.

청소년 시절의 갈릴레이는 평범한 인문학 교육을 받았다. 플라톤과 아리스토텔레스, 더하여 아르키메데스의 업적과 그의 수학과 실험을 결합한 방법론에 매료되었다. 그는 수학적 교육과 함께 역학에 대한 그의 개념의 기초를 16세기 이탈리아 수학자들로부터 전수받았다. 그는 코만디노와 귀도발도를 저술("두 개의 새로운 과학에 관한 수학적 논증과 증명Discorsi e dimostrazioni matematiche intorno a due nuove scienze", 제4일의 마지막)
중에 인용하였으며, 또한 카르다노의 "미묘함에 대하여De subtilitate"도 인용하였다. 그가 카르다노의 "새로운 작업Opus Novum"을 인지하였음도 의심의 여지가 없다.

고향인 피사의 대학에서 의학, 철학, 수학을 공부한 후 25세의 나이에 그 대학의 수학 교수로 임용되었다. 피사에서 3년간 교수하는 중에도 역학 문제, 특히 낙하 물체에 대한 법칙과 진자의 운동에 대한 법칙에 광범위하게 몰두하였다. 1590년에는 "다른 중량의 물체는 다른 속도로 낙하한다."는 아리스토텔레스 가설의 잘못을 입증하였다.

1592년 갈릴레이는 좀 더 나은 봉급을 받고, 역학과 천문학을 포함한 수학을 연구하기 위하여 파도바 대학으로 옮겼다. 파도바에서의 생활 중에 갈릴레이는 코페르니쿠스에 의해서 주장된 새로운 세계관의 진실에 점차 설득되게 되었다. 비록 아직도 남아 있는 몇몇 원고에서 볼 수 있는 바와 같이, 강의에서는 프톨레마이오스의 천동설을 가르쳤지만, 개인적으로는 새로운 학설에 대한 지지를 고백하였다. 파도바에서 살았던 마지막 해에는, 그가 완성한 망원경을 사용하여 발견한 혁명적인 천문학 발견을 1610년에 "별 세계의 발견"에 담아 발간하여 토스카나의 코시모 2세에게 헌정하였다. 이 헌정에 의하여 그는 피렌체 궁정의 부름을 받게 되었고 1000 토스카나 은화의 연봉을 받는 "최고 수학자"가 되었다.

좀 더 시간이 지난 후, 코페르니쿠스의 학설을 지지하고 "프톨레마이오스와 코페르니쿠스의 2대 세계체계에 관한 대화"를 출간한 것에 의하여 1633년에 로마의 종교 재판소에 소환된 일화는 유명하다. 갈릴레이가 역학 문제에 큰 관심을 가지고 말년을 바친 간접적인 이유일 수가 있다는 면에서, 우리의 주제와 관련하여 이 일화는 관심을 끈다. 유고로 출판된 "역학"을 제외하고, 그의 초기 업적은 주로 천문학적 질문에 관련되어 있다. 로마 판결과 재판소의 지속적인 감독에 따라, 그는 "지구의 움직임과 태양의 고정됨에 대한 모든 방법의 저술, 강연 등" 자신의 의견을 표현하는 것이 금지되었다. 따라서 이 노과학자는 필요에 의하여 덜 위험한 주제로서 그가 피사와 파도바에서 강의할 때의 관심사인 역학 문제로 전향하게 되었다. 이 분야에 대한 연구와 경험은 "두 개의 새로운 과학에 관한 수학적 논증과 증명"에 다시 한 번 정리되었다. 이 저서는 즉각 모든 가톨릭 국가에서 출판금지 되었고, 1638년 엘지비어에 의하여 라이든에서 출판되었다.

역학 분야에 있어서 갈릴레이의 중요한 업적은 "힘"과 "모멘트"의 개념을 명확히 한 것이다. 후자의 개념은 임의의 방향을 가진 힘에 대하여 적용되었다는 면에서 아르키메데스의 개념보다 한 걸음 더 나갔다. 게다가, 갈릴레이는 비록 "힘의 영향"이라는 넓은 의미의 단어로 사용하긴 하였지만 "모멘트"[6]라는 용어를 처음 사용한 사람이다. 그는 이 용어를 어느 한 중량과 그 중량이 움직이는 속도의 곱으로도 사용하였고(지렛대와 저울과 같은 역학 문제와 관련하여) 모멘트 자체, 즉 힘과 중심으로부터의 거리의 곱으로도 사용하였다. 두 경우 모두 동일한 중량이 크거나 작은 영향을 미칠 수 있다. 전자의 경우는 속도에 따라서, 후자의 경우는 중심으로부터의 거리에 따라서이다.

앞서 기술한 바와 같이 역학 지식에 대한 갈릴레이의 공헌은 아르키메데스, 요르다누스 드 네모어, 레오나르도 다 빈치, 카르다노 등의 업적에 기반을 두고 있으며, 갈릴레이는 그들의 학설을 수정하여 좀 더 명확히 체계화하고 있다. 동역학에 대한, 특히 낙하 물체의 법칙에 대한 그의 역할은 여기서는 주제 밖이므로 생략하여도 좋을 것이다. 그러나 역학의 또 다른 분야는 그에 의하여 아주 새로운 기반을 갖추게 된다. 만일 이 주제에 대한 레오나르도의 가설을 제외한다면 보의 휨강도에 대하여 연구한 것은 갈릴레이가 처음이었다. 따라서 그는

---

6) Olschki(II, 74쪽)는 새로운 기술용어를 만들어 내는 것에 부여하여야 하는 중요성을 강조하고 있다. "새로운 용어를 창조하는 행위는 과학자와 사상가가 자기 생각의 독창성을 인식하게 되었다는 것을 보여 준다. 그가 새로운 단어 또는 알려진 단어의 새로운 의미로 새로운 개념을 통하여 학문을 풍성하게 하였을 때 그는 진실한 발명가가 된다."

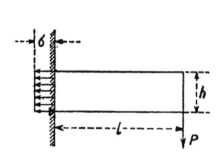

그림 23. 갈릴레이에 있어서의 휨   그림 24. 자유단에 재하된 캔틸레버 보

아주 새로운 과학의 한 분야이고 현대의 공학에 있어 중대한 역할을 하게 되는 재료역학의 창시자라고 할 수 있다.

갈릴레이는 자유단에 하중이 재하된 캔틸레버 보를 관찰함으로부터 시작하였다. 그는 이 보에 각 지레의 정리를 적용하였다.그림 23 및 24 그는 회전 축(매립된 단면의 하부에 있다고 가정)에 대한 외부 하중의 모멘트를 보의 인장응력(보 전단면에 균일하게 분포된 것으로 가정)의 모멘트와 같다고 보았다. 이에 의하여 직사각형 보의 휨 강도가 보의 폭에는 비례하나, 보의 높이에는 제곱에 비례한다는 정확한 결론에 이르게 되었다. 그러나 갈릴레이의 가설은 정역학적인 고려에 기반을 두고, 반세기 이후에 후크에 의하여 시작된 탄성론의 개념을 도입하지는 못하였기 때문에 보의 인장 강도와 관련하여 휨 강도의 크기를 구하는 데는 실패했다. 현재의 용어로 표현하여, 직사각형 보의 저항모멘트는 갈릴레이에 의하면 $bh^2/2$으로서, 정확한 값인 $bh^2/6$의 3배나 된다.

재료역학에 있어서 갈릴레이의 공헌은 그를 그의 선대와 분리시켜주는 영감에 주로 기인한다. 수세기에 걸쳐 과학자들의 흥미를 끌었고, 이후 쿨롱과 나비에가 정답을 찾는 데 성공한, 소위 "갈릴레이 문제"에 대하여 정확하고 독창적으로 문제를 형성한데 그의 기본적인 공로가 있다.

갈릴레이에 대한 조망을 마치면서 한 가지 점을 추가로 지적할 수 있다. 갈릴레이의 저술은 독창적이며 생생한 문체로 쓰여 이탈리아 문학에서 중요한 역할을 하며, 과학사에서의 중요성뿐만이 아니라 문학적, 예술적인 가치 때문에도 광범위한 독자층을 형성하였다는 사실이다. 그의 "논설Discorsi"은 그 당시 과학에 미친 직접적인 충격을 넘어, 온 인류의 문화 엘리트의 지적 재산이 되어버린 몇 안 되는 불후의 업적에 속하는 공학 분야 단 하나의 책일 것이다. 이런 측면에서, 역사학 분야에서의 마키아벨리와 부르크하르트Jakob Burckhardt, 지리학 분야에서의 훔볼트Alexander von Humboldt의 업적과 비견할 수 있을 것이다.

3. 17세기 프랑스와 영국의 과학자들

우리의 주제인 공학 분야를 포함한 자연과학의 발전만 아니라 다른 분야의 문화적 발전에 있어서도 17세기 초반을 시점으로 하여 이탈리아로부터 알프스 북쪽, 특히 프랑스와 영국으로의 큰 전환이 있었음을 읽을 수 있다. 이론역학과 토목공학의 역사에서 18세기 말에 이르기까지 독일 과학자 이름이 전무한 것을 보면, 독일에서는 30년 전쟁으로 인하여 르네상스 지식혁명이 중단된 것이 분명하다.

역학 분야에서는 스테빈보다 반세기가 지난 후에 로베르발Gilles Persone de Roberval(1602~1675년)에 의하여 힘의 평행사변형 원리가 계승되었다. 나중에는 메르센 Mersenne(1588~1648년)의 "우주의 조화Harmonie universelle"에 포함된 그의 저서 "역학론Traite de mechanique"에서 이 프랑스인은 이 원리를 재정리하고 약간은 산만하지만 지렛대와 경사면의 개념을 가지고 증명하고자 노력하였다. 17세기 말에 이르러서는 레미, 바리뇽, 뉴턴 등이 동역학의 관점으로 접근하여 현재 우리에게 익숙한 형태를 갖추게 되었다. 특히 뉴턴은 이 명제를 주로 동역학에 적용하여, 천체의

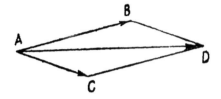

그림 25. 뉴턴의 힘의 평행사변형

운동을 그의 중력법칙으로 설명하는 데 사용하였다. 유럽대륙에서도 가장 널리 사용되는 그의 고전 이론은 마흐에 의하여 다음과 같이 정리되었다. "물체가 주어진 시간에 운동 A–B와 A–C를 각각 일으키는 두 힘을 동시에 받게 되면 같은 시간에 A로부터 D로 이동하게 된다."**그림 25**

그러나 바리뇽은 힘은 속도에 비례한다는 아리스토텔레스의 가정을 여전히 추종하였다. 속도의 평행사변형은 이미 잘 알려져 있었기 때문에 바리뇽이 동일한 원리를 힘, 따라서 역학 전반에 대하여 적용하는 데 아무런 어려움이 없었다.[7]

바리뇽이 명성을 얻은 주된 원인은 그가 힘의 모멘트의 중첩 원리를 최초로 제창한 사람이기 때문이다. "두 합력合力의 주어진 점에 대한 모멘트는 두 분력分力의 모멘트의 대수의 합과 같다." 이 사실은 그의 시대 이전에 인지되었지만, 바리뇽이 처음으로 일반화하였고 정리하였다.

또 다른 역학의 기본 원리로서 상당히 초기 단계에서부터 인지되었던 것이 **가상변위의 원리**이다. 중세시대에 이미 요르다누스 드 네모어와 그 학파(제2장 3절 참조) 및 그 이후, 르네상스의 수학자들(귀도발도 델 몬테)은 이 원리를 가장 명백한 지레와 도르래에 대한 적용으로부터 시작하여 이론적 고찰에 적용한 바 있다. 운동을 일으키는 에너지와 운동에 저항하는 에너지의 동일성 정리를 정역학 문제(예를 들면, 힘 또는 힘의 모멘트의 합성에 관련된 정리를 증명하기 위하여)에 적용하는 것은, 사실상 가상

7) Duhem, vol. II, p.255.

변위의 원리를 이미 적용하는 것과 같다. 스테빈과 갈릴레이는 이 원리를 기초적 기계의 작동을 설명하기 위하여 사용하였다. 갈릴레이와 그 이후 데카르트(1596~1650년)는 그들의 논문에 비록 용어는 다르지만 "에너지"의 개념을 사용하였다. 갈릴레이는 "모멘토Momento"에 대하여 언급하였으며, 프랑스 철학자 데카르트는 용어 "힘"을 "중량"과 지나간 거리의 곱에 사용하였다. 데카르트는 주의하여야 할 대상은 운동의 시작이라고 명백하게 주장하며, 모든 운동이 아니라 미소한 운동을 중시하는 중요한 걸음을 내딛었다.

"물체를 들어 올릴 때와 물체가 하락할 때 수반되는 지지력으로 이루어지는 운동의 시작으로 각 물체의 상대적 무게가 측정되어야 한다."[8]

최종적 형태의 가상 변위의 원리는 요한 베르누이Johann Bernoulliu(1667~1748년)가 바리뇽에게 1717년 1월 26일에 쓰고 바리뇽이 그의 "새로운 역학Nouvelle Mecanique"에 수록한 편지에 나타난다.

"점, 선, 면, 또는 물체의 균형을 이루기 위하여, 다른 경향 또는 방향을 따라서 작용하는 여러 다른 힘들을 가정해보자 ; 그리고 해당 힘들의 전체 집합을 조금 움직인다고 가정해 보자. …… 각 힘은 해당 방향으로 전진하거나 후진하게 될 텐데 …… 나는 가상 속도라고 부르는 것이지만 …… 어떠한 힘들이라도 균형을 이루고 있으면, …… 양의 에너지 합계는 음의 에너지 합계와 동일할 것이다."[9]

휨 문제와 관련하여, 갈릴레이 이후에 영국의 물리학자 후크에 의하여 진일보가 이루어졌다. 그는 "스프링"이 변형 전 위치로 돌아가는 힘이 스프링의 변위에 비례한다는 것을 관찰하였다. 후크는 그의 정리가 스프링에만 적용되는 것이 아니고 금속, 목재, 암석, 실크, 뼈, 유리 등 모든 "탄성체"에 적용되며, 인장

---

8) Duhem, vol. I, p.337.
9) Duhem, vol. II, p.267.

만 아니라 압축에도 적용된다는 것을 명백하게 강조하였다.[10] 후크의 정리는 발생한 변형률은 이를 발생시킨 응력에 비례한다는, 아직도 그의 이름에 따르는 정리이다. 이후의 재료역학과 탄성론은 이 원리를 근거로 하여 이론적 발전을 이루게 된다.

마리오트는 갈릴레이의 문제로 되돌아가 휨을 받는 보의 섬유에 후크의 새로운 방법론을 적용하여 내부 응력의 분포를 삼각형으로 가정하는 아이디어를 가지게 된다. 아직도 그는 갈릴레이와 마찬가지로 휨모멘트는 매립된 단면의 아래 끝점과 관련되어 있다고 가정하면서 시작한다. 추후에 그는 오류를 수정하여 "평형축axe d'équilbre"[11]을 사각형 단면의 중앙에 올바로 설정하게 된다. 비록 마리오트의 계속된 산술 계산은 실수에 의하여 틀렸지만, 생 베낭이 지적한 바와 같이, 이와 함께 휨 계산의 기본 원리가 정립되었다.

생 베낭과 토드헌터Todhunter[12]는 마리오트 이후 자코브 베르누이, 라이프니츠, 바리뇽 등 다른 과학자들이 이 문제에 관심을 가졌으나 정답에 좀 더 가까이 가지 못한 과정을 설명한 바 있다. 베르누이는 마리오트와 같은 오류를 범하여 중립축의 위치는 중요하지 않다고 결론지었다. 이런 면에서 라이프니츠와 바리뇽은 갈릴레이로 되돌아가 중립축을 단면의 저변에 놓았다. 그러나 그들은 마리오트와 마찬가지로 인장된 섬유가 탄성이고 인장응력의 분포가 삼각형이라고 가정하였다. 섬유의 탄성을 고려하게 된 아이디어는 그러므로 동시대 저술가들에게 "마리오트와 라이프니츠의 이론"이라고 불리게 되었다.

파랑은 선배들과 마찬가지로 회전축이 단면의 저변에 있다고 가정하여 다시 한번 이 문제에 관심을 보였다. 1713년의 마지막 논문에 가서야 "단면 내의 압축

---

10) Hooke, "De potentia restitutiva", London, 1678. Todhunter, ch. I 참조.
11) 중립축(neutrala axis)이란 용어는 트레골드(Tregold; 1788~1829년)에서 처음 발견된다. 생 베낭 4절 참조.
12) 책 말미의 참고문헌 참조.

저항 합이 인장 저항 합과 같아야 하기 때문에, 단면 저변에 놓인 단일 직선은 회전이 일어나는 동안 지지할 충분한 저항을 제공하지 못한다."라고 주장하기에 이르렀다. 이 발견을 통하여 그는 비로소 마리오트와 베르누이가 저지른 오류를 바로잡게 되었고, 직사각형 보에 대하여 휨 강도와 인장 강도의 올바른 관계를 찾게 되었다. [13]

만약 우리가 16세기 초반부터 18세기 중반에 이르는 기간 사이에 정역학과 재료역학의 기본을 창시한 과학자들을 되돌아보면, 이들 중 어느 누구도 건축가나 교량 건설자가 아닌 것을 주목할 수 있다. 르네상스 초기의 건축가와 예술가들은 다음 장에서 확인하는 바와 같이 종종 기하학과 수학에 대한 관심을 활발히 보여준 것이 사실이다. 그렇지만 학문으로서의 정역학을 창시한 자들은 대부분이 물리학자와 수학자이며 동시에 기하학자이었다. [14] 그러나 그들 중 어느 누구도 주요 건물의 건설에 있어서 결정적인 부분에서 역할을 하였다는 증거가 전혀 없다.

직경 42m에 이르는 로마의 성 베드로 대성당(1588~1590년)의 돔, 만사르Mansart 일가의 성과 성당, 뮌헨의 성 미카엘 성당(1583~1597년)의 20m 원통형 볼트 등과 같은 구조물(이 예는 무한정 확장될 수 있지만)은 현시대에서는 토목 엔지니어에 의하여 수행될 과제로 여길 만하다. 이들 구조물은 실제로 동시대의 역학 이론가와는 거의 접촉이 없었던 장인 건설자에 의하여 시공되었다. [15] 약간의 경험적인 법칙에 의존

---

13) 생 베낭, 6절 참조.

14) 기하학과 역학 분야에서 이탈리아 르네상스의 많은 과학자들은 의학연구를 통하여 자연과학에 접하게 되었다. 파르마의 블라시우스, 코만디노, 카르다노, 베르나디노 발디, 갈릴레이는 소년기에 의학공부를 하였고 그중 한두 명은 실제 의료업에 종사하였다. 독일에서 르네상스 중 가장 광범위한 광산 편람인 "De re metallica" 12권을 저술한 사람은 외과의사(Agricola, 일명 게오르그 바우어, 1494~1555년)이었다.

15) 영국의 건축가 크리스토퍼 렌(16322~1723년)은 예외이다. 그는 28세에 옥스퍼드의 교수로 임명되어 역학, 수리학, 천문학 연구에 참여하였고 1668년에 "왕실건축가"가 되었다. 이 자리에서 런던의 성 바울 대성당을 포함한 약 50개의 성당, 공공건물, 병원, 왕궁의 설계를 책임지는 등 활발한 활동을 하였다. 도시설계가로서 1666년 런던 대화재 이후 도시를 재건할 계획을 설계하였으나 실현되지는 않았다. 또한 루브르의 외관의 설계자인 클로드 페로(16113~1688년)는 논문 "Recueil des machines"(1700년)과 "Essais de physique"(1680~1688년)를 출간하였다.

할 수밖에 없었던 실무 건설자들은 역학에 대하여 감각이 발달한 우수한 구조 설계자이었다. 이러한 법칙은 레온 바티스타 알베르티(제4장 2절) 등 몇몇 건축 이론가에 의하여 숫자의 형태로 정리되었다. 건축가들이 수학과 역학에 대한 지식을 가지도록 항상 요구되었던 것은 사실이다. 그러나 이 지식은 구조해석이나 치수와 응력의 결정을 위한 것이 아니고, 설계 구성에 있어서의 수학 법칙, 건물의 측량과 측정을 위하여, 또한 아마도 양중 및 수송 설비의 건설을 촉진하기 위하여 필요하였다. 이는 갈릴레이의 "역학Mechanics"의 프랑스 번역본(1634년)의 번역자가 그의 첨언이나 주석이 "건축가, 우물 파는 사람, 철학자, 기술공에게 유용할 것"이라고 한 이유를 설명할 수 있을 것이다.

반면에 수학과 역학의 발전은 대학에서의 교수이거나 또는 강의 의무의 여부와 상관없이 영주로부터 급료를 받는 과학자, 물리학자, 기하학자들의 업적이었다. "궁정수학자Court Mathmatician"[16)]의 역할로 보아 그들 중 일부는 수로, 항만, 성곽, 광산 등 공공건설 업무를 대할 수 있었고, 그들의 기하학과 측량학의 지식을 사용할 기회를 가질 수 있었을 것이다. 그러나 그들의 정역학과 재료역학 문제에 대한 흥미가 전문직업적 활동에 의하여 진작되었다고는 할 수 없다.

특히 프랑스에서는 역학의 발전은 전반적인 고등교육의 발전과 함께 또는 어느 정도 영향을 받아 이루어졌다. 1666년에는 과학한림원Académie des Sciences[17)]이 콜베르Colbert에 의하여 설립되어 많은 과학자들이 업적을 이루고 출판할 수 있게 되었다. 1530년부터 있었던 "프랑스대학Collège de France"은 "제르베대학Collège Gervais", "왕립대학Collège Royal" 등 다른 대학들과 통합되었다.

로베르발은 1631년부터 제르베대학과 파리의 왕립대학에서 수학 교수로 봉직하였으며 과학한림원의 창립회원이었다. 바리뇽 또한 본래의 전공인 신학만 아

---

16) 발디는 우르비노의, 베네디티는 튜린의, 갈릴레이는 피렌체의 궁정수학자이었다.

17) 콜베르가 1671년에 설립한 Academie d'Architecture는 건축의 형태예술 교육에 보다 관련되어 있고, 역학의 발전에 있어서는 수학이나 물리학을 교육한 여러 대학보다 중요도가 떨어진다.

니라 철학과 기하학에서 우수한 학생이었다가, 파리의 마자랭대학Collège Mazarin에서 수학 교수이며 과학한림원의 회원이 되었다. 마리오트도 이른 시기에 성직을 택하였다. 디종Dijon 인근 부므의 생 마르탱Saint Martin sous Beaume 수도원의 부원장이 되었으며, 1666년에는 한림원 회원이 되었다. 그 이외 그의 생애에 대해서는 알려진 바가 없다. 파랑은 수학과 물리학, 특히 그의 저술 대부분이 관련된 주제인 역학으로 방향을 바꾸기 이전에는 법학도이었다.

뒤엠[18]은 그 시대 과학 활동의 한 특별한 형태에 대하여 생생한 표현을 해준다. 현재는 출판사에 의해서 수행되는 정보 보급의 과업이 당시에는 과학자 간 서신 왕래에 의하여 수행되었다. 17세기 전반 중 프란체스코 수도승인 메르센은 과학을 가능한 대로 많이 조사하고 출판할 목적으로 동시대 프랑스의 거의 모든 기하학자와 물리학자들과 서신왕래를 하였다. 그러므로 스스로는 아무것도 출판하지 않은 로베르발의 역학 업적을 보려면 메르센의 책을 봐야 한다.

역학의 여명기에, 요르다누스로부터 바리뇽에 이르는 과학자들은 정역학의 기초 법칙들(지레, 경사면, 힘의 평행사변형, 모멘트 식 등)에 대하여 유클리드의 방법에 따라 엄격하고 결함이 없는 증명을 찾고자 노력하였다. 조금은 상황적인 이들 논쟁과 결론이 그 시대의 문헌과 학문적인 서신왕래의 주요한 내용을 이루고 있다. 현재는 이들이 그다지 주목되지 않으므로 여기서는 상세히 다루지 않을 것이다. 마흐는 이 주제에 대하여 이렇게 말하였다. "새로운 법칙의 발견자나 시험자가 자신이 발견될 것이라고 믿고 있는 법칙을 그 자신에 대한 불신에 따라 증명을 찾고자 하는 것은 놀라운 일이 아니다. …… 새로운 법칙은 자주 겪는 경험과 비교하여 증명될 수 있다. …… 그러나 발견자는 그의 목적을 좀 더 빨리 이루고 싶어 한다. 그는 그 자신의 법칙의 결과를 그에게 친근한 모든 경험, 또한 과거에 확증되고 증명된 법칙들과 비교하여 어떤 불일치가 없는지 검토한다. …… 그러나 시간이 흐른 후, 법칙이 충분히 자주 옳다고 증명되었다고 하

---

18) Vol. I, p.311과 Vol. II, p.187.

면, 더 이상의 증명이 필요하지 않게 되고, 그 법칙이 같은 경험적 방법에 의하여 이미 정립된 다른 법칙에 의하여 옹호된다면 그 법칙을 더욱 안전한 것으로 인정할 수 있다는 사실에 대하여 과학은 감사해야 할 것이다. …… "[19] 이 서술을 할 때, 마흐는 현재는 직감적으로 기본 원리로 여겨질 수 있지만, 처음 원리가 정립되는 당시에는 단순히 역사적 우연으로 이미 친근하게 된 다른 정리에 조심스럽게 기반을 둔, 힘의 모멘트(지레의 원리) 또는 힘의 평행사변형 원리를 염두에 두고 있었다.[20]

이와 관련하여, 한 과학자가 다른 과학자에 미치는 영향을 논하면, 이는 현재는 당연한 것으로 여겨지는 정리를 증명하기 위하여 그 당시 지적 노력을 상당히 들여 사용한 논쟁의 방식과 방법에 대한 영향을 말하는 것이다.

이런 관점에서, 레오나르도 다 빈치는 그의 선배와 바로 뒤의 후배들과는 달리, 엄격하고 반박할 수 없는 증명보다는 명료하고 지적인 문제 형식화에 중점을 두었기 때문에, "현대인"으로 여겨질 수 있다. 힘, 모멘트, 성분 등 지금은 우리에게 친근한 개념의 대부분이 명료하게 정의되지 않았고 모호한 시대에 있어서, 정리를 형식화하는 것은 지금 생각하는 것보다 상당히 어려운 과제이었다.

4. 이성주의 시대의 수학자들

17세기 후기 삼분기와 18세기 전반 중 수학 분야에서의 대발견들, 특히 미분은 자연과학과 수학의 친근한 관계를 진전시키고 완성시켜, 그 이후 순수과학, 물리학과 역학의 상징과 기본이 되었다.

---

19) Mach, pp.70~72.

20) "바리뇽과 마찬가지로 역학에 관심을 가진 여러 과학자들은 지레의 법칙을 힘의 평행사변형으로부터 유도하고자 하였다. 요한 베르누이와 같은 다른 과학자들은 역으로 힘의 평행사변형이 지레의 법칙으로부터 유도되어야 한다는 의견을 가지고 있었다."(Rosenberg, "Geschichte der Physik", vol. II, p.293.)

라이프니츠와 뉴턴의 이름은 휨 문제와 힘의 합성 문제와 관련하여 이미 우리의 주목을 받은 바 있다. 독일 철학자 라이프니츠의 백과사전식 지식은 수학, 역사학, 법학, 신학 등 그 당시 지식의 모든 분야를 포함하고 있었다. 물리학자로서 역학 문제에 종종 관심을 가질 뿐만 아니라, 그가 관여한 브런스윅Brunswick의 광산일과 관련하여 지하 공사에 참여한 실무 엔지니어들과도 접촉을 하였던 것으로 보인다.

영국의 물리학자 뉴턴은 중력 이론의 공식화와 광학 및 일반물리 분야에서의 중요한 발견들뿐만 아니라 토목공학과 구조공학 자체와 관련이 깊은 업적을 포함한 풍부한 업적에서 인정받아야 한다. 그중 가장 중요한 것은 고전 역학의 기초와 관련한 정의와 정리로서, 그의 주요 저서 "자연과학의 수학적 원리Philosophiae naturalis principia mathematica"(런던, 1687년)에 잘 정리되어 있다. 힘의 평행사변형 원리를 명료하고 일반적으로 공식화한 것 외에, 마흐는 다음과 같은 주요 업적을 나열하고 있다.

1. "힘" 개념의 일반화.
2. "질량" 개념의 공식화.
3. 작용과 반작용 원리의 공식화.[21]

그러나 역학 및 재료역학의 발전과 관련하여서도 두 사람의 가장 중요한 업적은 미분의 발견이었다. 잘 알려진 바와 같이 새로운 미적분학은 17세기 후기 삼분기 중에 라이프니츠와 뉴턴에 의해 동시에, 그러나 독립적으로 그 기초가 놓였다. 18세기 초기의 과학 세계에서는 두 대 수학자 사이에서 누가 우선인가에 대한 논쟁이 수년간 흥미를 야기하였다. 라이프니츠는 연속성의 개념과 수학 함수의 개념을 숙고하며, 철학적 논리와 기하학적 고찰의 강점을 가지고 이 문제에 접근하였다. 물리학자인 뉴턴은 그가 관심을 가진 동역학 문제를 통하여 새

21) Mach, p.186.

로운 미적분학에 이르게 되었다.

새로운 미적분학은 수학의 가장 세련된 도구이었으며 새로운 적용분야를 찾는 유혹을 일으켰다. 새로운 미적분학의 대단한 융통성은 전문가들뿐만 아니라 이성주의 시대 모든 지식인들의 상상력을 불러 일으켰다. "거의 모두가 그 자신이 수학의 전문가라고 생각하였다. 모든 세상이 미분의 발견과 첫 발견의 영예에 대한 논생에 대하여 다 알고 있었다. 그리고 뉴턴이 새로운 방법을 천문학에 적용하여 얻은 대단한 성공에 눈이 부셔 하였다. 플라톤 시대와 마찬가지로 수학은 대중화되었다. …… 하여간 18세기 중 수학은 프리드리히 대왕이나 괴테 같이 속으로는 반대할지라도 모든 교육받은 자들이 무시할 수 없는 과학의 주요 분야가 되었다."[22]

따라서 수학은 일순간 순수과학의 도구일 뿐만 아니라 영감inspiration이 되었다. 미적분학의 방법은 라이프니츠의 추종자, 즉 베르누이 일가와 레온하르트 오일러 등의 바즐학파Basle school에 의하여 더욱 발전되었다. 이들이 미적분학을 새로운 분야에 적용하고자 노력하는 동안, 정역학과 재료역학의 여러 문제에 대하여 흥미로운 해답을 구하게 되었고, 추후에 이들 해답은 종종 실무 엔지니어링에 있어서 중요한 역할을 하게 되었다.

이들 중 가장 중요한 것의 하나가 탄성곡선elastic curve의 해이다. 쿨롱이 최종적으로 휨 문제를 해석해내기 50여 년 전에, 자코브 베르누이와 오일러는 이미 "탄성곡선"의 기본 특성을 발견하고 해석하였다. 베르누이 일가 중 가장 연장자인 자코브 베르누이는 갈릴레이 등의 임의로 이루어진 잘못된 주장에 반하여 1694년에 이미 "변형 전 직선이고 동질인homogeneous 보에서 임의의 점에서의 곡률 반경은 휨을 일으키는 힘의 그 점에 대한 모멘트에 반비례한다."[23]라고 주장하였다.

---

22) O. Spiess, "Leonhard Euler", Frauenfeld, 1929, p.28.
23) 생 베낭, 12절.

18세기 바즐 학파의 가장 중요하고 창의적인 레온하르트 오일러는 탄성곡선에 대한 면밀한 연구를 계속하였다. 오일러는 고향에서 학업을 마친 후에, 새로 창립된 상트페테르부르크St. Petersburg(1727~1741년), 베를린(1741~1766년), 다시 상트페테르부르크(1766~1783년)의 학술원에서 남은 생애 동안 활동하였다. 종교적인 배경에도 불구하고, 그는 수학의 도움에 의하여 모든 세상을 설명할 수 있고 세상의 존재를 역학적 프로세스의 결과로 돌릴 수 있다고 여긴 이성주의 세기의 적자이었다.

오일러는 1744년에 평면 탄성곡선(휨선)에 대하여 그가 미분방정식을 유도한 9개의 다른 경우를 구별하여 철저한 논문을 발표하였다. 이 문제에 대한 그의 해석은 그가 아직 "탄성계수"[24]와 "관성모멘트"의 개념을 사용하지 않고 대신에 보의 특성으로서 단일 곱 E×I를 사용한 외에는 이론의 여지가 없다. 그는 이 값을 "절대탄성Elastica absoluta"이라고 하였으며, 직사각형 단면의 경우에 단면 높이의 세제곱 대신에 제곱에 비례한다고 가정하는 오류를 범하였다. 그가 연구한 9개 경우 중 하나를 적분하게 되면, 압축 부재의 좌굴 강도를 표현하기 위하여 사용하는 유명한 "오일러 공식"을 얻게 된다. 이 공식은 1757년에 발표된 오일러의 논문 "기둥의 강도Sur la force des colonnes"에 일반적인 형태(현재의 형태로 $P_e = \frac{\pi^2 EI}{l^2}$)로 나타났다.

오일러는 탄성곡선을 다루면서 소위 최소노력의 원리Principle of Least Effect를 사용하였다. 오일러의 결과가 나오기 이전에 다니엘 베르누이(1700~1782년)는 이미 상트페테르부르크 시기의 친구와 동료에게 보낸 편지에서, 원래 직선인 보가 외부 힘에 의하여 휘게 되면 전체 휨 에너지가 최소가 되는 형태로 탄성곡선이 이루어진다고 주장하였다. 이것이 바로 최소작용의 원리Principle of Least Action으로 19세기 중에 발전된 구조해석법(예를 들면, 뮐러-브레슬라우Müller-Brelau)에서 대단히 중요한 역할을 하게 된다.

---

24) 155쪽의 주석 참조.

18세기에 있어서는 모든 종류의 물리학적, 역학적 문제들을 최소 또는 최대를 결정하는 문제로 전환하는 것이 인기 있는 방법이었다.("등주문제Isoperimeter Problem") 미적분학을 사용하여 방정식이나 함수의 최소 또는 최댓값을 구하는 간단하고 반자동의 방법은 이미 그 자체가 우아하고 인상적이다. 오일러와 이후 라그랑주Joseph Louis Lagrange는 더욱 나아가, 주어진 경계조건 하에 어떤 특성값이 최대 또는 최소가 되는 함수 또는 곡선을 구하는 소위 "변분법Calculus of Variations"을 발전시켰다. 신학적으로 상당히 편향되어 있는 시대에 있어서, 자연현상에서의 그러한 곡선(예를 들면, 변밀도 매체 내에서의 빛의 운동, 또는 탄성곡선 등)의 발견은 최소 노력에 의하여 최대 효과를 얻는 형이상학적이며 신학적인 원리를 인식하는 것 같이 보였다. 이 원리는 특히 "최고의 세상"25)을 창조한 창조주의 지혜를 적절히 표현하여주는 것으로 간주되었다.

현수곡선catenary curve 또한, 두 점에서 고정된 상태로 늘어뜨린 체인은 중력 중심이 최하의 위치에 놓이게 되는 곡선 형태를 취하는 것과 같이, "최소화 문제"로 간주될 수 있다. 이 곡선의 방정식을 구하는 문제는 자코브 베르누이에 의하여 1690년에 제기되었으며 1년 후 그의 동생 요한과 또한 라이프니츠와 하위헌스Christiaan Huygens26)가 해를 구하였다.

그 당시 "최소노력의 법칙"의 적용은 그 자체가 목표로 간주되었으며, 이 적용을 통하여 풀게 되는 전문적 문제의 중요성은 부수적인 것으로 간주되었다. 이는 예를 들어 재료역학에서 중요한 역할을 하게 되는 오일러의 논문 제목에서 명백히 알 수 있다. 그 유명한 좌굴공식은 1744년 출판된 논문 "최대화 또는 최소화 곡선을 찾는 법Methodus inveniendi lineas curvas maximi minimive proprietate gaudentes"의 부록 "탄성곡선De curvis elasticis"에 처음 나타났다. 따라서 주된 목적이 탄성곡선을 찾

---

25) "물리학자들은 최소작용의 원리, 최소구속의 원리, 그리고 아마도 에너지보존의 법칙의 발견에 많은 부분 공헌한 이런 신학적 경향에 감사하여야 할 것이다."(토드헌터).
26) 수년 후 스코틀랜드의 수학자 D. Gregory는 그의 논문 "Properties of the Catenaria", "Phil. Trans". 1697 에서 현수곡선을 다루었다.

거나, 좌굴문제의 해와 그 해의 토목공학 실무에 대한 적용성을 찾는 것이 아니라, 최소 미적분학이 적용될 수 있는 또 다른 분야를 찾는 데 있었다. "오일러는 가끔 계산하는 재미에만 빠진 것 같고, 역학적 또는 물리적 관점을 살펴보는 것을 본인의 천재성을 발휘하고 주된 열정에 몰두할 수 있는 기회로만 여기는 것 같다."[27] 앞으로 우리의 주목을 받게 될 쿨롱의 선구적 저술 "최대치와 최소치 규칙을 통계의 몇 문제에 적용한 시도"(1773년)도 비슷한 점을 보이는 제목을 가지고 있다.

최소노력의 원리는, 적어도 오일러에게 있어서 신학적, 형이상학적 생각으로 이끌었다. "온 세계의 설계가 가장 탁월하기 때문에, 그리고 가장 지혜로운 창조자에 의하여 만들어진 것이기 때문에, 최대 또는 최소의 특성을 보이지 않는 것은 세상에 없다. 그러므로 세상의 모든 결과는 그 자체를 일으킨 행위로부터 추론하는 바와 마찬가지로, 최대 최소를 결정함에 의하여 그 목적으로부터 추론할 수 있다는 것은 의심의 여지가 없다."[28]

18세기 후반 중에 신학적인 양상이 점점 엷어지게 되었다. 마흐는 역학 학문에 침투한 이성주의 사상을 다음과 같이 칭송하고 있다. "인문학, 철학, 역사학, 그리고 자연과학이 서로 접촉하게 되고, 자유 사고를 일으키는 상호 자극을 한다. 비록 관련된 문헌을 통하였다고 할지라도, 이러한 발전의 과정과 자유를 체험한 자는 18세기에 대한 향수의 감정을 평생 가지게 될 것이다."[29]

현시대에 와서 우리는 다른 대상에 대하여 향수를 느끼게 된다고 할 수 있다. 다른 모든 형이상학적 연결로부터 해방된 기계화가 인간사회를 지배하고 있고, 건설적이든 파괴적이든 간에 이전에는 꿈도 꾸지 못한 결과를 이루고 있으나,

27) E. Fueter, "Geschichte der exakten Wissenschaften in der schweizerischen Aufklärung", Aarau, 1941, p.260.
28) 마흐의 p.436에 의하면 Euler, 1744.
29) 마흐 p.439.

이성주의가 마음에 그리던 황금시대를 가져오진 못했다. 역학이 모든 방해로부터 자유로워진 것에 대한 마흐의 칭송을 택하기보다는, 17세기와 18세기의 신앙적인 과학자들에 대하여 그들 생각의 완전함, 수학과 철학, 역학과 신학을 단일 존재로 간주하는 그들의 자신감, 그리고 자연현상이 지적 원리의 표현으로서 불변의 법칙에 의하여 지배된다고 간주하는 신앙심을 부러워하는 쪽으로 기울 수 있다.

제 **4** 장

르네상스와 바로크 시대의 건설기술

1. 이탈리아 르네상스의 엔지니어 - 건물, 교량과 성

주로 구조적인 문제에 기원을 가지고 있는 고딕 양식에 반하여, 르네상스 양식은 새로운 미학적 이상형의 분파로 간주해야만 한다. 그러나 이탈리아 문예부흥 초기의 미술가와 건축가는 기술적인 문제에 특별히 강한 흥미를 보였다. 올스키 Olschki는 브루넬레스키Brunelleschi, 기베르티Ghiberti, 필라레테Filarete, 레온 바티스타 알베르티, 프라 지오콘도Fra Giocondo 등을 **실험 장인**experimental master이라 표현했다.

새로운 건축 양식의 선구자인 브루넬레스키는 재능 있는 미술가이었을 뿐만 아니라 이론과 수학에도 능동적인 흥미를 보인 완성된 기술자이었다. 그와 수학자 토스카넬리의 친교는 기술자와 과학자가 협력한 초기 예 중의 하나로 여겨질 수 있다. 15세기의 건설자들은 전통적인 장인정신에 더 이상 만족하지 않았다. 계산과 기하학이 건축과 기술에 사용되었다.[1] 계산과 기하학적 방법을 사용하여 건물의 **조화로운 비율**을 결정하였다. 그러나 브루넬레스키는 고대 로마 폐허를 조사하면서 배내기 간 거리를 측정하여 건물의 평면도를 그리는 예전의 문제에만 주의하지 않았다. 그는 기술적, 구조적 상세도 연구하였다. "건물을 둘러싼 지지 구조와 버팀대를 구하였으며 때로는 뒤집기도 하였다. 또한, 석조재와

---

1) Olschki, I, p.36.

중심 핀 고정부, 고정대 등의 모든 결합 부재를 제거하였다."[2]

바사리는 이 거장이 초기 단계에서 어떻게 확실한 두 목표를 가지고 있었는지 열거한다. (1)"훌륭한" 건축물(예로서, 고대의 예에 기반을 둔 건축물)의 발전을 촉진하고, (2)피렌체 성당(산타 마리아 델 피오레)의 돔을 완성한다. 그와 동시대 사람들은 분명히 성격상에 있어서 본질적으로 기술적인 두 번째 업적에 더 감명받았다. 이것은 적어도 바사리가 전기 전체의 반 이상을 돔 건실과 관련한 문제와 어려움을 기술하는 데 할애한 사실로부터도 유추할 수 있다. 조금은 일화에 치우치는 바사리의 이야기로부터 이 거장의 엔지니어링 업적, 특히 돔 천정이 홍예틀 없이 시공되었다는 주장을 상세히 재구성하는 것은 조금은 어려운 일이다. 이 방법은 다른 "건축가와 엔지니어"의 제안과 비교하여 경제적 결과로 이어졌다 하여 브루넬레스키의 특별한 발명으로 칭송된다.

고대 건축을 부활하는 미학적인 문제를 떠나, 볼트 기술은 이탈리아 르네상스 건축가들의 가장 중요한 관심사로 남아 있었다. 이런 면에 있어서 그들은 고딕의 건축 거장들을 능가하였으며, 그들의 관심을 처음으로 이론적인 면까지 확대하였다. 레온 바티스타 알베르티[3]는 처음으로(비록 전적으로 기하학적 형태에 근거한 것이지만) 여러 종류 볼트에 대한 이론을 제시하였다. 그에게 있어서 가장 완벽한 볼트 형태는 아치 구조계와 동시에 "링 구조계cornici"로 구성되는, 탁월한 안정성을 가지고 홍예틀 없이 시공될 수 있는 돔이다.

알베르티가 새로운 기술에 대하여 가장 중요한 이론가이었다면, 그 기술의 가장 위대한 창조적인 거장으로 여겨질 사람이 브라만테Bramante(1444~1514년)이다. 로마의 성 베드로 대성당의 재건축 설계는, 돔을 지지하는 대기둥들의 형상과 이를 연결하는 높이 43m, 지간 24m의 아치들과 더불어, 구조물 시공의 분야에서

---

2) Vasari, "필리포 브루넬레스키의 생애(Vita di Filippo Brunelleschi)".
3) "De re aedificatoria", vol. III, ch.14.

고대로부터 그 시대까지 이루어진 모든 것을 압도한다. 바사리는 몇 가지 기술적 발명, 예를 들면, 일종의 "주조 콘크리트", 즉 미리 준비된 몰드에 부어 만든 인공 석재 등을 그의 업적으로 간주한다. 로마제국 시절부터 이미 알려져 있던 이 기술은 브라만테에 의하여 채용되었고, 특히 전술된 성 베드로 대성당의 대 아치를 시공하는 데 사용되었다.

거장이 사망한 후, 상갈로Giuliano da Sangallo, 프라 지오콘도, 라파엘로가 공동으로 대 건축의 감독을 맡았다. 이들 중 토목공학에 가장 가까운 사람은 아마도 그 당시 80대 수도사인 지오콘도이었을 것이다. 지오콘도는 브라만테가 약간은 성급히 실행하여 왔던 기초의 압밀과 강화를 책임진 것으로 생각된다.

이 도미니크회의 수도사는 특히 토공과 수공에 능했던 것으로 보인다. 베로나의 피에트라 교량Ponte della Pietra 재건 중에는, 강 중앙 연약지반에 놓인 교각기초를 보호하기 위하여 일렬의 쉬트 파일 타입 공법을 제안하였다.[4] 그는 루이 12세 치하에서 파리의 센Seine 강 위에, 그 시절의 관습에 따라(피렌체의 폰테 베키오와 같이) 아케이드 상점이 들어서 있는 노트르담 교량Pont de Notre-Dame을 포함하여, 두 교량을 건설한 것으로 알려져 있다. 바사리에 의하면, 지오콘도는 베니스의 석호를 보존하는 작업에서 두각을 드러냈다고 한다. 브렌타Brenta 강의 침전물들이 마을의 생명줄인 석호에 점차적인 퇴적을 일으키고 있었다. 이 위험을 막기 위해 이탈리아에서 가장 뛰어난 엔지니어와 건축가들이 소집되었다. 바사리는 베니스의 위치를 복원하고 더 이상의 퇴적을 막기 위해 브렌타 강의 일부를 키오자Chioggia 석호 쪽으로 우회시키도록 제안한 것이 프라 지오콘도의 업적이라 생각했다. 그러나 실제로는 이 도미니크회 수도사가 맡은 것은 의회에 제출한 4개의 보고서로 제한되고, 실제로 공사는 알레아르디Alessio degli Aleardi[5]에게 맡겨졌다.

---

4) "……바로 이 교각 기둥이(사방의) 물 위에 길게 밀집해 있는 이중 대들보 주위를 항상 에워싸도록……" (바자리, "프라 지오콘도와 리베랄레 다 베로나의 삶")

5) Fra Giocondo 와 Aleardi의 유체흐름, 속도, 강하 등의 수리학 문제에 대한 논쟁에 관하여는 Annali dei Lavori Pubblici, Rome, 1933, p.145의 F. Arredi 참조.

다시 바사리에 의하면, 프라 지오콘도는 당시 목재 구조이었던 리알토Rialto 교량을 석재로 재건축하기 위한 설계도를 제안하기도 하였다. 이후 베니스의 가장 중요한 이 교량에 대하여 산소비노Sansovino, 비뇰라Vignola, 팔라디오Palladio, 그리고 스카모치Scamozzi 등에 의해서 추가설계가 제안되었고, 1587년 공화국 의회는 이 공사를 "그 예술에 대해 매우 경험 있고 정통한 자"로 칭송되는 안토니오 다 폰테Antonio da Ponte(1512~1597년경)에게 맡겼다. 베니스를 방문하는 모든 여행객들에게 익숙한 이 유명한 교량은 특별하지 않은 규모(지간 28m, 높이 6.5m)에도 불구하고, 기술적인 세부 사항들은 흥미롭다. 경사진 석재 층으로 이루어진 교대는 볼트 추력의 방향으로 되어 있고, 이에 상응하여 파일 역시 경사져 있다. 기초 공사 중에는 건설 현장에 수많은 펌프들을 사용하여 다소간 건조 상태를 유지하고 있었다.

기초가 완공된 뒤 그 안정성이 회의론자들에 의해 거론되었다. 특히, 책임을 맡았던 장인은 너무 짧은 파일을 사용하였다거나 충분히 깊게 항타하지 않았다며 문책을 받았다.[6] 조사를 받으면서 이 장인은 파일을 올바른 방법에 따라 항타하였다는 것을 증명할 수 있었다. 한 증인은 파일이 24번 항타에 손가락 두 개 길이 이상으로 침투가 되지 않을 때까지 항타된 사실을 증언하였다.[7]

그 시대의 이탈리아 엔지니어들은 국경을 초월하여 기술적 능력을 인정받았다. 상당수의 엔지니어들이 해외로부터 초청을 받았다. 볼로냐 출신 아리스토틸 피라반테Aristotile Fioravante(1415~1420년 사이 출생, 1485년 또는 1486년 사망)도 그중 하나이다. 고향에서 시 정부의 기술자였던 그는 1455년 그가 발명한 특별한 기계로 15m가 넘는 시계탑을 철거하는 데 성공하였다. 이 기술적 업적으로 말미암아 그는 유럽

---

6) "말뚝은 짧고 얇았으며 말뚝 항타용 수동 해머로 말뚝을 아주 낮게 항타하여 설치하였다. ……말뚝 항타를 제대로 하기 위해서는 최상의 말뚝을 사용하고 말뚝을 항타할 수 있는 건물에서 작업해야 한다." 데이 프라리(dei Frari) 건축가, 에우제니오 미오찌(Eugenio Miozzi)의 "공공 시설 공사 연보"(1935년, 로마)에서 인용

7) Annali dei Lavori Pubblici, Rome, 1935, p.450 의 E. Miozzi에 의한 "Dal ponte di Rialto al nuovo ponte degli Scalzi" 참조. 이 기고는 리알토 교량의 건설과 관련한 흥미로운 상세와 자료를 포함하고 있다.

전역에 걸쳐 유명하게 되었다. 프란체스코 스포르자Francesco Sforza 공작 하에서 그는 필라레테Filarete와 함께 파도바 근교에 교량을 건설하였다. 그 후 밀라노에서는 운하와 성곽 공사의 책임을 맡았다. 1467년에는 한동안 헝가리의 다뉴브 교량 공사를 하였다. 콘스탄티노플에서의 초청은 거절하였으나 1475년 모스크바에서의 임명을 수락하였다.

이반Ivan 3세 대공 하에서 수행한 그의 첫 공사는 크렘린의 어섬션 대성당Cathedral of Assumption을 석조로 재건축하는 것이었다. 컴퍼스와 직선자를 사용한 그의 정확한 기법들로 존경을 받았다고 한다. 그는 후에 다른 성당들도 건설하였다. 그는 또한 군사 기술자로서도 활발한 활동을 하였다. 이 과정에서 그는 특별히 세운 주조 공장에서 총을 주조하였으며, 노브고로드Great Novgorod와의 전쟁 중에는 부교를 건설하는 업무를 수행하였다. 1485년에 그는 불합리하게 기소된 독일 의사를 용감하게 변호하다가 대공으로부터 파면되었고, 얼마 후에 사망하였다.

교량 건설과는 별개로, 요새 건설은 이탈리아 르네상스 시대에 있어서 이론과 실무, 토목, 건축 그리고 조형미술이 아주 밀접한 조화를 이룬 분야이었다. "전쟁 자체가 예술과 고상함의 표방이 되었던 시대에는, 요새의 건설 역시 아름다움의 한 분야로 포함되어야 한다."[8] 이는 도시의 성곽은 보호 효과뿐만 아니라 장식물이기도 해야 한다는 아리스토텔레스의 정신과도 일맥상통한다.

르네상스 시대 거장들의 다재다능함과 다양한 관심에 대한 전형적인 예로 우르비노Urbino의 페데리코Federico 공작 치하에서 군사 기술자이었던 시에나Siena 출신의 프란체스코 디 조르지오 마르티니Francesco di Giorgio Martini(1439~1502년)를 들 수 있다. 젊은 시절 화가이자 조각가이며 건축가였던 그는 고향의 책임엔지니어municipal engineer가 되었고 물 공급 등을 책임졌었다.

---

8) Burckhardt, "Geschichte der Renaissance", para. 108.

우르비노 궁정에서 일하는 10년간 그는 군사 공학에 전문화되었다. 페데리코 공작은 수학, 그리고 수학을 건축과 군사 공학에 응용하는 것을 후원하기로 잘 알려져 있었다. 그에게 건축은 "일곱 개의 교양 교과목 중 가장 높은 확실성을 가지고 있기 때문에 가장 뛰어난 과목인 산술과 기하학에 기초하는"[9] 것이었다. 그의 서재에는 산술, 건축, 탄도학, 역학에 대한 가능한 모든 책들이 확보되어 있었다.[10] 우르비노 궁정에서 프란체스코는 "책임 엔지니어 겸 전쟁 기계 책임자"가 되었고(바사리\Vasari) 그의 대표 저서인 "건축론Trattato dell'architettura"을 위한 주된 영감을 얻었다. 이 저서에서 그는 새로운 무기와 폭발물에 따른 새로운 방어 및 공격 방법들을 포함하는 토목공학 및 군사공학의 폭넓은 주제(광산 갱도에서의 반발을 피하기 위한 각도 조정, 자석 컴퍼스의 엔지니어링 목적으로의 사용 등)를 다룬다. 또한 프란체스코 디 조르지오는 다각형 또는 별 형태 요새의 발명자로 알려져 있다.그림 26 엄청난 두께의 기초와 외부 틀을 가진, 상대적으로 낮은 이 발루아르도Baluardo는 중세시대의 높고 수직인 성들보다 포격에 훨씬 강하게 견딜 수 있었다.

실용적인 엔지니어이었던 프란체스코는 페데리코 공작을 위해 여러 도시의 성곽, 로케rocche를 건설하였고, 몬다비오Mondavio와 칼리Cagli의 성은 아직도 일부 보존되어 있다. 우르비노 북서쪽의 산 레오San Leo와 사소코르바로Sassocorvaro의 산악 요새 또한 그의 업적으로 보여진다.

"프란체스코의 로케는 군사적인 용도 외에도 현대 산업건물이 지닌 기능적 아름다움과 견줄 만한 미를 갖추고 있다. 마치 건축가가 부지가 지니고 있는 자연적인 이점을 최대한 사용하는 것 같은 부지와의 세련된 연계, 그가 사용한 재료의 본래의 성질에 대한 솔직한 표현, 그리고 역사적인 전례에서 완전히 벗어난 자유로움을 도처에서 관찰할 수 있다."[11]

---

9) Burckhardt, "Geschichte der Renaissance", para. 31.
10) Olschki, I, p.127.
11) A. S. Weller, "Francesco di Giorgio", Chicago, 1943, p.208.

그림 26. 별 형태 요새

프란체스코는 그의 생의 마지막 20년을 고향인 시에나에서 군사 기술자로 보냈다. 여기서 그는 마렘마Maremma에 있는 호수 둑 건설 공사와 같은 평화 시의 작업을 맡기도 하였다. 때로는 외국 도시나 궁정에 초청되어 기술 자문을 하기도 하였다.

엔지니어로서, 프란체스코는 경험이 풍부한 실무자이었다. 그러나 그가 탄도학 문제와 같은 특정한 문제에서 수학적인 기법을 적용하려 노력하였음에도 불구하고, 그의 수학적 교육과 과학적인 지식은 그보다 20세 정도 젊은 레오나르도에 훨씬 못 미쳤다. 반면에, 이 두 사람은 다재다능한 점과 방랑자적 삶에 대한 애정에 있어 닮은 면도 있었다.(군사 기술자로도 활발히 활동한 레오나르도에 대해서는 앞에서도 언급한 바 있다.)

프란체스코 디 조르지오 마르티니, 줄리아노와 안토니오 다 상갈로, 그리고 레오나르도 다 빈치는 일반적인 교육을 받은 예술가들에게 요새의 축성이 맡겨지던 시대의 마지막 대표자들이다.[12] 16세기의 유명한 이탈리아 군사 기술자이었던 볼로냐의 프란체스코 디 마르키Francesco de Marchi는 더 이상 예술가가 아니라 전문 군인이었다. 그가 받은 교육은 제한적이었다. 실제로, 한 자료에 의하면 그는 32세에도 거의 문맹이었다고 한다. 로마 교황 바오로 3세 하의 포병 감독관이었던 그는 군인으로서의 경력과정 중 요새 건설기술을 접하게 되었다. 그의 공학적 지식은 안토니오 다 상갈로와의 친분 덕에 더욱 깊어졌을 것이다. 네덜란드에서 스페인 군대에 근무할 때, 필립Phillip 2세가 스페인 군대의 기술자와 지휘관을 교육시키기 위해 특별히 그의 저술인 "군사구조학Della Architettura militare"을 여러 부 주문함으로써 명성을 얻게 되었다.

풍부하게 묘사된 이 유명한 저술은 작가의 사후인 1597년과 1599년 사이에 출판되었다. 르네상스의 방식에 따라, 이 저술은 본제에서 벗어난 많은 역사서술을 포함하여 매우 종합적이다. 요새 건설의 기원과 목적, 요새 기술자가 가져야 할 지식, 설계의 상세, 공사 자체에 대한 실행과 감독, 건설 재료 등 주제에 관한 모든 면이 포함되어 있다. 심지어는 인접 분야인 수리학 및 건축학도 어느 정도 다루고 있다. 저자가 일반적으로 논한 요새의 장점과 단점은 원자폭탄의 시대인 지금(1951년)도 화제의 대상이다. 그의 풍부한 경험에 바탕을 두어 디 마르키는 "모든 도시를 요새화하는 것은 적절치 않다. 요새가 너무 많으면 전쟁 시 공성기간이 증가하게 되어 더 큰 피해를 일으키기 때문이다. 이것이 전쟁이 오래 걸리는 이유이다. 과거에 요새가 별로 없었을 때는 전쟁이 훨씬 빨리 끝났고 통치자에게는 금전적 측면에서, 시민에게는 파괴의 측면에서 보다 경제적이었다."[13]라고 결론지었다. 필자가 이 문장을 쓸 당시가 공교롭게도 제2차 세계대

---

12) 독일의 예술가 중에서, 전술된 이탈리아인들과 마찬가지로 기하학과 성곽의 건설에 관여한 사람이 Albrecht Durer(1471~1528년)이다. 축성과 관련한 논문으로 "Etliche Underricht zur Befestigung der Stett, Schloss und Flecken", Nuremberg, 1527.이 있다.

13) "…… (사실) 도시 전체에 요새를 건설할 필요가 없다. …… 모두가 정복하려 도전하는 막강한 곳을 상징함과 동시에 포위 공격의 대상이 되는 요새는 대부분의 파멸과 피해의 원인이다. …… 또한 바로 이런 장소는 전쟁이 오래 지속되는 원인 중의 하나가 된다. …… 아직 몇 년 후에서야 …… 그리고 전쟁이 끝날 것이며, 비교적 손실이 많지 않았고 시민 또한 피해가 크지 않았다."("도시의 요새 건설", 제1권, 제18장).

전의 결과가 자명해질 무렵이었고, 독일의 "고슴도치 자리잡기hedgehog positions"가 연합군의 진군을 늦추고, 히틀러가 자국의 모든 도시, 마을, 그리고 주택들을 요새화하라는 명령을 막 내렸을 때이었다.

디 마르키는 보방Vauban의 선구자이었다. 보방이 이룬 요새 건설에서의 혁신은 부분적으로 한 세기 반 전의 이 이탈리아 공학자로 거슬러 올라간다. 프란체스코 디 조르지오가 소개한 다각형 또는 별 형태의 요새는 오래된 도시 지도(예를 들면 메리안Matthaus Merian의 지도)에서 많이 볼 수 있는 바와 같이 카발리에리Cavallieri 와 폰토니Pontoni, 즉 모퉁이와 빈 공간을 전진 또는 후퇴시키면서 성곽과 해자의 복잡한 디자인으로 이어졌으며, 이 평면은 바로 위에서 보아 장식적인 효과를 준다.(그림 26, 37의 됭케르크)

수리학과 함께 요새 공학은 실용과 이론, 건축과 수학이 가장 밀접하게 결합한 형태의 공학 분야로 오랜 기간 계속되었다. 예를 들어, 군 공학자들, 특히 탄도학에 관련된 군 공학자들은, 주로 성당 건설이 주였던 바로크 시대의 건축가들보다도 훨씬 심오한 수학적 지식을 가지고 있었다. 더욱이 이탈리아뿐만 아니라 프랑스, 네덜란드, 그리고 독일에서 많은 수학자들과 기하학자들이 요새 공학에 관심을 보였다. 이러한 사실은 "군사 수학Militärmathematik"[14), "축성과 측량학Fortification und Messkunst"[15), "축성과 수학의 문제Problèmes de mathématique et de fortification"[16) 등과 같은 책의 제목을 통하여 증명된다.

---

14) Gh. Meyer, "Mathesis militaris, seu methodica calculandi, mendurandi, fortificandi et castrametandi ratio", Jena, 1640.
15) Georg Schultze, Erfurt, 1639.
16) Pfeffinger, 1684.

2. 이론적 도움 - 수학과 기하학 규칙

정역학과 재료역학이 구조물의 크기를 결정하기 위해 사용되기 오래전부터, 경험에 의한 규칙들이 기초, 기둥, 볼트 등과 같이 자주 사용되는 구조 요소의 설계에 적용되어 왔었다. 간결한 수학적 또는 기하학적 용어로 압축된 이러한 규칙들은 주로 미학적인 목적으로 만들어진 다른 구조 법칙과 함께 건설 장인들에 의하여 사용되었다.[17] 그 시기에 대해서는 구조물의 건설에 적용된 역학이 아니라, 지금은 소위 **경험 규칙**rule of thumb이라 불리는 규칙을 우리는 다루어야 한다. 그럼에도 불구하고, 축적된 개개 경험의 결과들이 수학적 혹은 기하학적 방법으로 형성되었던 사실에 따라 그들이 유사 과학적인 성격을 지닌 만큼, 이런 규칙들을 **공학**engineering science의 시작으로 간주할 수도 있을 것이다. 비록 "정역학"에 근거하지는 않았더라도, 결국 이러한 규칙들은 초보적일지라도 과학적 수학을 실무적인 건설 과제에 적용한 것을 의미한다. 실무에서 그 가치가 증명된 해와 치수를 표준화하고, 장인과 설계자들이 계속적으로 새로운 답을 찾아야 하는 부담에서 자유롭게 해준다는 목적의 유사성에서 보면, 이들 규칙은 어느 정도 현대의 "표준 시방서standard specification"에 비유될 수도 있다.

다수의 이러한 규칙들이 이탈리아 르네상스의 건축 이론가들로부터 현재까지 전해져왔다. 예를 들어 레온 바티스타 알베르티는 그의 "건축 10서De re ædificatoria" (피렌체, 1485년)에서 석교에 대한 표준 규격을 규정하고 있다. 교각의 폭은 교량 높이의 1/4이어야 한다. 아치의 순경간은 교각 폭의 6배 이하, 4배 이상이어야 한다. 홍예석voussoir의 두께는 경간의 1/10 이상이어야 한다.[18] 알베르티는 분명히 반원 아치를 대상으로 하고 있었기 때문에, 이러한 규칙들에 의하면 교량이 그림 27에서 보여주는 바와 비슷한 입면도를 가지게 된다. 현존하는 몇몇 로마 교량은 이

---

17) 그리스인들도 주로 특정 반복되는 기본적인 치수나 비율에 기반을 둔 건축 요소의 원리를 수학적 규칙의 형태로 표현하고자 하는 시도를 하였다. 파에스툼의 케레스 신전에서, 아키트레이브에서 측정한 폭은 기둥의 높이와 신전 길이의 평균비율과 정확히 일치한다.(F. Krauss, "Paestum", Berlin, 1941, p.40 참조.) 고딕 성당, 특히 전면부의 설계에 있어서 정사각형과 정삼각형이 중요한 역할을 함은 잘 알려져 있다.
18) Alberti, vol. IV, ch. 6.

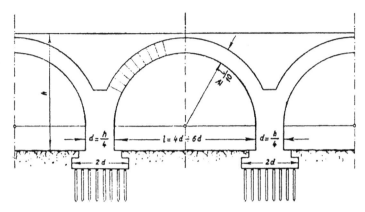

그림 27. 레온 바티스타 알베르티에 의한 아치 교량

와 유사한 설계 구조를 지니고 있으나, 그들 대부분은 비교적 강성이 큰 교각(보통 경간의 1/3)을 가지고 있다. 따라서 이들 교량은 상대적으로 덜 대담하다.

말뚝 기초에 대해서 알베르티는 말뚝 폭을 벽체 폭의 2배로 규정한다. 말뚝의 길이는 벽체 높이의 1/8 이상이어야 하고, 말뚝의 직경은 길이의 1/12 이상이어야 한다.[19]

스위스의 이탈리어어를 사용하는 지방 출신의 건축가 카를로 폰타나(Carlo Fontana(1634~1714년)는 그림 28과 같은 석조 돔의 형태와 치수에 대한 기하학적 규칙을 정하였다. 그의 책 "바티칸 성당과 그 기원(Il Temipo Vaticano e sua origine" (로마, 1694년)에 들어 있는 이 규칙은 미켈란젤로의 돔에 영향을 받았음이 분명하다. 이 규칙에 따르면 원통형 벽체의 두께 "E"는 순경간의 1/10이어야 되고, 기공점 부근 돔의 두께는 "E"의 3/4이어야 한다.

더욱 널리 적용되었던 규칙은 1729년에 출판된 벨리도르(Belidor의 "엔지니어의 과학(Science des ingénieurs"에서뿐만 아니라 비올레 공작(Viollet-le-Duc, 그리고 근래에는 에

---

19) Alberti, vol. IV, ch. 3.

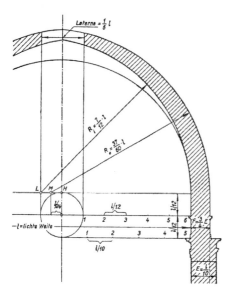

그림 28. 카를로 폰타나에 의한 돔의 치수를 구하는 방법

셀보른[20)]에 의해서도 인용된 것이다. 이것은 볼트를 지지하는 교대의 크기를 정하는 "브론델의 규칙Blondel's Rule"으로 알려져 있다. 이 규칙은 모든 형태의 아치에 적용되고, 벽체 높이가 순경간의 1.5배를 초과하지 않는 돔에 적용된다. 이 규칙은 그림 29에 표시한 바와 같으며, 대략 다음과 같이 설명될 수 있다. 등변사 다리꼴을 아치에 내접시키고 측변을 하향으로 자신 길이 "a"만큼 연장한다. "a"의 수직투영이 벽체 또는 교대의 두께 "s"가 된다.

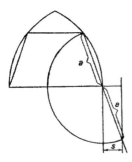

그림 29. 볼트 벽체 크기를 결정하는 브론델 규칙

---

20) "Lehrbuch des Hochbaus", 제2판. Leipzig, 1929, vol. II, pp.242, 243.

3. 기계적 도움 - 건설기계와 장치

주요 구조물을 시공하는 데 있어서 기계류 또는 기계적 장치를 이용하는 것은 언제나 건설 엔지니어링의 한 단면으로 여겨져 왔다. 이 기준에 준하여 보면, 로마인들은 주요 공공 공사에 기계적 장치를 상당히 사용하였기 때문에 진정한 엔지니어라고 볼 수 있다.(제1장 참조)

하지만 과거의 건설기계에 우리가 관심을 가져야 하는 이유가 또 있다. 앞에서 지적한 바와 같이 간단한 기계를 관찰하는 것이 역학의 발전에 있어서 중요한 역할을 하였다. 현대에는 주로 과학적 발견에 영감을 받는 실용적 적용보다 이론적 지식이 대부분 앞서간다. 두드러지는 예를 전기공학(특히 고주파)과 핵물리학 분야에서 볼 수 있다. 그렇지만 그 당시에 있어서는 과학자나 수학자들이 오랫동안 알려진 기계들의 작동 원리를 과학적으로 탐구하고자 하였기 때문에, 반대로 실무로부터 영감을 받는 경우가 더 흔한 일이었다. 이탈리아 르네상스 시대의 기하학자들에 의해 발견된 지레와 경사면의 원리, 이에 따른 힘과 모멘트의 평행사변형 원리 등은 주로 도르래와 권양기에서 영감을 받은 것이다. 심지어 타르탈리아, 카르다노, 베네데티, 귀도발도 델 몬테 등 보다 젊은 세대에 속하는 갈릴레이도 "담론과 수학적 증명Discorsi e dimostrazioni matematiche"에서 베니스 무기 공장에서의 작업을 관찰하며 영감을 얻었음에 대하여 감사하고 있다.[21]

프란체스코 조르지오 마르티니, 줄리아노 다 상갈로, 그리고 레오나르도 다빈치의 그림과 스케치에서 볼 수 있듯이, 르네상스의 기술자들은 기중 장치의 설계에 이미 톱니 기어를 종종은 웜 기어와 함께 사용하고 있었다. 하지만 마르티니의 "건축론"에 포함되어 있고, 후에 줄리아노 다 상갈로[22]에 의해 모사된 몇

---

21) "베네치아 시민 여러분의 유명한 베네치아 무기 공장에서 종종 관행적으로 보이는 추론적 지성에게 광대한 철학적 영역이며 특히, 기계적으로 요구되는 그 부분; 이에 모든 유형의 공구와 기계는 다수의 창의적 예술가의 작업에서 지속적으로 보여지게 된다."(갈릴레이, 제1일)

22) "Skizzenbuch des Giuliano da Sangallo", published by Chr. Hülsen, Leipzig, 1910.

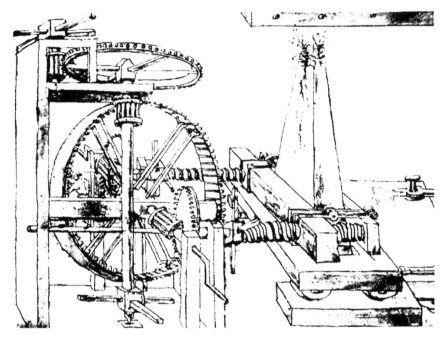

그림 30. 건설기계("줄리아노 다 상갈로의 스케치북"으로부터)

몇 예들은 실제 설계라기보다는 지적 상상이라 여겨질 정도로 매우 낯설다. 수백에 이르는 전체 기어 비$_{gear\ ratio}$의 수많은 톱니 기어와 웜 기어로 구성된 이런 기계들은(그림 30 참조) 당시의 건설 현장의 실제 상황에 비해 너무 복잡했을 것임에 의심의 여지가 없다. 레오나르도가 스케치한 대부분의 기계들도 그림으로만 남아 있다. 하지만 이 그림들과 또 다른 당시 작가들의 그림에서 묘사된 나사, 나무 바퀴살 기어 등 개개 요소들은, 비록 이들이 건설 현장보다는 고정된 시설(회전식 크레인, 방앗간, 제련소의 송풍기 등)[23]에 사용되었을지는 몰라도, 동시대의 실무로부터 영감을 받았음에는 의심의 여지가 없다. 여기서는 인부나 말에 의해서 돌려지는 수직 기둥과 네 개의 방사형 손잡이가 달린 단순 원통이 유일하게 현재 사용되는 기계적 장치인 것처럼 보인다. 당시의 그림들을 보면 이는 가끔 일종의 지브$_{jib}$ 크레인과 권양기에 연결되어 사용되기도 하였다. 도메니코 폰타

---

23) 삽화 예로서 Beck, vol. II, p.131 참조.

나Domenico Fontana가 로마 성 베드로 광장의 오벨리스크를 시공하였을 때와 같이, 필요한 경우에는 원통의 수를 임의로 증가시키기도 하였다.그림 32 참조

중세에는 로마인들에게 이미 알려져 있었던 트레드휠을 이용해 기중기와 호이스팅 기어를 위한 동력을 공급하였다.그림 13 참조 어떤 이들은 로마네스크 건물(뷰바이스 대성당에서나, 베이즐 대성당 북쪽 윙의 상트 갈렌St. Gallus정문 위)에서 종종 볼 수 있는 소위 '행운의 바퀴'라고 불리는 원형 창문, 즉 바퀴살로 이루어진 바퀴를 사람들이 둘러쌓고 있는 형상을 트레드 휠의 상징적인 형태라고 여기기도 한다.

수송과 권양기 외에 시대를 걸쳐 지속적으로 사용되어 온 것이 수력기계들이다. 고대 이집트에서는 스윙붐swing boom과 버켓휠bucket wheel이 관개 목적으로 사용되었고, 아마도 기원전 마지막 세기에는 나선형 펌프("아르키메데스의 나선형 펌프" 참조)와 때로는 피스톤 펌프가 더해졌다. 로마인들은 버켓 엘리베이터와 나선형 펌프를 교량과 수공 구조물 건설 시 기초 굴착부의 배수나 채굴장의 배수에 이용하였다. 중세 동안, 그리고 르네상스 시대를 지나 현대에 이르기까지 특정 목적으로 사용되는 장치들은 대체로 비슷하다. 베로나의 화가인 피사넬로Pisanello(1395~1455년경)의 그림에는 15세기 초반임을 고려했을 때 상당히 복잡한 수력 장치가 등장한다. 이 장치는 톱니바퀴에 연결된 하사식下射式 수차의 힘에 의해 움직이는 버켓 엘리베이터로 되어 있다. 같은 그림에 나오는 두 번째 기계는 수차와 연결막대에 의해서 강물의 힘으로 직접 돌아가는 목재로 된 일종의 피스톤 펌프이다.[24]

여기서 지형 측정 도구에 대한 간단한 언급이 불가피하다. 주된 이유는 현대에서 엔지니어링 대상으로 일반적인 것으로 여겨지는, 과학과 실무가 밀접히 연결되는 대상으로서 처음 인식한 것이, 지반과 수리 공정을 위하여 측량하고 표

---

24) Degenhart의 "Pisanello" 이탈리아 판의 그림. p.147.

그림 31. 쥬블러에 의한 현장 측량

시하는 분야이었기 때문이다.[25] 수학의 역사도 수천 년 전 이집트와 메소포타미아에서 지형 측량사[agrimensor]들이 농사와 개간을 하는 데 생기는 문제를 해결하기 위해 사용하였던 방법에서 시작된다.(제1장 참조)

비트루비우스는 로마 수로의 건설자들이 로마 주변의 평원을 가로 질러 물을 이동시키는 아치 벽체에 필요한 균일한 최소 경사를 얻기 위해서 사용된 도구인 디옵터[dioptra]와 수위계[libra aquaria]를 설명하고 있다. 이탈리아의 르네상스 시대까지, 예를 들어, 레온 바티스타 알베르티의 시대까지는 사용되는 장비의 수가 거의 증가하지 않았다. 하지만 이후 측량방법은 계속 발전되고 개선이 이루어지게 된다. 이 과정에서 스위스 측량사들과 기술자들이 큰 역할을 하게 된다. 간접적인 방법에 의하여 거리와 높이를 측량하는 문제는 삼각형에 대한 기본 정리를 통해 해결되었다. 취리히의 금 세공가이자 기계 기술자인 레온하르드 쥬블

---

25) 쟈콥 베르누이는 1684년에 "측량의 기술은 수학으로 훈련된 사람에 의해서만 이루어질 수 있다. 이 상한 편견과는 달리, 따라서, 교육받지 않은 일반인에게 맡겨져서는 안 된다."고 하였다.(E. Fueter, "Geschichte der exakten Wissenschaften in der schweizerischen Aufklärung", Aarau, 1941, p.61.)

러Leonhard Zubler(1563~1609년)에 의해 "높이, 폭, 길이, 그리고 깊이의 모든 치수를 쉽고 계산 없이 구할 수 있도록 해주는 새로운 기하학 도구 또는 삼각형"이 제조되고 판매되었다. 또한 쥬블러는 취리히의 석공인 필립 에버하르트Philipp Eberhard와 함께 처음으로 평판plane table을 가지고 현장 측량을 수행하였다. 이는 알토프 대학의 요하네스 프레토리우스Johannes Praetorius 교수가 현장에서 바로 측량하여 도면에 기록이 가능하도록 한 이 간단한 기하학적 측량 도구(이후로 그의 이름을 따라 "프레토리우스 탁자mensula prætoriana"로 불림)를 역설하기도 전(1600년경)이었다.[26]그림 31

4. 16세기 '토목 엔지니어'- 도메니코 폰타나

16세기 토목 엔지니어[27]의 활약에 대한 이해를 돕기 위하여 한 예를 들도록 한다. 이런 목적에서 도메니코 폰타나를 선택하는 것은 저자가 동시대 다른 많은 거장들보다 그의 활동에 대해서 특별히 더 많이 알고 있기 때문이다. 그러나 그의 활동은 그 시대 다른 거장의 전형이기도 하다.

우선 지적할 것은, 16세기에도 '건축가'와 '토목 엔지니어'의 전문적 구별이 없었다는 점이다. 한 장인이 예술가이며 건축가로 여겨질 것인지, 보다 기술자이며 엔지니어로 여겨질 것인지는 그의 개인적 능력과 성향의 크기에 달렸다. 폰타나 역시 건축가의 역할로서 로마와 이후 나폴리에 여러 중요한 궁전을 건립했다. 그러나 폰타나는 아래의 몇 가지 이유로 다른 동시대 장인들에 반하여 토목 엔지니어라고 볼 수 있다.

(1) 로마의 거대한 오벨리스크 건립과 같은 어려운 기술적 문제를 창의적이고
　　자신 있게 극복하는 능력

---

26) 1943년 12월 12일과 19일, Leo Weisz의 Neue Zürcher Zeitung 기고문 참조.
27) 이 장은 부분적으로 Schweizerische Bauzeitung, Vol. 123, p.172에 게재한 저자의 논문을 토대로 재구성되었다.

(2) 도로와 수리 공사에 대한 그의 깊은 관여

(3) 실무적 건설 공사 또는 현재 용어로 "현장 조직" 상세에 대한 그의 관심

(4) 수학과 기하학에 대한 그의 지식과, 역학적 문제에 대한 직관적 해결책을 검토하는 신중한 계산법의 사용

고대 로마시대로부터 성 베드로 대성당 옆 키르쿠스 막시무스Circus Maximus의 자리에 서 있던 이집트의 거대 오벨리스크를 철거하여 신 성당 앞의 대광장 중앙에 다시 세운 것은 당대의 존경을 받은 놀라운 기술적 업적이었다. 이 위업은 특별하게 제작된 메달로 기념되었다. 폰타나는 이를 많은 장식으로 윤색한 호화판 간행물 "교황 기술자 도메니코 폰타나에 의한 바티칸 오벨리스크 수송과 교황 식스토 5세 궁의 건립에 관하여Della trasportatione dell'obelisco Vaticano et delle fabriche di nostro Signore Papa Sisto V, fatte dal Cavallier Domenico Fontana, architetto di Sua Santita"에서 아주 자세하게 다루었다.

이 작업을 위한 최선의 해결 방법을 찾기 위한 경진대회가 개최되었다. 조직위원회는 권양기, 도르래, 지렛대 등을 사용하여 그 거대한 돌기둥을 들어서 수직, 수평, 심지어 경사진 위치로 이동시키는 등의 다양한 제안을 보게 되었다. 이 중 납으로 만든 축소모형으로 표현된 폰타나의 제안이 가장 좋다고 여겨져 채택되었다.

원래 이 일의 감독은 바톨로메오 암만나티Bartolomeo Ammannati와 지아코모 델라 포르타Giacomo della Porta라는 두 숙련된 건축가들에게 맡겨질 것이었다. 하지만 폰타나는 만약 실수가 생겼을 때 감독 기술자들이 그 프로젝트의 제안자에게 그 책임을 전가할지도 모르고 그 반대의 일도 있을지 모르므로, 어렵고 위험한 작업에 책임이 분산되어서는 안 된다고 지적하였다. 결국 폰타나는 42세의 나이로 단독으로 책임을 맡게 되었다.

준비기간에 7개월이 걸렸다. 엄청난 양의 목재, 철, 밧줄, 기중기, 갈고리 등이

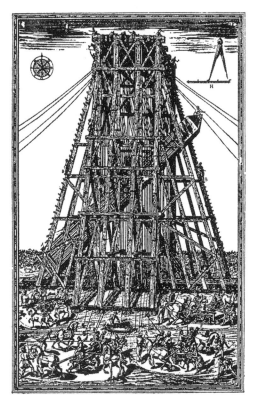

그림 32. 성 베드로 광장 오벨리스크의 가설

조립되었고, 특히 튼튼한 비계가 가설되어야 했다.그림 32 1586년 4월 30일, 세세한 것들까지 모두 준비된 다음에야 오벨리스크를 지면에서 들어 수평 상태로 눕히는 첫 번째 단계를 시작할 수 있었다. 작업과 지시 전달 체계는 매우 섬세하게 계획되었다. 기중기를 가동할 때는 트럼펫을 불었고, 멈출 때는 종소리를 울렸다. 각 기중기와 해당 밧줄은 번호가 매겨져서 개별적, 또는 집단적으로 조정될 수 있도록 하였다. 공사에 방해요소를 없애기 위해, 사형을 포함한, 가장 강도가 센 징계법이 지정되었다. 실제로 공개 처형사가 현장에 자리하고 있었다.

거대한 돌기둥을 이동하여 좀 더 낮은 위치의 새로운 장소에 다시 세우기 위해, 기둥이 거의 수평으로 굴림대 위에서 이동할 수 있도록 흙 벽체를 가설하고 목재로 보강하였다. 새로운 기반은 연약 지반에 대응하여 말뚝기초 위에 사전에 마련되었다. 기반 주변에는 흙 댐을 길게 연장하여 일종의 작업대처럼 사용할 수 있도록 하였다. 이제 오벨리스크를 수직으로 들 필요 없이 단순히 90° 회전 하여 청동 사자를 표현하는 4개의 지지대 위에 놓으면 되었다. 그림 32

폰타나를 탁월한 기술자이자 엔지니어로 확고히 자리 잡게 한 다른 업적들로 는, 이후 추가로 있었던 라테란 공회당Lateran basilica에 있는 로마 최대의 오벨리스 크를 포함한 3개의 오벨리스크를 세운 것, 13세기에 만들어진 작은 예배당을 해체하지 않고 목재 틀로 감싼 채 일체로 신축된 성 마리아 마조레St. Maria Maggiore 의 시스티네Sistine 성당에 옮긴 것, 베드로와 바울의 조각상을 각각 트라야누스와 마르쿠스 아우렐리우스 기둥 위에 세운 것, 그리고 마르쿠스 아우렐리우스 기 둥의 재건 등이 있다. 성당 건축가인 지아코모 델라 포르타Giacomo della Porta와 협력 자로서 폰타나는 그 시대의 가장 큰 건축 과제였던 성 베드로 대성당 돔의 볼트 공사에 관여하였다. 미켈란젤로(1475~1564년)는 상단 처마 돌림띠cornice 높이까지 돔 의 원통부를 완성하였고, 이 돔의 모형을 남겼다. 이 거장이 죽고 난 뒤 돔의 건 축은 연기되었다가 20년 쯤 후에, 지아코모 델라 포르타(1537~1602년경, 1573년부터 성 베 드로 대성당의 건축가)와 도메니코 폰타나가 그 돔의 볼트공사를 맡게 되었고, 미켈란 젤로의 의도보다 조금 더 높은 형태로 만들었다. 수평방향의 추력을 감당하기 위해 3개의 철재 링이 설치되었다. 하지만 이것으로는 부재의 손상과 균열을 효 과적으로 막지 못했기 때문에 한 세기 반 뒤에 심층적인 분석과 복원이 필요하 게 되었다.(제5장 2절 참조)

폰타나는 또한 플라미니아 가도 중 치비타 카스텔라나Civita Castellana 근교의 티베 르 강을 건너는 교량을 건설하기 시작하였다. 하지만 교황 식스토 5세가 건설 도중에 사망하게 되면서 공사를 끝마치지 못하였고 교황 소속 엔지니어 및 건축 가로서의 지위를 포기하게 되었다.

추가적으로 폰타나는 도시계획 과제를 상당한 규모로 맡았다. 아직도 "불멸의

도시Eternal City" 구조는, 시스티나 가도Via Sistina와 그 연장, 델라 콰트로 폰타네 가도Via della quattro Fontane, 파니스페르나 가도Via Panisperna 등 그가 계획하였던 멀리 떨어진 지역을 직선으로 연결하는 대규모 도로들의 흔적을 간직하고 있다. 교황의 속세 이름을 따라 펠리체 수로Acqua Felice로 불리는 수로는 퀴리날레Quirinal과 에스퀼리노Esquilino 등과 같이 높은 언덕 지역이 거주 목적으로 활용될 수 있도록 하였다.

도로건설자이며 수리학자로서 폰타나는 현대에 더 큰 중요성을 가지는 토목공학의 한 분야인 조경의 중요성을 예측하였다. 이후의 장에서 설명되겠지만, 18세기와 19세기에 있었던 발전은 엔지니어에게 과학과 연구를 부차적인 것으로 만들었고, 점점 더 추상적인 계산 과제를 부여하게 되었다. 근래에 이르러서야 도로, 교량, 댐, 운하, 저수지 등의 대규모 엔지니어링 프로젝트가 주변 조경에 상당한 영향을 준다는 것과, 그 프로젝트의 실용적, 경제적, 미적 측면[28]을 모두 고려하여 착수에서부터 구조물과 주변이 일체로 인정되어야 한다는 사실을 다시 중시하게 되었다. 폰타나는 이러한 정신으로 자신에게 주어진 도시계획 과제에 임하였다. 그의 새로운 대로들은 기능성과 미학적 고려가 일체화되는 정점을 보여준다. 이들은 여러 성당과 지역 사이에 짧고 편한 연결 수단을 만들고자 했던 교황의 바람을 만족시키는 동시에, 먼 경관을 형성하는 넓고 종합적인 공간을 만드는 바로크 시대에 중요했던 미적 요구 조건도 갖추었다. 이 이중적인 목표가 너무나 잘 달성되었기 때문에, 우리는 단순히 실용적인 업적을 봐야 하는지 건축적인 업적을 봐야 하는지에 대한 의문을 품을 필요가 없다.[29]

폰타나는 대수로를 건설하는 동안, 이러한 기능적인 목표를 미적인 경관과 결합하고자 하는 노력의 일환으로써, 24km 이상에 엄청난 노력과 천재적인 기술로 설치된 수로의 물을 원래의 기능적 목적인 물 공급과 관개에 쓰기 전에 기념

---

28) 이런 면에서 Alwin Seifert의 책 "Im Zeitalter des Lebendigen; Munich", 1941 참조.
29) 폰타나의 기술적 능력은 여러 종류의 포장재에 대한 일련의 시험을 통하여 견고한 도로 포장을 찾고자 한 그의 관심으로부터도 나타난다. 1587년 전반 동안에만 교황 기술자로서 그의 지휘 아래 121개 이상의 로마 도로가 포장되었다 한다.

비적인 분수로 보여주는 "전시mostra"라는 행복한 아이디어에 이르게 된다. 이 아이디어는 널리 칭송받았고, 후에 도메니코의 형인 지오반니 폰타나Giovanni Fontana가 건설한 파올라 수로Acqua Paola 같은 다른 로마 수로들에 모방되었다.

이후 나폴리에서의 활동 중에서도 도메니코는 또 대규모 수리공사와 도로공사에 관여하게 되었다. 그는 총독에 의해 새로운 항구의 건설을 맡게 되었다. 하지만 그의 거창한 계획은 그의 사후에야 부분적으로 실행되있다.

이런 많은 공사에서 사소하지 않은 난관들을 극복해야 했다는 것, 공사의 모든 현실적 세부사항들에 관심을 가졌다는 것, 심지어는 도급자의 입장까지도 관심을 가진 것은 폰타나의 엔지니어로서의 자질을 잘 보여준다. 바티칸 오벨리스크의 이전과 관련해서 생긴 문제들 중 필요 물품의 조달에 대한 것이 그의 보고서에 두드러지게 나타난다. 그 공사는 현대 용어로 "직접고용direct labour"을 통해 이루어 졌다. 교황은 폰타나가 엔지니어를 고용할 수 있도록 충분한 재정 지원을 하였고, 징발 등 폭 넓은 권한을 부여하였다.

폰타나는 그가 수행한 대규모 공사에 대하여 설명할 때, 고용한 인부들의 수와 각 공정 중 배치상황에 대하여 서술하는 습관이 있었다. 티베르 강 인근의 라테란 오벨리스크를 지반으로부터 철거할 때, 배수에만 300명이 필요하였다. 그의 설명은 인부들의 안전을 위해 조치된 안전수칙과 같은 기술적이고 관리적인 세부사항도 다루고 있다. 예를 들어서, 바티칸 오벨리스크를 들어 올릴 때 목수들을 낙하물로부터 보호하기 위하여 철재 헬멧을 착용하여야 했다.

이 책의 주제와 관련하여, 폰타나가 수행한 어려운 작업들 속에서 그가 단지 공사경험, 습관 또는 직관에 의지했는지, 또는 의도적으로 계산에 의지하는 현대적 의미로서의 엔지니어링 특징을 어느 정도 지니고 있었는지가 주된 관심사이다. 비록 독학을 했지만, 17세기 그의 전기 작가들(발디노치Baldinucci, 벨로리Bellori)이 언급하듯이 그는 청소년기에 기하학에 관한 상당한 지식을 습득하였다. 역학 문제에 관심을 가지고 역학 이론을 수학적으로 표현하여 체계화한 타르탈리아, 카르다노, 베네데티, 귀도발도 등 이탈리아 르네상스의 수학자와 기하학자들과 폰타나는 동시대의 인물이었다. 바쁜 교황청 엔지니어가 역학에 대해 갓 출판된 책을 학습하였는지는 알 수 없다. 하지만 그가 당시 과학의 기본 원리를 습득하고 있었다는 것에는 의심의 여지가 없다.

폰타나의 "교황 기술자……"를 읽으면서 적절한 구조해석을 찾으려 하면 당연히 안 된다. 하지만 우리의 예상이 완전히 빗나가지는 않을 것이다. 탁월한 엔지니어로서 그는 당시 과학의 발전에 맞추어 이론적인 예비 계산을 하였다. 석재 기둥을 들기 위한 밧줄과 기중기의 수를 정하기 위해서는 먼저 그 중량을 결정하여야 한다. 폰타나가 그의 저서 중 두 페이지나 차지할 정도로 중요하고 새롭다고 생각한 계산을 따라가면, 요즘의 어떠한 학생도 5분 안에 풀 수 있게 하는 수많은 기초적 도움이 없었다는 것이 신기하게 여겨질 것이다. 끝을 자른 석재 기둥의 부피를 재기 위해서 현대적 공식을 쓰지 않고 그 몸통을 직육면체 형태의 중심부, 4개의 쐐기 모양의 측면 조각, 그리고 4개의 모서리 피라미드의 작은 부분으로 나누어, 부피를 각각 따로 계산 한 후 나중에 합하였다. 소수(16세기 루돌프Rudolff에 의해 처음 소개되었으며 1585년 시몬 스테빈의 "산술론Arithmétique"에서 악평을 얻음)를 쓰는 대신에 투박한 분수로 고된 작업을 할 수밖에 없었다. 한 뼘 길이의 정육면체의 중량을 측정한 결과 석재의 단위중량은 대략 86 로마 파운드(약 2560kgf/m³)이었고, 오벨리스크 전체의 중량은 963,537과 35/48 로마 파운드(약 332tonf)이었다. 이 계산에 근거하여 폰타나는 사용될 기중기의 수를 40개로 정했다. 그리고 5개의 커다란 지레를 사용하였다.

폰타나의 보고서에 다른 이론적 계산은 없으며, 도르래, 기중기 등에서의 인장력은 이미 경험으로 잘 알려져 있기 때문에 계산하지 않았을 것이다.

폰타나는 16, 17세기의 건축가와 엔지니어, 그리고 예술가와 기술자의 기능을 동시에 가진 많은 건설 장인의 전형이라고 볼 수 있다. 실무자에게 필요한 역학적 지식의 범위는 여전히 기초적이고 즉각적으로 명백한 관계와 법칙에 국한될 수밖에 없었다. 그전과 같이 건축가와 엔지니어에 있어서의 수학과 기하학의 연구는 계산을 통해 직접적으로 구조적 문제를 해결하기 위함이 아닌, 3차원적이고 역학적인 상상력을 발전시키기 위한 훈련의 역할을 하였다. 고딕 시대와 초기 르네상스 시대에서와 마찬가지로 구조 엔지니어는 과학적 사고를 하는 전문가라기보다는 장인이며 예술가이었다.

제 **5** 장

토목공학의 출현

1. 건설재료에 대한 지식 - 최초의 강도시험

건설재료 물성에 대한 지식은 점차적으로 엔지니어링의 주요한 분야로 발전되어 갔다. 이 발전은 3단계로 분류할 수 있다. 즉, **장인 단계**artisan stage, **서술적 단계** descriptive stage, **양적 단계**quantitative stage이다.(우리는 지금 주로 엔지니어링에 대하여 논하고 있기 때문에, 엔지니어보다는 화학자나 물리학자가 더욱 관심을 가지는 과학적, 분석적 시험방법에 대해서는 언급하지 않도록 한다.)

목수나 석공은 수년간의 경험을 통하여 그들이 다루는 재료의 성질에 대한 충분한 지식을 얻게 될 것이다. 이는 과거의 구조물, 특히 사용재료에 대한 숙련된 취급과 처리를 통하여 특히 매력적으로 만들어진 절도있는 실리주의적 구조물에 의하여 증명된다. 그러나 고딕 볼트와 버트레스의 경우에서와 같이 재료역학을 최대한 활용한 경우에도 장인의 강도에 대한 이해는 그 성격상 주로 직감적이었다. 사실상 이 직감적 접근이 장인과 엔지니어의 차이를 보이는 것이다.

건설재료 문제에 대하여 과학적으로 접근한 것은 비트루비우스(주로 제2권)의 예에 따라 목재, 자연 및 인조 석재, 접착재료 등에 대하여 매우 자세하게 다룬 건축 이론가들의 저술에 처음으로 나타난다. 레온 바티스타 알베르티(제2권 4~7장)는 각각의 목적에 대한 적합도에 따라 목재의 수종을 분류하였다. 오리나무는 침수된 지반에서의 파일 기초에 탁월하나 공기와 해에 노출되었을 때 내구성이 충분하지 않다. 느릅나무는 공기 중 단단해지나 그렇지 않은 경우 균열될 위험이 있다. 가문비나무와 소나무는 지하 공사에 적합하나 공기 중에 노출되거나 해수에 닿게 되면 수축되고 비틀린다. 올리브나무와 떡갈나무는 그렇지 않다. 후자는 무제한의 내구성을 가지고 있다. 그러나 무엇보다도 최상의 건설재료는 전나무로서 그 줄기가 곧바르고, 작업이 수월하고 상대적으로 가볍다. 단 하나의 단점은 화재에 약하다는 것이다.

르네상스의 방식에 어긋나지 않게, 알베르티는 다소는 고대로부터 전해지는 지식으로부터 가져오거나, 또는 테오프라스토스Theophrastos(아리스토텔레스의 제자, 대략 기원전 372~287년), 비트루비우스 등 고대 저자들을(그들이 호두나무에 대하여 높은 평가를 하지 않은 사실에 놀라움을 표시하면서) 인용하여 그의 관찰에 대한 증명으로 사용하였다. 그는 재목을 베기에 가장 좋은 계절에 대하여 자세하게 논하였으며, 조금은 엉성하게 심재心材heartwood, 변재邊材sapwood, 뿌리의 각각 다른 성질에 대하여 논하였다.

알베르티는 석재에 대한 분석(제2권 8, 9장)에 있어서는 조직적이지 않다. 단지 이탈리아의 일반적인 석재 종류를 지리학적으로 나열하였을 뿐이다. 한 장에서는 시공자에 대한 일반적인 조언을 담고 있다. 결을 많이 가진 암석은 균열의 위험이 높고 내구성이 낮을 것이며, 불그스레하거나 황도색인 결이 가장 위험하다. 새로 채석된 암석은 오래된 암석보다 연하다. 습한 재료가 건조한 재료보다 채석이 쉽다. 침수에 의하여 중량이 상당히 증가하면 습기의 영향에 의하여 부식될 것이다. 화염에 대하여 저항하지 못하는 석재는 화재에 취약하다.

이와 관련하여 알베르티는 카토Cato와 타키투스를 인용하며 각종 암석의 가치와 내구성은 철학자의 저술보다는 고대 건축물을 관찰함에 의하여 더욱 잘 평가될 수 있다고 올바르게 지적하였다.

벽돌 제작에 대하여, 알베르티는 모래를 많이 포함하지 않은 백색 또는 적색 점토를 사용하도록 추천하고 있다. 동절기의 서리 위험을 피하기 위하여 벽돌은 건조한 모래 중에 저장되어야 한다. 하절기에 양생 전 건조하게 되는 위험을 피하기 위하여 습기 찬 짚으로 보호하여야 한다. 골고루 굽기 위해서 벽돌이 너무 두꺼워서는 안 되며 그럴 경우 두께의 반을 관통하는 구멍을 두어야 한다.

접착재료를 다루면서 알베르티는 석회와 석고의 원재료, 제작과정, 그리고 후속처리(석회의 沸化, 저장)를 설명한다. 모르터 제작에 필요한 골재 중에 밭모래, 강모래, 바다모래를 언급하며 모래밭 또는 경사진 산 개울의 모래를 선호한다. 어떤 경우에도 모래는 과립형태이어야 하고 흙 혼합물이 없어야 한다.

르네상스의 다른 이론가들도 비슷하게 서술적인 방법에 의하여, 그들의 건축물에 사용된 건설재료를 다루고 있다. 드 마치는 목재, 석재, 접착재료 등 건설재료를 자세히(그리스와 로마의 자료, 그리고 종종 어법으로 명확히 알 수 있는 알베르티를 인용하며) 다루고 있다.

바사리는 그의 논문 "미술가열전"[1]의 서론에서 일반적 종류의 석재에 대하여 논한다. 그는 고대의 문헌자료를 무시하기 때문에, 주제에 대한 그의 설명은 좀더 현대적이고 과학적으로 보인다. 알베르티와 드 마치가 석재의 종류를 단순히 지리적인 원리에 따르거나 색 차이에 따라 구별한데 반하여, 바사리는 암석기술학 기준을 적용하여 반암斑岩, 사문석蛇紋石, 화강암, 여러 종류의 대리석, 석회화石灰華, 점판암粘板岩 등에 대하여 각기 기술하고 있다.

건설 재료에 대한 과학이 기술자에게 긴요하고 효율적인 도움으로 된 것은 발전의 3단계 중에서이었다. 즉, 기술자에게 극히 중요한 관심 대상인 강도 성질을 연구와 체계적인 관찰의 대상으로 삼으면서부터이다. 갈릴레이가 측정과 시험을 물리학에 소개하고 베룰람 경 프란시스 베이컨Lord Verulam Francis Bacon이 과학 연

---

1) Ch. I, "Delle diverse pietre che servono agli Architetti".

구에서 귀납법을 요구한 이래, 고체의 탄성과 극한강도 역시 양적 해석의 주제가 되기까지에는 오랜 시간이 걸리지 않았다. 다시 또 이런 시험은 처음 수행한 물리학자들이 주도하게 되었지만 그들은 실무 적용(특히 건설 분야에 대해서)을 염두에 두지는 않았다. 이 사실은 17세기와 18세기 초의 과학자들에 의하여 시험된 재료 중 유리가 비교적 중요한 부분을 차지하고 있다는 것으로 증명된다. 이 재료는 탄성과 강도를 관측하기에 특히 좋은 재료이다. 그러나 그 당시에는 아직 중요한 건설재료였다고 보기는 어렵다.

메르센의 시험과 마리오트[2]의 목재, 금속, 유리봉에 대한 인장 및 휨시험이 최초의 재료시험[3] 중 하나이다. 실험의 결과는 휨 강도가 단면 높이의 제곱에 비례한다는 갈릴레이의 이론을 증명하는 것이었다. 그러나 이해할 수 있는 바와 같이, 휨 강도와 인장 강도에 대한 갈릴레이의 논문과는 일치하지 않았다.(94쪽 참조) 같은 시기에 후크는 탄성체, 특히 나선형 스프링의 거동에 대하여 연구하였고, 그의 이름을 따른 법칙을 발견하기에 이르렀다.(98쪽 참조) 이미 언급하였듯이 후크의 실험은 금속, 석재, 유리 등으로 확장되었다.

백과사전의 시대이며 자연에 대한 비교서술의 시대인 18세기 중 일련의 방대한 시험을 통하여 매우 많은 종류의 재료를 대상으로 탄성과 강도가 시험되고 비교되었다. 파랑은 1707년과 1708년에 참나무와 제재목으로 만든 보에 대한 휨시험 결과를 최초로 표로 열거하여 발표하였다. 우리는 또한 지라드Girard의 시험("Experiences pour connôitre la Resistance des Bois de Chêne et de Spain", Mem. Acc. Paris, 1707)과 레오뮈르Réaumur의 시험("Experiences pour connaître si la force des cordes surpasse la somme des force des fils que composent des memes cordes", Paris, 1711)을 언급하지 않을 수 없다.

1729년 레이던Leyden의 물리학자 무쉔브뢰크Musschenbroek(1692~1761년)는 아직도 라틴

---

2) 이들 실험과 추후 설명되는 실험과 관련하여 생 베낭, para. 61 참조.
3) 레오나르도 다 빈치의 스케치 중 두 지점에서 지지된 보 중앙에 집중하중이 작용된 그림을 볼 수 있다. 그러나 이 스케치가 실제로 수행된 시험인지, 또는 지적 연습을 보여주는 것인지는 알기 어렵다.

어로 쓰인 논문 "합성물질의 소개Introductio ad cohaerentium corporum firmorum" 중에 압축, 인장, 휨을 받는 여러 종류의 목재, 금속, 유리 등의 극한강도를 보여주는 완벽하고 정확한 표를 발표하였다. 이와 관련하여, 무쉔브뢰크는 가는 압축재의 좌굴저항이 그 길이의 제곱에 반비례하여 감소한다는 것을 최초로(오일러가 좌굴공식을 이론적으로 유도하기 15년 전) 관측하였다.[4] 건축 요소의 치수를 정적 하중의 함수로 하여 계산하는 최초의 과학적 시도(1742년)가 무쉔브뢰크의 철의 강도에 대한 그림을 기반으로 이루어졌다.(다음 절 참조)

유명한 "자연사Histoire Naturelle"의 저자이며 파리식물원Jardin des Plantes의 관리자인 콩트 드 뷔퐁Comte de Buffon(1707~1788년)에 의하여도 수많은 강도시험, 주로 휨시험이 수행되었다. 그는 철봉과 목재보에 대하여 품질, 목재의 재단방법과 수령, 보 단면과 길이(단면은 11×11cm와 22×22cm 사이, 길이는 2.3m와 9.1m 사이)를 넓은 범위에서 변화시키며 시험하였다. 뷔퐁은 최초로 파괴 이전의 처짐을 측정하였다. 그는 집중하중을 받는 단순보의 경우, 갈릴레이와 마찬가지로, 극한강도가 개략적으로 단면 폭과 그 높이의 제곱에 비례하고 지간에 반비례한다고 결론지었다.[5]

중요한 건설재료에 관한 강도계수의 지식을 확보하는 것은 역학의 원리를 실제 구조물의 과제에 적용하기 위하여 필수적인 것이었다. 파랑, 무쉔브뢰크, 뷔퐁 등과 같은 과학자에 의하여 발표된 시험결과와 강도계수는 추후에 중요한 역할을 하게 된다. 다음 절들에서 보게 될 바와 같이, 학문으로서의 공학 그 자체와, 이와 함께 설계를 과학적 계산에 근거하는 현대의 토목공학 기술자가 나타나는 것은 18세기 후반 중이었다. 이 당시의 기술자들은 선배 과학자들의 선구적인 업적의 혜택을 입었을 뿐만 아니라, 그들 또한 당시의 위대한 엔지니어링 업적과 관련하여 그들 자신이 방대한 시험을 수행하였다.

---

4) 무쉔브뢰크는 $P = k\dfrac{d^3}{l^2}$으로 가정한데 반하여, 가는 압축재에 대한 정확한 공식(오일러곡선의 범위 내에서)은 $P = k\dfrac{d^4}{l^2}$이다.

5) 생 베낭, para. 61.

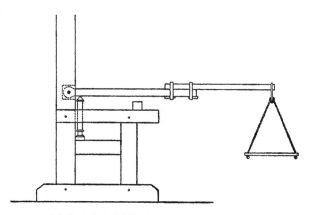

그림 33. 석재 육면체 파쇄시험 기구(고떼의 Traite de la construction des Ponts로부터)

18세기 중에, 프랑스 기술자 벨리도르와 페로네Jean Rodolphe Perronet(1708~1794년)는 강도계수에 대한 그들의 표를 발표하였으며, 프랑스 교량도로의 총감독 오브리Aubry는 참나무 보에 대한 시험을 수행하고 결과를 발표하였다.(1790년) 그러나 가장 중요한 선구적 노력 중 하나가 파리의 생트 주느비에브S. Genevieve 성당(팡테옹) 시공 중과 이후 비계를 제거한 후에 균열이 일어나 조사가 진행된 시기에 고떼Gauthey, 수플로Soufflot, 롱드레Rondelet가 수행한 방대한 시험이다. 여기에는 석재와 모르터에 대한 최초의 압축시험과 철재로 보강된 석재 보에 대한 휨시험이 포함되어 있다.[6] 그림 33은 고떼가 사용한 시험기구이다. 석재 육면체를 파쇄하기 위하여 필요한 압축력은 지레장치에 작용하는 추 중량에 의하여 만들어진다.

2. 역학의 건설 실무에의 적용

정밀과학의 방법들을 실제의 건설 과제에 적용하려는 노력이 처음 시도된 것은 18세기의 중반경이었다.[7] 역학의 원리들은 이미 정립되어 있었다. 특별히 에너

---

6) Gauthey, Rondelet, 그리고 Génie Civil, 1930, p.189.
7) 이 절의 일부분은 저자가 Schweizerische Bauzeitung, vol. 120 p.73(1942. 8.15.)에 기고한 논문으로부터 발췌한 것임.

지 방정식, 즉 가상변위의 원리는 이미 여러 수학자와 기술자에게 알려져 있었다. 목재와 철재 등 몇몇 주요 건설재료의 강도 특성에 대하여 연구가 이루어졌으며 휨 및 파괴시험의 결과를 보여주는 표들이 발표되어 있었다. 지금까지는 구조적 감각에 의하여 설계되어 왔던 구조물의 역학적 거동 또한 이성의 탐색 대상이 되어야 하며, 구조물의 치수가 이제 과학으로 탄생하게 되는 역학의 법칙에 따라 결정되어야 하는 것은 이성주의 시대의 정신과 부합되는 것이다. 공예적인 관습으로부터 현대적인, 과학에 기초한 토목공학으로의 변화는 가히 혁명적인 것으로 간주되어야 한다. 이는 아직 마무리되지 않은 유례없는 발전의 시작을 알리는 것이다. 그러므로 이 새로운 정신의 초기 예를 상세히 논하는 것이 부적절하지 않을 것이다. 1742년과 1743년 중에 교황 베네딕트 16세의 명에 의하여, 성 베드로 대성당의 돔에 발생한 균열과 손상의 원인을 규명하고 보수 방법을 찾기 위한 구조해석이 이루어졌다. 이 과제에 대한 보고서가 "1742년 말 성 베드로 대성당 돔의 손상에 대한 세 수학자의 의견Parere di tre mattematici sopra i danni che si sono trovati nella cupola di S. Pietro sul fine dell' Anno 1742"이란 제목으로 1743년에 발표되었다.

르 쥬르Le Seur, 쟈키에Jacquier, 보스코비치Boscowich[8] 등 세 명의 저자는 그들이 새로운 장을 개척하고 있다는 것을 의식하고 있었다. 실무자와 건축 전문가에 대하여 사과를 한 후,[9] 대상 구조물이 세상에서 유일한 것임을 지적하였다. 중요하지 않은 구조물을 다루는 데는 충분한 경험이 있을지라도, 이런 예외적인 경우에는 이론적이며 수학적인 검토를 빌리는 방법 외에는 상태를 적절히 평가할 수 없었다.

다음에는 먼저 건물의 치수와 설계에 대한, 그리고 각기 다른 시기에 관측된 손

---

8) Francois Jacquier(1711~1788년)는 당시 "과학자의 로마공화국"에서 탁월한 석학으로서 Winkelmann, Angelica Kaufmann, Guethe와 교류하였다. 괴테는 1787년 1월 25일 "며칠 전에 나는 삼위일체 성당의 프란체스코 수도회의 수도사인 쟈키에 신부를 방문하였다. 그는 프랑스 태생이고, 수학 저서로 잘 알려져 있으며, 나이가 많고 매우 인상이 좋으며 이해심이 많은 사람이다. ……"라고 하였다.(괴테, "이탈리아 여행" 5장)
9) "단지, 이론보다 실천을 선호할 뿐만 아니라 필요하고 적합한 실천과 아마도 아직은 유해한 것을 추정해내어, 우리는 많은 죄의식에서 조금 벗어날 필요가 있을 것 같다."("세 수학자Tre mattematici", p.4)

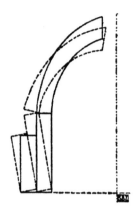

그림 34. 변위의 도해 설명(Parere di tre mattematici로부터, Schweiserische Bauzeitung, vol. 120에서 복제)

상에 대한 일반적이며 상세한 조사가 따른다. 보고서는 기초의 침하, 벽감recess 또는 계단실벽을 통하는 각주의 약화 등, 근거는 없지만 다양하고 가능한 설명에 대하여 언급하고 제외시킨다. 마지막으로, 돔의 받침 링impost ring의 항복이 문제의 원인으로 지적한다. 이제 보고서는 더욱 흥미로운 부분으로 넘어간다. 수평추력을 계산하고 돔의 시공 시에 돔에 삽입된 두 개의 타이 링[10]이 추력에 대하여 더 이상 저항하지 못한다는 것을 증명하고자 하는 노력이 시도된다. 흥미로운 것은 저자들이 택한 방법이다. 현대적인 생각에 의하면 보통 사용할 수 있는 힘의 다각형을 이용하는 대신에 요르다누스와 그의 제자가 제안하고, 이후 데카르트와 요한 베르누이[11]에 의하여 일반화된 후, 지금은 "가상변위의 원리"로 알려진 방법을 사용한 것이다.

저자들은 그들이 발견한 것에 근거하여 어떻게 돔이 무너질 수밖에 없었는지를 보여주는 그림을 제시한다. 그들은 관측된 파손부위를 일종의 가동 절점 또는 힌지로 간주하고, 이를 중심으로 석재의 손상되지 않은 부분이 회전되었다고 생각한다.**그림 34 참조** 이들 부분은 파손부위들 사이에서 강체로 간주되었다.

---

10) 후의 연구에 따르면 그러한 링이 3개 있었다 한다.(130쪽 참조. 또한, Beltrami, "La Cupola Vaticana".)
11) 68, 69쪽.

아직은 적절히 이해되지는 않았지만 일종의 에너지 식을 사용하여 무거운 질량으로 인한 처짐과 받침을 위한 일(후자의 경우는, 예를 들어, 기초가 기울어지는 운동을 시작할 때에 발생한다.)을 철재 타이 링이 수평방향으로 팽창하여 발생하는 변형 에너지와 같다고 놓는다. 상대변위의 비는 그래프로부터 기하학적으로 구해진다.

그러나 눈에 보이는 파손부위 가운데 손상되지 않은 석조부분이 기하학적으로 강체로 간주할 수 있다고 하는 비현실적인 가정은 차치하고서라도, 계산이 정확하지 않다. 각각의 중량은 여러 건설 재료의 단위중량에 근거하여 정확히 결정된 것이 사실이다. 그러나 저자들은 아직 탄성론의 특성에 대하여 모호한 상태에 있기 때문에 가상변위와 탄성변위의 개념에서 혼동한다. 그들은 철재가 팽창한다는 사실을 상기하고, 프랑스 물리학자 드 라 이르Philippe De la Hire 등이 태양열에 의하여 금속이 팽창함을 관측한 것을 인용하고 있다. 따라서 구조물에서 관측된 형태가 추력에 의하여 발생한 철재의 팽창과 관련되어 있다.[12] 그러나(탄성 인장에 의하여 증가하는) 타이 링의 저항력을 일정한 것으로 취급하여 교각의 경사 저항력에 단순하게 더하는 오류를 범하고 있다. 따라서 탄성 값이 정적인 값으로 취해지는데, 이는 허용될 수 없다.

이 오류는 역학적 사고의 창세기 중에서는 극복되어야 할 전형적인 개념적 어려움에 기인한 것이다. 이는 후크의 업적이 공학 발전에 있어서 얼마나 중요한가를 다시 한 번 입증한다.

계산의 과정을 상세히 기술하면, 개략적으로 다음과 같다. 돔과 그 위 탑의 중량은 받침 링에 $H=\sum G\frac{v}{h}$의 총 추력을(전체 원주를 따라 분포되어) 가한다. 여기서, 탑과 돔의 여러 부분에 대하여, G는 중량, v는 무게중심에서의 처짐, h는 받침의 해당 수평변위이다. 추력 H는 원통형 벽체와 버트레스에 대하여 유

---

12) "곧 더위, 태양열, 또는 화염을 야기할 그 팽창의 과정이 여기에서 한 세기 반 이상에 걸쳐 진행되었으며 그 과정은 아주 열정적으로 지속되었다. "세 수학자(Tre mattematici)", p.20)

사하게 결정되는 경사 저항력과 철재 타이 링의 저항력으로 이루어지는 저항력 W에 의하여 대립된다. 후자는 링의 단면적과 무쉔브뢰크의 결과로부터 구하는 철재의 극한강도로부터 구해지는데, 직경1/10 in인 강선인 경우, 600 lb이다. 이와 관련하여 각 링의 위치와, 반경방향 추력 p와 축방향 인장력 Z의 관계 즉, $Z = pr = \frac{H}{2\pi}$이 고려되었다. 받침높이에서 수평 저항력의 부족분은 3,237,356 로마 파운드(약 1100tonf)로 계산되었고, 추가적인 링을 설치함에 의하여 보수하도록 제안되었다. 안전계수로 2가 고려되었는데, 이 사실은 실질적인 공학적 사고의 조짐으로 간주될 수 있다.[13]

세 명의 수학자에 의하여 사용된 방법과 그들이 도달한 결과는 바로 여러 분야로부터 적대적인 비평을 일으켰다. 과정의 참신함, 수학과 역학 정리를 돔의 안정성을 검토하기 위하여 적용한 것에 대하여 실무자들은 반발하였다. "만일 수학 그리고 특히 유행을 타고 있는 지금의 역학이 없이 성 베드로 돔을 설계하고 건설할 수 있었다면, 수학자들이나 수학의 도움 없이 이를 복원하는 것도 가능할 것이다. …… 미켈란젤로는 수학에 대하여 아는 바가 없어도 돔을 건설할 수 있었다." 수학은 가장 존중받는 과학이지만, 이 경우에 있어서는 매도되었다.[14]

또 다른 반대는 만일 3백만 로마 파운드가 부족하다는 계산이 옳다면, 돔은 이미 오래전에 무너졌을 것이라는 것이다. "계산이 맞는 것을 하늘이 허락하지 않는다. 만일 그렇다면 1분도 안되어 구조물 전체가 무너졌을 것이다."[15] 이 반대는 전적으로 정당성이 없는 것은 아니다. 왜냐하면, 세 전문가는 석재의 인장강도와 전단강도를 무시한다든지 임의로 정한 가운뎃점을 중심으로 각 부분이 마

---

13) "단순히 평형을 유지하는 것보다 저항력을 키우는 것이 훨씬 낫다".

14) "Se pote la Cupola di S. Pietro idearsi, disegnarsi, lavorarsi senza i Matematici, e nominatamente senza la Meccanica coltivatissima d'oggi giorno, potra ancora ristorarsi, senza che richieggasi trincipalmente l'opera de'Matematici, e della Matematica……Buonarroti non sapeva di Matematica, epur sempre seppe architettare la Cupola…… Perche appunto ho grandissima stima di questa Scieza, altamente me ne dispiace il suo abuso."(Poleni의 인용)

15) "Ma Dio guardi che la bisogna fosse andata cosi come i calcoli dimostrano, che non ci voleva neppure un minuto intiero di tempo per far andare la Mole tutta per terra."(Poleni의 인용)

찰 없이 회전한다고 하는 불리하고 실질적이지 않은 가정에 기준함에 인하여 앞서의 추력 값이 최댓값이라는 점을 충분히 지적하지 못하고 있기 때문이다.

그러나 "세 수학자의 체계"에 대한 가장 중대한 반대는 1743년에 역시 돔의 검사를 위임받은 베니스의 지오반니 폴레니[16]로부터 나왔다. 로마의 전문가 위원회의 과학적 성과에 대하여 마땅한 존경을 표시함과 함께, 폴레니는 원통형 부분과 버트레스가 그 기초 주변에서 일종의 회전(그림 34 참조)을 일으킨다는 논문이 너무 이론적인 것에 의문을 가진다. 시간이 지남에 따라 명백해진 손상에 대하여(아마도 약간의 정당성에 입각하여) 지진이나 벼락과 같은 외적 원인과 석재에 대한 숙련되지 않은 제작 등을 포함한 내적 원인 등을 언급하며 조금은 더 자연스러운 해명을 그는 선호한다. 그는 한편으로는 원통형 벽체에, 그리고 다른 한편으로는 지지 버트레스에 가해지는 돔 중량의 부등 분포가 부등 침하를 일으키고 파쇄를 일으키는 주된 원인이라고 판단한다. 그러나 손상 원인에 대한 의견의 차이에도 불구하고, 폴레니와 로마 수학자들 모두, 구조물을 안전하게 하기 위한 조치, 즉, 추가의 타이 링을 설치하는 데에는 동의하였다.[17]

자문을 한 과학자들의 제안에 따라 돔을 안전하게 하기 위한 5개의 타이 링이 건축가 반비텔리Vanvitelli(1700~1773년)에 의하여 1743~1744년에 추가로 건축되었다. 교각의 계단실과 벽감을 충진한다든지 또는 중량을 감소하기 위하여 돔 상부의 탑을 제거해야 한다는 등 보다 광범위한 제안이 거부된 것은 아마도 부분적으로는 전형적인 이상주의자들의 과학에 대한 신뢰와 이론적 탐구와 계산의 결과에 대한 자신 때문이었을 것이다.

각기 정당화된 반대에도 불구하고, 로마의 세 수학자의 보고서는 토목공학에서

---

16) Giovanni Poleni(1685~1761년), 수학자이며 기술자. 26세에 파도바대학에 임용되어 차례대로 천문학, 물리학, 수학, 그리고 최종적으로 실험철학의 교수로 활동. 실무 기술자이며 이론 및 과학 저술가이며 Fontinus의 "De aquae ductibus"의 편집자로서 주로 수리학과 수리 공학에 관심을 가졌다.

17) Poleni, chapters, XIII, XIV, XLVIII, LXIV, LXV 등 참조.

획기적인 것으로 간주되어야 한다. 전통과 관행에 반하여, **구조물의 안정성 조사가 경험적 법칙이나 역학적 감각에 의하지 않고, 과학과 연구에 근거하여 수행되었다는 사실**에 그 중요성이 있다. 더욱이 처음으로 문제를 현대적 의미에서의 양적 역학의 문제로 취급하는 새로운 문제 접근 방법을 취한 것이 중요하다. 구조요소(타이 링)의 치수를 계산에 의하여 결정한 것이다. 원칙적으로는 이 점이 가장 중요한 진보였으며 이런 면에서, 제시된 손상 설명이 일방적이고 인위적이었다든지, 계산이 세세한 면에서 정확하지 않았다는 점은 중요하지 않다. 다음 세대의 토목 엔지니어는 목표에 상당히 가까이 가게 되었다.

그동안, 세 수학자의 보고서에 의하여 시작된 엔지니어링 실무자와 이론가 사이의 논쟁은 반세기 이상을 끌었다. 최초에 이론가들은 수학을 공학 기술의 목적으로 익숙하지 않고 새롭게 적용함에 대하여 반변명적일 필요가 있다고 생각한다. 세 수학자의 업적과 유사한 것으로서, 예를 들면, 1741년에 젠드리니Bernardino Zendrini는 수리학 논문[18]을 발표하며 서론에서 논문의 취지를 다음과 같이 말한다. "수학 숫자로 가득한 수로에 대한 논문에서 아마도 경이로움을 찾을 수 있다면…… 만일 수로의 과학이 기하학에 근거한 것과 마찬가지로 기하학이 해석학에 근거한다는 사실을 생각하면…… 우리의 논문에 사용한 것보다 자연스럽고 당연한, 간명하고 안전한 방법은 없을 것이다."

그러나 19세기 초 중에 구조 문제에 대한 이론적이고 과학적인 접근 방법은 점차 당연한 것으로 여겨지기 시작하였고, 반과학적 실무자들이 일방적으로 수세에 몰리게 된다. 그럼에도 불구하고(늦게는 1805년까지도) 파리병원의 건축가이며 공공 토목공사 심의회 의원인 비엘C.F. Viel은 "건물의 안정성 확보에 있어서 수학의 무익함De l'impuissance des mathematiques pour assurer la solidite des batiments"이라는 제목의 논문을 발표하며 그중 특히 다음의 문장을 포함하였다. "건축 분야에서, 건물의 견고성을 시도하는 데 숫자와 대수 양과 그들의 '제곱', '제곱근', '지수',

---

18) "Leggi e fenomewni, regolazioni ed usi delle acque correnti," Venice, 1741.

'계수' 등으로 가득 찬 복잡한 계산은 결코 필요한 것이 아니다."[19]

도제 목수로부터 저명한 엔지니어가 된 영국인 트레골드Tredgold(1788~1829년)의 말은 보다 더 악의적이다. 그는 그의 저서 "주철과 그 외 금속의 강도에 대한 실무적 고찰"(1판, 1822년)에서 "건물의 안정성은 건설자의 과학에 반비례한다."[20]고 진술한다. 그러나 반과학적 태도의 불명예는 트레골드의 경우에는 분명 적절하지 않다. 그는 사실 과학적 기술 연구의 증진을 그 생애의 주요 목표로 여기고 있었다. 위에 인용한 발언은 아마도 그 시대의 이론가들이 자신의 방법의 제한성과 자신의 계산이 근거한 가정의 불안정성을 충분히 인식하지 못하고, 현대의 이론가들보다도 자주 정도를 넘고 있다는 관찰에 기인했을 것이다.

3. "제니Génie"와 프랑스의 토목 엔지니어

이탈리아, 프랑스, 영국에서 엔지니어Engineer라는 용어는 전쟁 기구를 제작하거나 성곽을 구축하는 사람을 일컬어 오래전부터 사용되어 왔다.[21] 이 단어는 전투와 방어에 대한 기술적 도움의 합성어인 "ingenia"로 알려져 왔다는 사실에 기원할 수 있다. 15세기 이후로 "엔지니어" 용어는 좀 더 자주 접하게 된다. 이탈리아에서는 경우에 따라 측량가와 수로 건설자들도 "ingeniarii"로 불리었다.[22]

그러나 현대 토목공학 엔지니어의 직접적인 조상은, 그들의 군대에서의 과제와는 별개로, 민간의 공공 작업도 맡아 수행했던 프랑스의 **제니**Génie(천재, 공학, 공병) 장교들이었다. 루이 14세의 통치기간 중 유명한 요새건축가이었던 보방은 다

19) A.G. Meyer, p.38.
20) F. Stüssi, "Schweizerische Bauzeitung", vol. 116, p.201, 1940년 11월 2일에서 인용.
21) 이러한 관습은 중세시대까지 거슬러 올라간다. Feldhaus는 12세기와 13세기의 예를 인용하고 있다.("Zeitschrift des Vereins Deutscher Ingenieure", 1906, p.1599)
22) Albenga in "L'Ingegnere", 1928, p 548 참조.

각형, 별형 요새 체계를 도입하여 절정에 이르게 하였다. 이 시스템을 모델로 하여 18세기 동안 중앙 유럽의 거의 모든 주요 도시에 적용되었던 널찍한 벽과 해자의 대부분은 19세기 동안 철거되었다. 거의 완벽하게 보존된 몇 안 되는 예 중 하나가 보방이 건축한 뇌프-브리자슈Neuf-Brisach의 알사스 국경요새이다. 초목으로 잔뜩 뒤덮인 이 벽과 해자는 취리히-런던 구간 항공편에서도 잘 볼 수 있다.

다른 무엇보다 먼저 보방은 군인이었다. 1678년 그는 프랑스 요새의 총감독관이 되었고 1703년에는 "국가보안관Maréchal de France"이 되었다. 군인으로서 그는 50개 이상의 작전과 100회 이상의 전투에 참가하였다. 그러나 요새와 주요 종합 방어 체계의 설계와 관련하여(군사적인 중요성을 가진 공공 공사뿐만 아니라) 평화롭고 상업적인 목적으로도 중요한 공공 공사를 계획하고 실행할 수 있는 기회도 많이 가졌다. 특별히 그는 강의 운하화와 내륙의 수로 건설이 전쟁 시 고국을 방어하는 데 도움을 줄 수 있는 효율적인 방법이며, 평화 시에는 고국의 무역과 복지를 향상시킬 수 있다고 생각하였다. 북부 프랑스를 순찰하던 중, 그는 플란더스Flanders 해안의 항구들을 연결하고, 그 내륙인 릴Lille, 캄브레Cambrai, 발랑시엔Valenciennes 지역들 사이를 운하와 주운 하천 체계로 연결하는 아이디어를 고안하였다. 라인-론Rhine-Rhone 운하도 그의 아이디어였는데, 이는 알사스 운하체계를 부르고뉴 지방을 거쳐 두Doubs 강과 손Saône 강, 론Rhone 강까지 연결시키는 제안에 포함되어 있다.

공공 공사 분야에서 보방의 가장 특출한 일 중 하나는 됭케르크Dunkirk를 난공불락의 해안 요새로 탈바꿈시킨 것이었다. 여러 요새의 건설과 같은 군사적인 공사와는 달리, 운하와 항구 유역의 굴착, 운하 입구를 둘러싼 두개의 방파제 건설, 창고와 작업장들의 건설 등 대규모 항만, 해안 공사가 수행되어야 하였다.그림 35 보방이 직접 디자인하고 그의 감독 하에 건설된 내항 입구를 알리는 거대한 갑문은 토목공학의 명작이었다. 불행히도 이 요새는 지어진 지 30년도 채 안 되어 파괴되었는데, 이는 스페인 왕위 계승 전쟁의 패배에 따른 결과이었다. 보방은 또

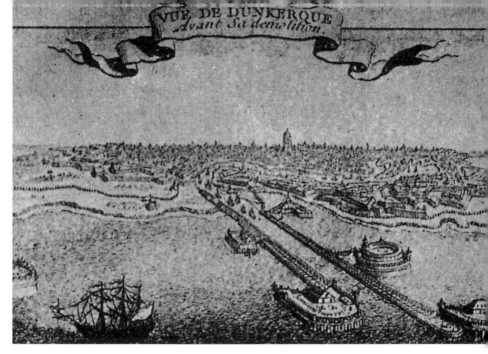

그림 35. 됭케르크의 항구와 요새(벨리도르의 "수리구조학" 중.)

한 대서양과 지중해 연안의 다른 프랑스 항구들의 건설에도 큰 역할을 했다.

종종 이 유명한 요새 엔지니어는 베르사유 공원의 상수도 시스템 같은 오로지 평화로운 목적을 가진 작업들의 자문을 위해 초청받기도 하였다. 이와 관련하여 그는 멩트농-외르Maintenon-Eure의 수로를 설계하고 일부 실행하였는데 결국 완성하지는 못하였다. 그는 랑그도크Languedoc 운하의 건설에도 일부 참여하였다.

보방의 기획들은 엔지니어링 체계화와 명료화의 걸작이다. 기획들은 주로 설명을 하는 비망록Mémoire, 몇 장의 도면, 그리고 동봉하는 편지로 되어 있었다. 이 비망록은 (1) 개략적인 기획 배경, (2) 각 구성 요소에 대하여 도면을 인용하는 구체적 설명, (3) 견적, (4) 공사의 특징과 장점의 4부분으로 나뉘어 있었다.[23]

주로 군사적이었던, 다수의 기술적 과제들과 더불어, 보방은 또한 여러 경제에

---

23) Georges Michel, "Histoire de Vauban", Paris, 1879.

관련된 저서를 집필하였는데, 여기엔 그가 죽기 바로 전에 출판된 "왕의 십일조"도 포함된다. 당시에는 드물게 확고한 사회적 신념을 가졌던 그는 이 저서에서 억압받는 하층 계급을 위한 보다 정당한 세금 제도를 간청하고 있다.

프랑스에서 과거에는 고등교육을 받지 못한 실무 기술자들을 막연하게 묘사하는 데 쓰였던 "Ingénieur"란 용어가 과학적으로 훈련된 공공 작업의 기술자를 지칭하는 전문적인 칭호로 쓰이기 시작한 것이 보방의 시대이다. 보방 그자신도 공병장교들의 경제적, 사회적 지위를 향상시키기 위하여 노력하였다. 그의 제안을 받아들여서 국방장관인 루부아Louvois는 1675년에 "공병단Corps des ingénieurs du Génie militaire"이라는 특수 공병 조직을 만들어, 장군들의 독단과 변덕으로부터 장교들이 보호를 받을 수 있도록 하였다. 1689년에는 왕령에 의해 해군기술자들에게 "해군건설엔지니어Ingénieurs-constructeurs de la Marine"라는 칭호가 부여되었다. 1720년에는 유명한 **교량도로기술단**Corps des ingénieurs des ponts et chaussées이 설립되었다.[24]

당시와 그 후로도 주로 장인 또는 예술가 계급에서 실습을 통하여 양성되는 민간 기술자 또는 건축가들과는 달리, 프랑스의 공병 장교들은 국립대학 및 연구기관에서 수학에 초점을 둔 과학적 교육을 받았다. 1747년에 트뤼덴Trudaine에 의하여 설립되고 페로네에 의해 1760년 재정비된 **국립교량도로대학**Ecole des ponts et chaussées은 유럽에서 유일무이했다. 이 대학에서 엄청난 수의 훌륭한 공학자들이 교육을 받았고, 이 덕분에 프랑스는 도로와 교량의 건설에 있어서 오랫동안 범대륙적 우위를 공고히 할 수 있었다. 다수의 수학적으로 훈련된 공학자를 양성한 곳으로 메지에르Mézières(1749년 개교)나 라페르La Fère와 같은 여러 공학, 포병 대학들도 또한 언급될 수 있다.

주로 공공 작업에 관심이 있었던 **교량도로엔지니어**Ingénieurs des ponts et chaussées들은

---

24) Schimank, "Das Wort Ingenieur", in "Zeitschrift des Vereins Deutscher Ingenieur", 1939년 3월 18일.

군사조직과 수학교육에 힘입어 수학, 기하학, 정역학의 정확한 방법을 사용하여 구조물, 성벽 등 주요 건물 요소들의 치수를 구하고 강도시험의 결과를 이용하게 되었다. 반대로 그들에게 주어진 실제적인 과제들은 그들이 이런 과학적 방법들을 확대시키고, 그들에게 특히 필요한 쪽으로 적용하고, 많은 정밀한 실험을 통하여 재료의 성질에 대한 이해를 높일 수 있게 해주었다.

오래지 않아 공학자가 간결하고 편리한 형태로 된 과학적인 데이터로 무장하여야 할 필요가 생겼다. 이런 필요성에 의해, 토목공학 분야의 시공법과 자주 쓰이는 형태에 대한 치수와 목록 등을 포함하는 전문화된 편람과 참고서들이, 어떤 문학적인 욕심이나 역사적, 일화적인 장식이 없이 처음으로 제작되었다. 현대의 참고서와 마찬가지로 이들 서적은 전문가들 사이에서 인기가 많았는데, 이는 출판된 판edition의 수를 보면 알 수 있다. 이런 종류의 첫 서적들 중 하나로 1729년 파리에서 출판된 "엔지니어의 과학Science des Ingénieurs"을 들 수 있는데, 이는 1830년대까지 계속 재발행 되었다. 저자인 벨리도르는 라페르포병학교의 수학, 물리학 교수이자 기술 장교였다. 루이 15세 치하에서 그는 1742~1745년 사이에 여러 군사작전에 참가하였다. 1758년에 그는 파리 무기고 책임자이며 공병부대의 감찰관이 되었다. 앞에서 언급한 핸드북 말고도 벨리도르는 군사공학과 요새공학에 관한 수많은 책을 통하여 과학기술 분야 저술에 공헌하였다. 수리학에 관한 4권으로 된 그의 "수리구조학Architecture hydraulique"에는 기초 물리학(역학, 유체학, 열역학 등)과 더불어 동시대의 기계공학에 관한 엄청난 양의 기술이 들어 있다. 덧붙여, 이 저서는 적분학의 실질적인 적용 예를 다룬 기술자들을 위한 첫 작품이었다. 이 저서는 수리학을 다루는 다음 절에서 다시 다루도록 한다.

특별히 토목 엔지니어를 위하여 전술한 "엔지니어의 과학"은 부분적으로 현대의 '편람'과 어느 정도 유사하다. 가장 중요한 건설 재료 등의 자세한 비중, 옹벽 등의 치수, 목재 보의 휨실험 결과들을 병기한 표[25] 등은 특히 유사하다. 또한 입찰과 계약에 대해서 많은 부분이 할애되어 있다. 마지막으로, 여러 군사 건물의 시공에 대한 방법과 예, 그리고 5가지의 고전 기둥 양식에 대한 글과 그림 설명을 포함한 간결한 건축편람이 들어 있다.

이 책의 주제와 관련하여, 저자가 건설에서의 정역학과 재료역학을 어떻게 다루었는지가 우리의 관심사이다. 벨리도르는 토압, 볼트, 그리고 휨에 관련된 이론을 수학에 기반을 두고 다루려 노력하였다. 비록 그 결과가 별로 대단하지는 않지만, 한 실무 엔지니어가 동료들을 위한 그리고 동료들이 많이 사용하는 책을 집필하면서, 그런 문제를 정확하고 과학적인 방법으로 해결하려고 하였다는 것은 의미가 있다.

토압과 관련하여, 저자는 "일반적인 토질은 45도 각도의 사면을 자동으로 형성한다는 것은 경험적으로 증명된 사실"[26]이라는 주장으로부터 출발한다. 따라서 그는 직각 이등변 삼각형이며, 45도 경사진 사면으로 활동하는 흙 프리즘을 다루고 있다. 마찰력을 무시하고 경사면의 법칙에 의하면, 흙 프리즘이 수직 옹벽에 가하는 수평압력은 그 중량(사하중)과 같다. 하지만 실용적 엔지니어인 벨리도르는 이 값이 너무 높다고 생각하므로, 실제 수평압력은 마찰력을 고려하여 그 값의 반으로 보아야 한다고 제안한다. 토압의 하중 하에 있는 옹벽의 안정성은 옹벽 바닥 전면 모서리를 회전축으로 보아 지렛대 원리를 기반으로 해석한다. 이 축을 기준으로 중량의 안정모멘트가 토압의 전도모멘트보다 커야 한다.

벨리도르의 볼트 이론은 드 라 이르의 연구에 기반을 두었는데, 토압에 관련된 그의 계산만큼이나 부적절하였다. 홍예석의 자중과 인접 홍예석의 반력에 의

---

25) 새로운 표의 형태로 표현하다 보니 포괄적일 필요가 있었다. 벨리도르의 "수리구조학(Architecture hydraulique)"에 수록된 액체의 비중표에는 우유, 염소젖, 나귀 젖과 함께 샴페인과 부르고뉴 와인의 값도 포함되어 있다.
26) "실험 결과, 일반 지면은 …… 경사 또는 급경사를 …… 45도로 형성한다는 것이 증명되었다".(벨리도르, "엔지니어의 과학", 1권 4장)

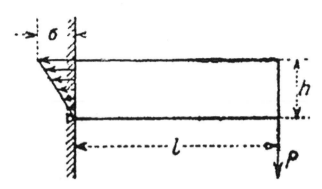

그림 36. 라이프니츠와 벨리도르의 휨 문제.
(Reproduced from Schweizerische Bauzeutung, Vol. 116.)

하여 결정되는 개개 홍예석의 평형에 대하여 논한 후에, 벨리도르는 반원 아치의 명백한 안정성을 설명하기 위하여 모르터 접합부에서의 마찰력을 다시 언급한다. 그러나 이러한 제안은 상당히 혼란스러우며 벨리도르는 볼트에 작용하는 여러 힘들에 대해 아직 완벽히 이해하지 못했던 것 같다. 그는 지지대의 치수를 정하기 위하여 옹벽의 경우에서의 생각과 유사한 방법을 취하나, 또한 브론델의 오래된 법칙을 인용하기도 한다(122쪽 참조).

휨에 대한 이론을 다루면서 저자는 파랑을 언급한다. 인장응력의 분포를 삼각형으로 취하는 라이프니츠와 바리뇽의 예를 따르기는 하지만 중립축을 다시금 단면의 아래쪽 모서리에 둠으로써 휨과 인장강도의 관계($w = \frac{bh^2}{3}$; 그림 36 참조)에 대하여 틀린 값을 얻는다.

하지만 이런 단점들에도 불구하고, 주제에 대한 벨리도르의 체계적이고 동시에 실용적인 접근은 현대 공학을 향해 큰 진전을 이루었다. 이는, 예를 들어 거의 20년 후인 1748년에 이탈리아에서 "토목엔지니어를 위한 실무지침서Istruzioni pratiche per l'ingegnere civile"라는 이름으로 출판된 또 다른 유명 서적과 비교해보면 확연히 알 수 있다. 쥬세페 안토니오 알베르티Giuseppe Antonio Alberti(1712~1768년)에 의해 저술된 이 책은 9번이나 재판(마지막 판은 1840년 출판)되었다. 이 책의 첫 부분은 측량을 다루고 있는데 특히 평판측량 방식에 쓰이는 광학 거리 측정기 등 지형 측량

도구들과 그 적용에 대하여 설명하고 있다. 건설 실무를 다루는 두 번째 부분은 토공, 지반운동, 하천 통제, 그리고 댐과 둑, 교량과 수로, 갑문과 항구를 대상으로 한다. 여기에서 주제를 다루는 방식은 일반적으로 서술적인 방법이다. 역학 이론이나 재료역학에 대한 언급은 없고 당시의 과학적 역학에서 이미 정립된 바와 같은 높은 수준은 찾아보기 힘들다. 비록 인문학적인 방식으로 대단한 역사적 지식을 보여주고는 있지만, 전체적으로 보면 장인들과 예술가들을 위한 카탈로그 같은 느낌이 든다. 교량, 운하, 항구를 다룬 각각의 장에서는 고대의 가장 위대한 업적들에 대하여 그 작업을 맡은 사람의 이름과 연관된 문헌 출처 등 간단한 설명이 되어 있다. 일례로, 저자는 교량 건설을 다룬 장에서, 어떠한 큰 강에도 교량을 건설할 수 있다는 것을 증명하기 위해 유프라테스 강의 세미라미스Semiramis 여왕의 교량, 라인 강의 카이사르 교량, 다뉴브 강의 트라야누스 교량을 언급한다.[27]

독일어로 된 당시의 토목공학 관련 문헌들도 마찬가지로 과학적인 성격이 없이, 장인의 카탈로그 수준을 벗어나지 못한다. 교량 건설과 관련해서는, 요한 빌헬름Johann Wilhelm의 목공 관련 저서[28], 스팀L.C. Sturm의 "민간 및 군사공학Architectura civil-militaris"(1719년), 그리고 보흐Lukas Voch의 "교량공학Brückenbaukunst"(1780년) 등에서 지역의 전통에 따른 목교가 상세하게 취급되어 있다.

프랑스의 과학적 배경을 가진 공무원인 교량도로 엔지니어 중, 센 강의 뇌이 교Pont de Neuilly와 콩코드 교Pont de la Concorde 등 여러 고전 석조 교량의 건설자로 유명한 페로네가 있다. 뇌이 교는 1768~1774년에 걸쳐 건설되어 1939년까지 사용되었다. 콩코드 교는 1787~1791년에 건설되고 1930~1931년에 걸쳐 확장되

---

27) "아주 넓고 빠른 유속이라 하여도, 비록 이 사실에 찬성하지 않을지라도, 모든 하천에 교량을 건설할 수 있다. …… 디오도루스가 인용한 내용을 예로 들면, 아시리아 여왕 세미라미스(Semiramide)가 유프라테스 강에 교량을 건설하였다. …… 길게 다섯 단계로 나누어져 있었다. ……" 등.("하천 교량과 시공 방법" 제2부 10장)
28) "민간건축 또는 높은 원뿔형 지붕, 십자형 지붕과 같은 우아한 지붕…… 도개교…… 여러 종류의 압착기, 나선형 펌프…… 및 그와 유사한 기계 시설의 묘사와 스케치" 뉘른베르크, 1668년, 제5장

었으며, 이때 아름답게 조각된 석조 외관은 보존되었다.

페로네는 스위스의 샤또데Château-d'Oex 출신이나, 국왕 군으로 근무하던 스위스 장교의 아들로 프랑스에서 태어났다. 그는 이미 언급한 국립교량도로대학을 완벽하게 재정비함에 의하여 프랑스 토목공학에 큰 공헌을 하였다. 이 학교는 원래 페로네가 몇 번의 도로건설 실무를 거친 후 1747년에 관리하게 된 교량도로설계국Bureau central des désinateurs des ponts et chaussées에 기원을 두고 있다. 그는 1750년도부터 교량도로기술단의 총괄감독이었고 그 후 1763년에 총괄엔지니어를 맡았는데, 주로 교량 건설에 관심을 두고 여러 중요한 혁신을 주도하였다. 유량 처리능력을 높이기 위해 교각의 폭을 전통적 법칙[29]에서 제시된 수치 이하로 줄였으며, 거의 반원형인 전통적 아치 대신 납작한 다중심성, 또는 분절성 아치를 주장하였다. 홍수의 흐름을 용이하게 하는 같은 목적으로 그가 디자인한 "혼horn"(아치의 모서리를 교대 부근에서 사선으로 깎는 것)은 뇌이 교에서 잘 드러난다. 신중하게 준비된 기초와 숙련된 시공은 그의 구조물들이 대담함에도 불구하고 안정성과 내구력을 보장할 수 있도록 하였다.

페로네는 또한 수공학 분야에서 활동적이었는데, 그의 업적 중 하나가 바로 부르고뉴 운하이다. 기술 저술가였던 그는 방대한 크기의 책[30]에서 그가 뇌이, 망트Mantes, 오를레앙Orléans 등에 건설한 여러 교량들의 설계와 시공 방식을 수많은 그림과 함께 설명하였다. 이는 각 시공단계별 구조물 그 자체뿐만 아니라, 사용된 시설과 장치, 그리고 기계들을 아주 자세하게 보여준다. 이 책은 당시의 건설 방식에 대한 이해를 도와주고, 열기관이 발명되기 이전에 기초 피트에서 배수를 위해 사용되었던 버킷휠의 예처럼 교량 건설자들이 어떻게 흐르는 물의 힘을 이용하여 공사장과 기계들을 운영하였는지를 보여준다. 페로네는 심지어 생뜨 막성스Sainte-Maixence의 교량 기초를 건설할 때는 2,000파운드 중량의 말뚝항타

---

29) "석재가 하중에 대하여 저항하는 능력에 대하여 우리가 아는 지식으로는…… 기둥의 일반 두께를 많이 줄일 수 있겠다는 생각이 들며, 해당 두께는 아치 개구부의 5분의 1정도로 평가된다".(페로네)

30) "Déscription des projets et de la construction des ponts de Neuilli, de Mantes, d'Orléans …… etc."

그림 37. 말뚝항타기, 수준측량기, 도면, 권양기, 백합 문장의 왕관 등 교량건설자의 상징을 보여주는 삽화. 배경에 건물과 석조 교량(콩코드 교의 교대)의 일부가 보인다.

그림 38. 교량건설 현장의 배수시설

그림 39. 뇌이 교의 거푸집 시공(페로네의 Description des projets …… 로부터.)

기를 들어올리기 위하여 강 자체의 힘으로 돌아가는 수차를 사용하기도 하였다.그림 37, 38, 39

페로네는 교량 건설에 대하여 "말뚝, 기초말뚝, 필로티에 관하여Sur les pieux et sur les pilots ou pilotis", "교량 아치 가설구조의 설치와 철거에 관하여Sur le cintrement et le décintrement des ponts", "말뚝 두께의 축소에 관하여Sur la réduction de l'épaisseur des piles" 등 다른 논문을 출판하였다. 어려운 역학적 계산을 제시하지 않은 채, 저자는 동료들이 과학적 접근 방법을 사용하고, 특히 강도시험과 같은 연구결과를 엔지니어링 목적으로 활용할 것을 설득하고 있다.

그는 말뚝 기초에 대한 논문 중에서 말뚝의 길이, 두께, 간격, 품질에 대한 실용적인 법칙들과 항타 저항에 관한 특별한 사항을 언급하고 있다. 말뚝들은 마지막 25~30회의 항타 중에 침투 깊이가 1, 2 라인Line[31]을 넘지 않고, 재하 하중이 작은 경우라도 6 라인을 넘지 않을 정도로 항타하여야 한다. 래머(망치)의 항타력은 그 낙하 높이에 비례하지만, 정적인 힘과 동적인 힘 사이에 존재하는 어떠한 관계라도 수학적으로 증명하는 것이 얼마나 어려운지는 잘 알려져 있다.

아치 가설구조의 설치와 철거에 대한 그의 논문에는 무엇보다도(볼트 시공에 대하여)아치의 처짐에 대비하여 가설구조에 솟음을 적용할 것과, 가장 중요한 아치 가설구조의 철거 방식에 대한 조언을 담고 있다. 교대로부터 아치 천정부까지 점차적으로 가설구조를 제거하는 전통적인 방식과 달리, 그는 가설구조 전체를 동시에 천천히 같은 속도로 제거하는 것을 제안하고 있다.

앞서 언급된 세 논문에서 페로네는 교각의 두께를 크게 하는 것은 불필요할 뿐만 아니라 심지어 해롭다는 의견을 피력한다. 유량 처리 능력의 감소는 유속을 증가시키고, 여러 교량이 붕괴된 원인인 공동현상의 위험을 증가시킨다는 것이다.

---

31) 1 Line = 1/12 inch

페로네의 제자 중 고떼는 국립교량도로대학의 학생이었으며 한때는 교수로 재직하였다. 공공사업에 종사한 프랑스의 저명한 엔지니어 중 하나인 그는 처음에는 부르고뉴 지방의 기술감독으로, 후에는 부르고뉴 수로의 책임자, 그리고 마지막에는 프랑스의 교량도로국장Inspecteur-Général des Ponts et Chaussées이 되었다. 그는 여러 교량의 건설자로서뿐만 아니라, 비록 그의 주요작품인 "교량건설에 관한 논문Traité de la construction des ponts"은 조카인 나비에Navier에 의해 그의 사후에 출판되기는 하였지만, 이론가이자 전문 저술가로서도 그의 위대한 스승의 전통을 이어갔다.

수플로와 롱드레의 기술 고문으로서 고떼는 파리의 생트 주느비에브 성당의 건축에 관여하였다. 이 대건축물은 1757년에 시작됐지만 수십 년 동안 지연되었다. 지붕 볼트를 건설하기 전부터, 다른 비슷한 건물들보다 가느다란 기둥이 돔의 무게와 하중을 견딜 수 있는지에 대하여 의견 차이가 있었다. 1771년에 출판된 "볼트와 돔 시공에서 역학의 적용에 대한 비망록Mémoire sur l'application de la mécanique à la construction des voûtes et des dômes"이라는 논문에서 고떼는 빠뜨Patte의 의혹을 진정시키기 위하여 돔의 추력은 일반적으로 과대평가된다는 것을 증명하려고 하였다. 고떼는 계산에서 드 라 이르의 방법을 사용하였고, 자신이 예상한 치수로도 안정성이 보장될 것이라는 결론에 도달하였다.

그럼에도 불구하고 돔의 완성 후 가설구조가 제거되고 난 다음에 심각한 손상의 초기 징후들이 나타났는데, 이는 알고 보니 부적절한 치수 때문이 아니라 시공 시의 부주의 때문이었다. 전체적인 복구 작업의 필요성을 증명하기 위한 정밀한 조사가 이루어졌다. 건축 및 자문위원회에 소속된 고떼와 롱드레는 정확한 과학적인 방법으로 이 작업에 접근했다. 이러한 목적에서 그들은, 롱드레가 그의 "팡테옹 돔에 대한 메모Mémoire historique sur le dôme du Panthéon"와 기념비적 저술인 "건축 예술L'art de bâtir"에서 자세하게 다룬 바와 같이, 정밀한 계산과 광범위한 강도시험을 하였다. 방금 언급한 책 "건축 예술"은 예술이면서 역학적인, 건축이면서 공학적인 건축 시공의 모든 측면을 결합했다는 사실에 주목할 만한, 곧 도래할 전문화 이전의 마지막 포괄적인 작품이다.

구조역학의 발전과 관련하여 프랑스 공병 장교들 중 가장 중요한 사람은 쿨롱이
며, 뒤의 특별한 절에서 다루어질 것이다.

4. 17, 18세기의 수리학과 수공학

구조물 건설이 구조공학과 건축으로 분리되기 오래전부터, 댐, 수로, 관개시
설, 수문 등은 토목공학의 한 분야를 형성하여 왔다. 수리학적 공사의 설계와
시공에 관련된 예술가들과 기술자들은 기하학과 역학의 지식이 필요하였고, 토
목공학의 실무에 정통해야만 하였다. 그러나 정역학이나 재료역학과 마찬가지
로, 수리학은 그 기원이 물리학자에게 있지, 공학자에게 있지 않다. 아르키메데
스 이후, 유체정역학의 본질적인 원리는 르네상스 시대에 와서 스테빈, 갈릴레
이[32] 등에 의해 처음으로 재발견되었다. 1643년에, 갈릴레이의 제자 토리첼리
Torricelli(1608~1647년)는 용기vessel 하부 배수구에서 흐르는 액체의 평균속도는 압력수
두 즉, 배수구 위의 액체기둥의 제곱근에 비례한다는 흐름 이론의 기초를 제시
하였다. 고체가 낙하할 때의 유사성이 토리첼리가 이 법칙을 만드는 데 도움을
주었을 것이다. 후에, 마리오트[33]는 실험적으로 여러 종류의 배수구에 대하여
흐름양을 측정하여, 약 0.6cm의 배수구로 실제 측정된 부피는 이론적 수치의
7/10 이하임을 밝혔다. 1695년에는, 바리뇽이 토리첼리의 정리에 대하여 이론
적인 증명을 시도하였다.

고체역학 분야에서와 마찬가지로, 수리학의 과학적 발견을 체계적으로 실무에
적용하는 노력은 18세기 프랑스 엔지니어에 의하여 처음으로 시도되었다. 셰

---

32) "부유물질에 대한 담론(Discorso intorno alle cose che stanno in su l'acqua)."
33) "물의 운동에 대한 개론(Traité du mouvement des eaux)."

지$_{Chézy}$[34]$_{(1718~1798년)}$는 수로에서 평균유속(u), 낙차(J)와 평균깊이 사이에 토리첼리의 정리와 유사한 관계가 존재했다는 것을 발견함으로써 강 또는 수로바닥에서의 등류 이론의 기초를 마련하였다. 이 프랑스 엔지니어의 이름을 따서 불리는 이 관계를 표현하는 식의 현대적 표현은 $u = c\sqrt{RJ}$ 이다. 여기서, c는 지역적 특성에 의존하는 상수이고, R은 현재 평균깊이 대신 사용되는 "동수반경$_{hydraulic}$ $_{radius}$"이라고 불리는 것으로 수로의 유수단면적을 윤변으로 나눈 값에 해당된다.

"동수반경"의 개념은 셰지보다 16세 젊은 뒤뷔아$_{Du\ Buat(1734~1809년)}$에 의하여 소개되었다. 왕실 공병대장$_{Captaine\ d'infanterie\ ingénieur\ du\ Roi}$이었던 그는 수공학, 즉 강과 운하 그리고 관로에서의 물의 흐름에 세밀한 관심을 가졌다. 그는 실제 흐름현상과 역학적 원리를 조화시키는 시도를 하였다. 이 목적을 위하여, 그를 그의 시대에서 가장 위대한 실험 연구자 중 하나로 만든 많은 실험을 수행하였다.[35] 그러나 그 시대는 아직 과학적 수공학의 탄생에 익숙하지 않았다.$_{(제8장 1절 참조)}$

벨리도르는 "수리$_{水理}$구조학$_{architecture\ hydraulique}$"에서 수리$_{數理}$물리학, 기계공학과 수공학의 주제들을 결합하는 위대한 업적을 이룬다. 제1권은 역학의 원리를 서술하고, 기본적인 기계에 대하여 역학적 원리를 적용할 뿐만 아니라, 유체정역학, 모세관현상, 용기에서 물이 빠져나갈 때의 흐름 등 당시 알려져 있던 수리학의 기초를 다룬다. 이와 관련하여, 이론적인 값인 $\sqrt{2gh}$ 보다 작은 실제 평균 흐름속도의 차이는 마찰의 영향 때문이라고 하고 있다. 제2권은 특히 흡입펌프와 압력펌프의 이론과 구조에 대한 장$_{章}$을 포함하고 있으며, 실제 설치의 많은 예를 포함한다. 한 장은 펌프의 작동을 위해 주로 사용된 소위 "불기계$_{machines\ à\ feu}$"라 불리던 파팽$_{Papin}$의 증기기관을 중점적으로 설명하고 있다. 또 다른 장은 배수관에 대해 다루고, 마지막 장은 장식용 분수$_{(베르사유)}$에 대해 다루고 있다. 제3, 4권은 토목공학의 한 분야로서, 갑문, 항만시설, 건선거$_{dry\ dock}$의 설계와 건설, 하천

---

34) 교량 및 도로 엔지니어. 이론가로서 페로네의 조수로 종사하였으며, 후에 프로니의 선생이 됨.
35) R. Dugas, "Histoire de la Mécanique", Neuchâtel, 1950, p.303.

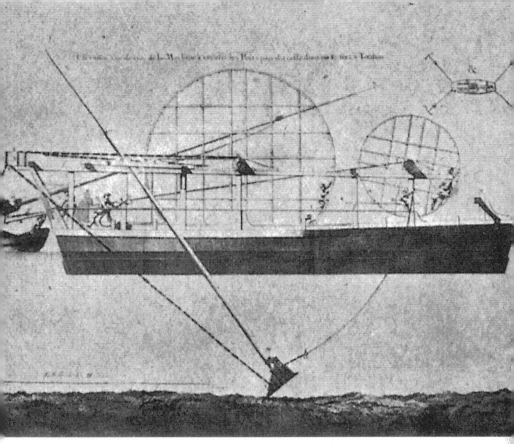

그림 40. 수중 굴착을 위한 디퍼 준설선(벨리도르의 "수리구조학")

의 통제, 운하 건설, 지면배수와 관개공사를 포함하는 수공학을 다루고 있다. 저자는 높은 수준의 건설과 그에 필요한 시설에 대하여 깊은 지식을 보여주고 있다. 특히 흥미로운 것은 진흙땅의 굴착을 위해 툴롱Toulon에서 사용된 채굴기(그림 40)나 수중콘크리트의 타설을 위해 사용된 저개식 박스와 같은 수중 작업 기계이다.

조류에 특히 노출되어 있는 대서양과 해협의 항구를 건설하는 데 가장 중요한 토목공사는 바로 갑문이었다. 르네상스 시대부터, 내륙 수로와의 수위 차이를 극복하기 위하여 이런 시설이 이미 사용되었다. 종종 회자되는 바와 같이 레오나르도 다 빈치가 이 시설들을 발명한 것은 아닌 것이 사실이지만, 그가 갑문설계를 개선시킴에 의하여 보다 완벽하게 했다고 할 수는 있다. 감조항tidal port에 적용된 갑문은 간조 기간에도 내항에 정박하기 위하여 필요한 수위를 유지할 수 있게 하였다. 또한 18세기의 프랑스 엔지니어들은 외항과 접근수로를 깊게 하기 위한 목적으로 간조 시에 갑문을 열어 내항의 물을 빠르게 배수시켰다. "이러한 갑문들은 많은 사람들이 오랜 시간에 걸쳐도 이룰 수 없는 놀라운 효과를 가져 왔다."[36] 이미 17, 18세기에 갑문은 무디엔Muiden(네덜란드), 됭케르크, 그하블린느Gravelines, 칼레Calais, 르아브르Le Hâvre, 셰르부르Cherbour 등에 존재하였고, 이들 중 일부는 다수의 챔버chamber 또는 2개의 평행 수로를 가진 상당한 규모이었다.

해양 선박을 수리하기 위한 건선거를 건설하면서, 항만 엔지니어들은 갑문의 건설에서 부딪혔던 것과 유사한 문제에 직면하였다. 이런 종류 중 가장 오래된 시설은 완경사로 된 조선대slipway의 상단은 목조 또는 석조 벽으로 하고, 목조 갑문 장치가 있어 만조 시에 폐쇄될 수 있도록 한 시설이다. 선박들은 오직 만조 때에만 들어갈 수 있었다.

이런 종류의 건선거는, 비록 갑문이 없이 입구가 점토와 석재로 이루어진 일종의 코퍼댐으로 되어 있기는 하지만, 1496년 포츠머스Portsmouth에 이미 건설된 바 있다. 1666년에는 2,100 파운드의 비용을 들여 새로운 건선거가 건설되었다. 1703년에 템스 강의 하울랜드Howland에 건설된 2개의 건선거 중 큰 것은 길이가 75m, 너비가 13.4m, 만조 시 깊이가 5m이며, 당시로서는 가장 큰 상선도 수용할 수 있었다.[37]

벨리도르는 그의 "수리구조학"에서 프랑스의 여러 건선거를 설명하는 데, 그중 일부(예를 들어, 조수 간만차가 작은 지중해 항구)는 이미 소위 "기계"라고 불리운 기계적 펌핑시설을 갖추고 있었다. 그의 설명에는 마르세유의 건선거, 됭케

---

36) "Elles faisoient un travail prodigieux, que n'auroit pu exécuter en beaucoup de tems une multitude infinie d'hommes," 벨리도르, "수리구조학", 제3권, p.28. 이 3권에는 실제 건설된 도면과 설명이 들어 있다.

37) H. Ridehalgh, "Dock and Harbour Authority", Nov. 1947, p.174.

르크의 2 챔버 건선거, 당시 공사 중이었던 브레스트Brest의 2개의 건선거 등이 포함되어 있다.

당시의 엔지니어에게는 저수위보다 낮은 부분에 있는 바닥과 측벽의 방수가 극복하기 어려운 문제이었다. 기계적인 배수에도 불구하고, 그들은 선박을 수리하는 기간 동안 챔버를 건조된 상태로 유지하기 위한 많은 노력을 들여야 하였다. 벨리도르는 따라서 소울sole을 가능한 한 높게 설치하고, 필요할 경우, 양수된 물을 이용하여 선박을 내부의 높은 챔버로 이동시키는 2 챔버 건선거를 사용할 것을 권고한다.

1774년에 프랑스 엔지니어 그로나Groignard에 의해 툴롱Toulon 항만에 건설된 대형 건선거는 특히 새로운 공법을 사용한 획기적인 사건이었다. 이 목적을 위해 그는 31×100m의 바닥과 11m 높이의, 칸막이가 8칸으로 분할된 대형 목조 부유식 케이슨을 건조하였다. 건선거로 선택된 현장에서 사전에 바닥을 평탄화한 후, 부유식 케이슨을 자갈을 이용하여 가라앉혔다. 비록 벽체가 조심스럽게 방수되기는 하였지만, 내부를 건조하게 하기 위한 노력이 가해졌다. 다음에, 소울과 측벽을 가설하였고, 여러 어려움 후에 작업이 완료되었다.[38]

항만건설 외에도, 대형 선박용 운하의 건설은 17, 18세기 토목공사 엔지니어에게 중요한 과제이었다. 도로 건설에 대한 콜베르의 노력에도 불구하고, 유럽에서 가장 인구가 많은 나라에서는 도로가 수송에 대한 증가된 요구에 더욱 더 부적절함이 드러났다. 그러므로 화물의 수상운송이 발전하게 되었다. 이미 앙리Henry 4세 당시에, 쉴리Sully는 센 강과 루아르 강을 연결하는 운하의 건설을 시작하였고, 아마도 프랑스 최초로 갑문이 수위차를 극복하기 위해 건설되었다.[39] 루이 14세와 장관 콜베르의 통치기간 중, 1667~1681년에는 세트Sète의 지중

---

38) P. Bonato, in "Annali degli Ingegnere ed Architetti italiani", Rome, 1888, no.2.
39) 벨리도르, "수리구조학", 제4권.

그림 41. 대형 선박용 운하(벨리도르의 "수리구조학" 중에서)

해 항구와 툴루즈Toulouse 인근의 가론Garonne 강을 통하여 대서양을 연결하는 유명
한 랑그도크 운하Canal du Languedoc 또는 미디 운하Canal du Midi를 건설하였다.그림 41,
42 아직도 원래의 형태로 운영되고 있는 이 운하는 리케Riquet(1604~1680년)에 의하
여 계획되었는데, 그는 또한 건설 공사의 주 감독을 맡았다. 운하의 길이는 약
240km이고, 74개의 갑문을 이용하여 해발 약 190m까지 올라가며, 또 다른 26
개의 갑문을 이용하여 가론 강으로 내려간다.[40] 갈수기 동안에는 높은 위치의
여러 저수지로부터 운하에 물을 공급받는다. 운하는 폭이 약 10m, 깊이가 약
2m이고, 200톤급의 바지선이 통행할 수 있다.

이 건설은 당시 세계의 감탄을 불러일으켰다. "사실, 한 바다에서 출발항보다
180m 더 높은 다른 바다로 이동하는 배의 광경보다 더 감탄할 만한 것은 세상

---

40) 벨리도르, "수리구조학", 제4권.

그림 42. 랑그도크 운하, 카르카손 근처의 갑문

에 없다."[41] 볼테르Voltaire는 그의 고전 "루이 14세 전기"에서 왕의 건설공사를 다룬 장에서 루브르, 베르사유, 트라이농 등을 언급한 후 다음과 같은 문장으로 맺었다. "그렇지만 유용성, 위대함, 어려움으로 인하여 가장 영광스러운 건조물은 두 바다를 연결한 랑그도크의 운하이었다. …… "

이 후, 많은 대형 선박용 운하가 프랑스에 건설되었다. 교량도로 엔지니어의 대부분이 수로의 건설과 관리에도 관련되어 있었다. 페로네는 이미 언급했던 것처럼 디종 부근에 있는 욘 강Yonne과 손 강을 연결하는 부르고뉴 운하를 건설하였다. 고떼는 부르고뉴 지방의 수로 감독관으로서 샬롱 쉬르손Chalon sur Saone과 루아르Loire 사이의 상트르 운하Canal du Centre, 손-두 운하Saone-Doubs Canal를 책임지고 있었다.

---

41) "En effet, y a-t-il rien dans le monde de plus digne d'admiration que de voir des bâtiments passer d'une mer à l'autre, en parcourant une partie du pays, élevés de six cens pieds au-dessus du port d'où ils sont partis." (Bélidor)

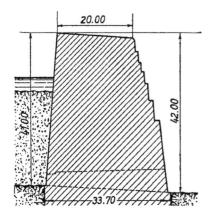

그림 43. 알리칸테 댐의 단면(단위: m)

영국에서도 18세기에 대형 선박용 운하들이 건설되었다. 부피가 큰 원자재에 대해 더 많은 양의 수송을 더 쉽게 하기 위해 만들어진 이러한 시설들은 조지 3세 (1760~1820년)의 통치기간 동안에 시작된 산업혁명의 전제조건 중 하나이었다. 영국의 가장 유명한 운하 엔지니어는 제임스 브린들리James Brindley(1716~1772년)로서, 그는 프랑스의 공공 엔지니어와는 달리 사실상 정규교육을 받지 않았고, 그의 깊은 기술적, 역학적 지식은 실무를 통하여 스스로 습득한 것이었다. 트렌트 강Trent 과 머지 강Mersey 사이의 대간선 운하Grand Trunk Canal, 워슬리Worsley와 맨체스터Manchester 사이의 이른바 듀크 운하Duke's Canal를 포함하여, 총 길이가 580km 이상의 운하들이 그에 의해 설계되거나 감독 하에 건설되었다.[42] 유명한 에디스톤 바위 등대의 건설자이며 피트배수 목적으로 대형 "소방차"(증기기관)를 설계한 존 스미턴John Smeaton(1724~1792년)은 많은 운하 프로젝트에서 브린들리와 공동작업을 하였다.

마지막으로, 관개 목적의 댐을 언급하지 않을 수 없다. 고질적으로 물이 부족한 스페인이 이 분야에서 16세기 말부터 18세기까지의 발전을 이끌었다. 일찌감치 1580년에 건설된 높이 41m의 알리칸테Alicante 댐(그림 43)은 19세기 중반까지 가장 확실한 표본으로 남아 있었다. 1790년에 건설된 푸엔테스Puentes 댐은 약

---

42) C. Matschoss, "Manner der Technik", Berlin, 1925.

그림 44. 랑그도크 운하를 유지하기 위해 1777~1781년 램피에 건설한 댐

10m 더 높았는데 완공 후 7년 만에 목재 말뚝 기초가 물에 침식되어 붕괴되었고 600명 이상의 사람들이 홍수에 익사하였다.

프랑스에서는 대형선박용 운하를 채우기 위한 저수지를 확보하기 위하여 댐의 건설이 필요하였다. 미디 운하에는 17세기 후반기에 운하 건설과 동시에 시공된 2개의 댐을 포함하여 여러 댐이 있다. 높이 32m이고 3개의 석조 심벽으로 밀폐된 생 페레올Saint-Fereol의 흙댐, 그리고 오르비엘Orbiel의 댐이 그것이다. 1780년에 건설된 램피Lampy댐은 건기 동안 운하가 원활하게 운영되도록 물을 공급할 필요성에 의하여 건설되었다. 이 댐(그림 44)은 중력식이고, 표면을 가공석으로 처리한 채석 석조 본체와 보강 버트레스로 이루어져 있다.

스페인의 댐들은 채석 또는 가공석으로 시공되었고, 보통은 상부가 넓은 사다리꼴 단면(그림 43)으로 비교적 비경제적이었다. 대부분은 중력식 댐이었다. 그러나 오늘날도 여전이 운영되고 있는 바다호스_{Badajoz} 인근 알멘드랄레호 _{Almendralejo} 댐은 하류 측에 있는 5개의 버트레스에 의해 보강되어 있다.[43] 16, 17세기 스페인 엔지니어들이 댐의 치수를 결정하기 위하여 따른 원리는 알려지지 않고 있다. 프랑스에서는, 한쪽에서 가해지는 수압을 받는 댐의 치수는 하류 바닥에 대한 전도 모멘트에 의하여 결정되었다. 벨리도르는 "수리구조학"(제3권, 80쪽)에서, 직사각형 단면에 적용할 수 있는 간단한 공식을 이용하여 계산한 예를 제시하고 있다. 그는 1.5의 안전계수를 권장하나, 기초 이음부에서의 양력은 무시하고 있다.

5. 18세기의 기술 시방서

현대적인 의미로서의 토목 엔지니어의 출현과 더불어, 입찰과 계약 체계는 오늘날의 방법과 크게 다르지 않은 형식을 갖추기 시작하였다. 프랑스 군사 엔지니어의 과학적 사고방식에 따른 합리주의는 루이 14세와 콜베르_{Colbert} 치하 프랑스에 만연한 상업주의 정신과 결합하여, 국가와 계약자 사이의 관계에 큰 영향을 미쳤다. 보방은 개별 공사의 실행에 관한 정확한 규정, 사용될 건설자재의 출처와 품질, 계약자의 의무와 책임, 부기와 회계 업무 등을 포함한 입찰과 계약의 통칙을 정한 최초의 사람 중 한 명이었다. 이러한 규정의 대부분은 오늘날 일반적으로 적용되는 것들과 거의 다르지 않다. 그러나 프랑스 혁명 전야의 일반적인 사고방식이기는 하지만, 현대의 사회적 정신으로는 이해하기 힘든 것들도 있다. 예를 들어, 태만한 공사는 계약자의 재정적 책임이 있을 뿐만 아니라 개별 노동자의 형사 범죄라고 한 조항이 있다. "이 석공들 중 누군가가 건조 상태에서 석회모르터 없이 벽돌 공사를 하고 있는 것을 들킨다면, 공사장에서 쫓

---

43) "Revista de Obras Publicas," Madrid, 1st June, 1936; reviewed in Annali dei Lavori Pubblici, 1936, p.549.

겨나 감옥에서 죗값을 치를 것이며, 건설업자는 100리브르의 벌금을 물게 될 것이다."[44]

벨리도르는 그의 저서 "엔지니어의 과학"에서 입찰과 계약에 많은 부분을 할애하였고, 현재의 언어로 하면 다음과 같이 표현될 주제에 대하여 고민하였다. "…… 만약 원도급('enterprise générale')을 맡을 만큼 지불 능력이 되고 유능한 도급자를 찾을 수 있다면 그와 거래를 할 것이다. 하지만 이런 원도급과 같이 무거운 짐을 책임질 만한 적임자('têtes assez fortes', 머리 좋은 사람)를 만나긴 힘들다. 이러한 공사가 일반적으로 가지게 되는 서두름과 긴 공사기간은 종종 도급자가 신경쇠약의 상태로 빠지게 하기 때문이다.('reduisent souvent l'Entrepreneur à ne savoir plus où il en est') …… 그들은 과도한 리베이트 없이 타당한 대우를 받아야 한다. 업무가 과도하거나, 가난하거나 무지한 사람에게 일을 맡기게 되면 그들은 어떻게든 이득을 바라고 무분별하게 어떤 가격이든 일을 맡게 될 것이다. …… 급료를 제대로 받지 못한 인부들은 떠나고 오직 소수의 인부들만 남게 될 것이다. 이러한 모든 것이 엔지니어에게 엄청난 고민거리를 주게 될 것이다. ……"[45]

18세기 프랑스에서, 가장 유리한 입찰자에게 공공 공사 도급을 맡기는 절차에는 그림 같은 매력적인 면이 있다. "정해진 날 관리감독관이 시방서 전체와 …… 그들이 준수해야만 하는 조건에 대해 큰 소리로 읽는다. 뒤이어 계약자들의 각기 다른 입찰이 이루어진다. 그리고 더 이상 제안을 제출할 사람이 없으면 세 개의 초를 연속적으로 켠다. 양초들이 타고 있는 동안에는, 또 다른 계약자가 새로운 입찰을 하는 것이 가능하다. ……"[46] 양초를 태우는 이와 비슷한 절차를 현 세기에도 적용되었던 이탈리아의 규정에서도 찾아볼 수 있다.[47]

---

44) "1685년에 건설된 됭케르크 저수조의 대 수문을 짓는 데 사용된 토공, 목공, 석공자물쇠, 배관 및 구리 작업의 견적서, 86절(벨리도르, "수리구조학", 제3권에서 인용)
45) 벨리도르, "수리구조학", 제3권, ch. 7.
46) 벨리도르, "수리구조학", 제4권.
47) "Regolamento per l'amministrazione del patrimonio e contabilità generale dello Stato", 74절(R. D. L. no. 827, 1924년 5월 23일).

페로네 또한 교량 건설의 기술적 및 미적 관점뿐만 아니라, 계약자와의 관계에도 관심을 가졌다. 페로네는 자신에 의하여, 혹은 그의 감독 하에 작성된 시방서를 매우 중요하고 모범적이라 여겨, 교량 건설에 대한 그의 위대한 저서에 아주 상세히 재현하였다.(157쪽 참조) 예를 들어 뇌이 교의 시방서에는 260개, 콩코드교의 경우엔 217개의 조항이 있었는데, 여기에는 품질에 대한 정확한 규정과 사용될 건설 재료의 출처와 처치, 건설 계획, 현장 조직, 법률 및 금융 조항 등에 대한 상세한 서술이 포함되어 있다. 상당히 자부심이 강한 다음과 같은 결론문은 감독 엔지니어의 중요한 지위를 반영한다. "왕실 기사이자 건축가이며 일등 토목기사인 우리들이 산정한 본 견적…… 페로네 서명"[48]

당시의 기술 문헌에서 표현된 감독관과 도급자 사이의 관계는 17세기 후반과 18세기의 프랑스 공병장교와 정부 소속 토목엔지니어들이(구조 해석의 태동기보다도 더 분명하게) 이미 현대적 의미의 토목엔지니어로 간주될 수 있음을 보여준다.

---

48) Perronet, "Description des projets et de la construction des ponts de Neuilli, de Mantes, d'Orléans, etc.", Paris, 1788, p.324.

제 **6** 장

구조해석의 기원

1. 볼트와 돔

모든 공학 구조물 중 가장 중요한 요소 중의 하나인 볼트의 역학 거동에 대한 이론적인 연구가 처음 이루어진 것은 17세기 말에 이르러서였다. 물론 로마 엔지니어, 특히 고딕 볼트와 버트레스의 건설자들이 아치 효과에 대한 확실한 개념을 가지고 있었던 것은 의심의 여지가 없다. 그들은 하나의 석재 블록이 옆의 블록을 지지할 수 있다면, 쐐기 형태의 홍예석을 주의 깊게 접착함으로써 각 홍예석 크기보다 여러 배 큰 지간을 연결할 수 있다는 것을 알고 있었다. 르네상스 시대에 레오나르도 다 빈치와 베르나디노 발디는 아치 추력의 원인을 해석하고자 노력하기도 하였다.

그러나 특별한 시도(122쪽의 브론델과 카를로 폰타나의 "규칙"은 이론적, 역학적 접근이 아니고 단순히 경험적인 것이었다.)를 제외하고, 볼트의 평형을 역학의 수학적 문제로 연구한 첫 물리학자는 드 라 이르와 파랑이었다. 그들은 연결부에서 마찰력이 없다는 가정 하에 힘의 합성을 지배하는 법칙을 이용하여 개개 홍예석의 평형을 해석하였다. 드 라 이르는 그의 저술 "역학개론Traité de mécanique"에서 각각의 홍예석에 대하여 사하중과 앞선 홍예석의 압력의 합력이 다음 홍예석 면에 수직이 되도록 볼트의 형태가 이루어져야 한다고 주장하였다. 이 경우, 연결부에 마찰력이 없다고 하더라도 구조의 안정성을 확보할 수 있어 개개 홍예석이 연속된 재료와 같이 거동할 수 있다. 스코틀랜드의 수학자 그레고리D.

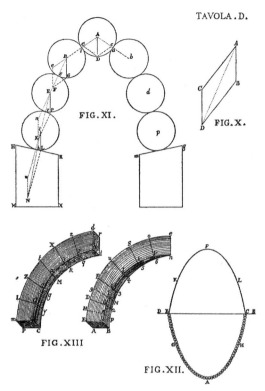

그림 45. 볼트 추력선 이론. 추력선을 따라 구가 정렬됨(폴레니의 Memorie istoriche della Gran Copula del Tempio Vaticano(1748)로부터)

Gregory는 그의 저술 "현수곡선의 특성"(1697년)에서 이론적으로 정확한 아치의 중심 선은 역 현수선과 같은 형태를 가져야 한다는 정리로 이 발견을 요약하였다.[1]

마찰이 없을 때의 이론은 쐐기 형태의 홍예석을 추력선을 따라 정확하게 정렬된 일련의 구로 대치하고 서로 지지하여 불안정한 평형 상태를 유지하도록 하면 보다 잘 설명될 수 있다. 영국인 스터링J. Sterling(1717년)의 예에 따라 이탈리아의 수학 자이며 기술자인 폴레니는 1748년에 출판된 성 베드로 대성당 돔에 대한 보고 서에서 볼트 효과를 설명하기 위하여 이 방법을 사용하였다. 그 과정에서 폴레

1) Hollister, "Three Centuries of Structural Analysis" in "Civil Engineering", vol. 8, p.822(1938년 12월) 참조.

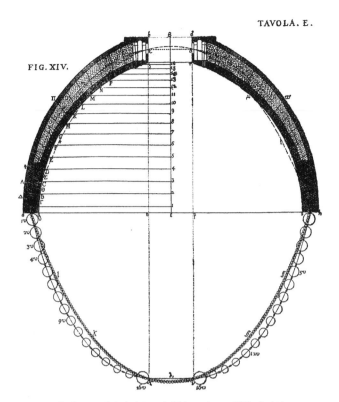

TAVOLA. E.

FIG. XIV.

그림 46. 성 베드로 대성당의 돔. 역 현수곡선으로 취한 추력선(폴레니의 Memorie istoriche della Gran Copula del Tempio Vaticano(1748)로부터)

니는 뉴턴을 인용하며, 뉴턴이 원래 동적 하중에 대하여 정립한 힘의 평행사변형 정리를 정역학 상태에 의도적으로 적용하였다.그림 45 폴레니는 또한 추력선을 역 현수곡선으로 간주하였다.[2] 이 가정에 근거하여 그는 실험적으로 볼트 또는 돔의 각 부분에 비례하는 부등의 중량을 가진 체인에서 이루어지는 형태로 아치와 돔의 정확한 형태를 결정하였다.그림 46 실제의 아치 선과 이론적인 선에서의 약간의 차이는 중요하지 않다. 중요한 것은 모든 점에서 추력선이 석재 밖으로 가지 않는 것이다.[3]

---

2) Poleni의 Column 33 참조. 추력선 이론에 대한 유사한 서술을 Rondelet에서도 찾을 수 있다.

3) "Che dentro alla solidità della volta la nostra catenaria tutta intiera sia situata"(Poleni, column 50).

콘크리트가 발명되기 이전에는 석재가 건설에서 중요한 역할을 하였다. 18세기 중, 수학적으로 교육된 기술자들이 볼트 건설에 관심을 가지면서 석재에 대한 이론이 과학으로 발전하게 되었다. 18세기 중반, 프레지에Frezier(1682~1773년)는 이 주제에 대한 3권의 책을 출판하였다.[4] 2차원 및 3차원 기하학의 원리를 설명한 후 그는 경사형, 이중곡선형, 나선형 등 복잡한 형태를 포함하는 모든 종류의 볼트에 대하여 기하학적인 표현과 그 시공을 다룬다. 원통형, 원뿔형, 구형 표면을 관통하는 문제, 그리고 그에 따른 교차곡선을 시공하는 것과 같은 문제를 도학descriptive geometry에 의하여 해결한다. 프레지에는 원통형 볼트의 형태를 역현수선에 근거하여 이론적으로 결정하는 것을 반대한다. 대신, 그는 볼트, 특히 첨두아치의 경우 그 자신이 역학적으로 정확하다고 인정하는 이 곡선이 실제 두께 내에 쉽게 포함될 수 있다고 제안한다.

볼트의 파괴는 주로 아치 받침대의 벌어짐에 의해 발생하기 때문에, 아치 자체 내부 힘의 작용에 대한 정확한 지식보다는 아치의 추력 계산, 그리고 그 결과인 받침의 크기 결정이 설계자에게는 더 중요하다.

수학적인 연구와는 별도로, 아치 받침의 최소 허용 두께를 결정하고, 그것에 의해 그 당시의 관습적인 법칙들을 점검할 수 있는 실질적인 모형실험이 일찍이 1732년부터 데니시Danisy에 의해 수행되었다.

이 문제의 이론적 해결과 관련하여, 일종의 에너지 방정식으로 문제를 해결하고자 하였던 세 로마 수학자들(제5장 2절에서 이미 언급)의 시도는 계승되지 않았다. 여하튼 공학자들은 과학적 계산에 관심을 가지므로 일반적으로 유사 정역학적 생각에 우연히 기초하게 된 드 라 이르의 방법을 따랐다. 이 프랑스 물리학자는 약한 받침을 가진 볼트에서 일반적으로 아치의 1/4 지점에서 파괴가 일어난다

---

4) "La theorie et la pratique de la coupe des pierres et des bois pour la construction des voutes et autres parties des Batimens Civils et Militaires"(민간 및 군사 구조물의 볼트 등의 건설을 위한 석재 와 목재의 가공 이론과 실제), new edition, Paris 1739/54/68.

는 관측에 근거하여 문제를 해석하였다. 따라서 그는 아치 양쪽 1/4 지점 사이의 중앙부분을 쐐기로 간주하고, 이 쐐기의 중량으로 교대와 일체를 이루는 두 측면부를 분리하고자 한다고 생각하였다. 이 과정에서 아치 중앙 부분의 일체성은 모르터의 접착력에 의해 유지된다. "모르터를 사용함에 의하여 모든 홍예석들의 추력을 각각 계산할 필요가 없으며, 계산이 과도하게 길어지는 것을 방지하기 위하여 몇 개의 홍예석을 하나의 홍예석인 것처럼 간주하면 충분하다."[5] 그는 힘의 평행사변형 법칙에 따라 파괴점으로 추정되는 연결부에서 마찰을 무시하고, 수평추력과 아치의 정점과 1/4 지점 사이의 중량의 합력을 약 45도 경사진 선으로 구하였다. 외측 기준점에 대한 아치 교대(연결되어 있는 아치의 1/4 부분을 포함)의 사하중의 모멘트인 "안정성 모멘트"가 경사진 볼트 추력의 모멘트보다 클 경우 안정성이 보장된다.**그림 47 참조** 고떼Gauthey는 이 이론이 많은 주요 사항들(파괴 추정지점 연결부 모르터의 접착력과 마찰력)이 고려되지 않은 것을 이유로 그의 저서에서 비판한다. 그럼에도 불구하고, 고떼는 스스로 파리의 판테온 돔의 안정성에 관한 정역학 계산에서 이 이론을 사용하고 있다.(고떼의 "비망록" 참조. 160쪽에서 언급)

메리오트와 라이프니츠 이후 물리학자들이 재료의 탄성을 고려하고자 했던 휨 이론과는 대조적으로 볼트의 안정성은 단지 강체의 평형에 관한 문제로 간주되었다. 실제로, 고떼는 이 접근방법이 부적절함을 인식하고 있다. "볼트가 비압축성 물질로 구성되어 있다면…… 또한 침하가 전혀 없다면; 아치 교대가 적절한 두께를 가지고 아치 정점crown의 높이가 석재가 파괴되지 않을 만큼 충분히 높을 경우에 그 안정성은 보장된다."[6] 하지만 건설 재료의 압축성과 탄성에 의한 영향을 인식하는 것과 이러한 성질을 해석에 반영하는 가능성과의 사이에

---

5) "La néccessité de se servir de mortier fait qu'on peut se dispenser de calculer la poussée de tous les voussoirs, chacun en particéulier; il suffit d'en considérer une certaine quantité, comme faisant ensemble qu'un seul voussoir, afin de'éviter l'extrême longueur des calculs"(벨리도르, "엔지니어의 과학", 제2권, p.10.)

6) "Si une voûte était composée de matériaux incompressibles …… et qu'(elle) ne pût avoir absolument aucun tassement, il suffirait, pour qu'elle se soutint, que les culées eussent une épaisseur convenable, et que la hauteur de la clef fût assez grande pour que la pierre ne s'écrasat"(Gauthey, p.194).

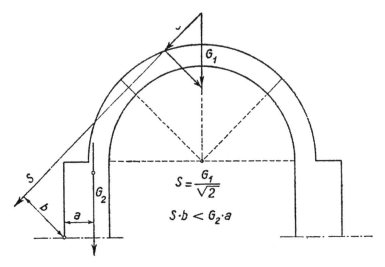

$$S = \frac{G_1}{\sqrt{2}}$$

$$S \cdot b < G_2 \cdot a$$

그림 47. 드 라 이르에 의한 볼트의 안정성 검토

는 여전히 좁힐 수 없는 차이가 있었다. 쿨롱과 나비에조차도 고정단 아치의 문제에 대하여 이 단순한 강체역학적 접근방법을 넘어서지 못하였다. 이는 나비에가 2 힌지 아치(이 장의 3절 참조)를 포함하여 부정정 문제[7]를 거의 정확히 다루었다는 사실에도 불구하고 말할 수 있다. 다음 절에서 우리는 미끄러짐에 대한 평형(마찰력과 접착력을 고려하여)뿐 아니라 개개 홍예석의 전도에 대한 평형 문제를 연구한 쿨롱에 의하여 발전된 이 문제의 해를 다룰 것이다. 쿨롱의 방법은 고떼가 교량 건설에서, 그리고 나비에가 그의 '강론Leçons'에서 계속 발전시켰다.

독일에서는 아이텔바인Eytelwein(1764~1848년)이 그의 저서 "고체 정역학 편람Handbuch der Statik fester Körper"에서 볼트의 이론을 다루었다. 아이텔바인은 베를린공과대학의 전신인 '건축대학Bauakademie'의 설립자이자 첫 학장이었다. 그 역시 과거 드 라 이르로 돌아가지만, 그는 연결부에서의 마찰을 고려했다.

---

7) 전문적인 문제에 친숙하지 않은 독자를 위하여 설명하면, 강체에서의 평형방정식만을 가지고는 해석할 수 없는 구조를 부정정구조(statically indeterminate structure)라고 한다. 이에 따라 두 지점에서 지지된 보는 두 지점에서의 반력이 모멘트방정식 또는 지렛대법칙에 의하여 구해질 수 있기 때문에 정정구조(statically determinate structure)이다. 그러나 세 지점에서 지지된 보는 각 지점에 하중이 어떻게 분배되는가를 구하기 위하여 보와 지점의 탄성변형을 고려하여야 하므로 부정정구조가 된다.

그렇지만 아치의 탄성 변형을 해석에 포함하게 된 후에야 더 엄격한 요건을 만족하는 고정단 아치 이론의 탄생이 가능하게 되었다. 쿨만Culmann과 브레스Bresse에 그 기원을 두는 이 접근 방법은 이후 구조해석법의 발전과 연관하여 9장에서 다루어질 것이다.

2. 쿨롱

18세기 프랑스의 공병장교들 중에서 샤를 어거스트 쿨롱은 과학 발전에 있어서 가장 중요한 사람이다.

파리에서의 학업을 통하여 특히 완전한 수학 지식을 얻은 후에, 쿨롱은 공병장교로서 프랑스령 마르티니크에 배치되어 축성 업무를 맡게 되었다. 이 기회를 통해 그는 벽체와 볼트 등 구조요소의 강성과 정적 거동을 연구하고, 또한 문제를 수학적으로 다루는 것을 연구하였다. 처음에는 단지 개인적 흥미에 의하여 수행되었던 이 연구 결과는 그가 과학한림원에 제출하여 "외국학자논문집 Mémories des Savants Etrangers" 1773년 호에 게재된 논문 "최대 최소 법칙의 구조역학 문제 적용에 대한 시도Essais sur une application des regles de maximis et minimis a quelques problemes de statique relatifs a l'architecture"에 정리되어 있다.

1776년에 쿨롱은 프랑스로 돌아와 물리학, 기술, 수학 문제에 대하여 전반적인 연구를 계속하게 되었다. 특히, 그는 강선wire의 탄성과 전기와 자기에 대한 연구를 통하여 명성을 얻었다. 강선의 비틀림 탄성을 기반으로 하여 그가 고안한 비틀림 저울은 정밀측정 기술에 있어서 중요하게 여겨져 왔다. 1784년에 그는 과학한림원의 회원이 되는 동시에 수공 업무의 감독관이 되어, 군주제가 끝나는 1792년까지 이 직책을 유지하였다. 혁명기간 동안에는 평범한 시민으로 생활하다가 나폴레옹 치하에서 국립연구기관의 회원이며 공교육 감찰관으로 임명되었다.

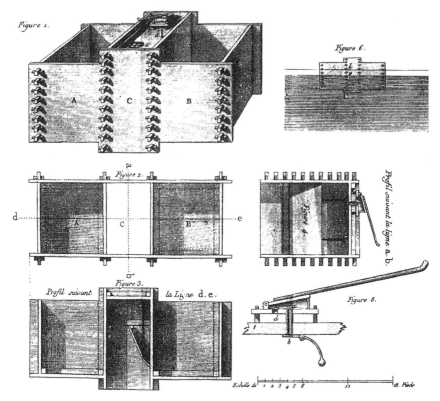

그림 48. 수중 토목공사를 위한 부유식 챔버를 가진 잠수종 diving vell(쿨롱)

토목공학 분야에서 쿨롱의 업적은 정역학과 재료역학의 문제를 다루는 데 정밀한 과학적 방법을 사용하면서도 동시에 건설 실무에 적용하는 것에 대해서도 고려하였다는 데 있다. 탁월한 물리학자로서 그는 과학의 역사에서도 자리를 차지하고 있다. 이론가로서, 그는 선배 또는 동료 프랑스 기술자들인 벨리도르, 페로네, 고떼, 셰지 중에서 분명히 특출하다. 그러나 주로 새로운 수학적 방법의 응용에 대한 가능성을 찾는 것에 관심을 가진 베르누이, 오일러 등과 같은 18세기의 독보적인 과학자들과는 대조적으로, 쿨롱은 동시에 토목공사를 계획하고 감독해야만 하였고 따라서 구조물의 치수를 결정하는 실무에 지속적으로 직면하는 기술자였다.

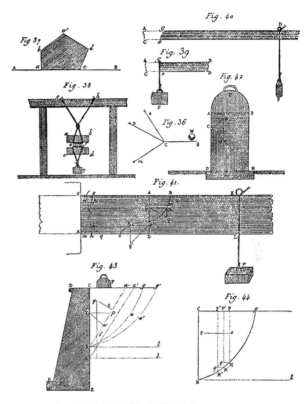

그림 49. 쿨롱이 해석한 정역학 문제

전술한 마르티니크 시기의 논문은 구조해석법의 발달과 관련하여 아주 중요한 문서로 간주되어야 한다. 이 논문에서, 보의 휨에 대한 전통적인 문제가 결국 철저하고 정확하게 해석되었으며 전단응력의 문제까지도 다루어졌다. 이 논문에서 또한, 쿨롱은 압축응력을 받는 석조구조와 벽돌구조의 파괴에 대한 문제뿐만 아니라, 그의 이름을 따서 지어지고, 오늘날에도 약간 수정되어 적용되고 있는 옹벽의 토압 계산에 대한 방법을 제시한다. 마지막으로, 또한 쿨롱은 비록 고정단 아치문제에 대한 최종 해를 제시하지는 못했지만, 드 라 이르와 벨리도르 등에 의하여 연구된 볼트 이론에 대해서도 전통적인 접근방법을 뛰어넘었다.그림 49 참조 쿨롱의 "비망록Mémoire" 출판은 구조해석의 역사에서 획기적인 사건으로 여겨져야 한다. 불행히도 논문의 다채로운 내용을 집약된 형태로 수록되었기 때문에, 생 베낭이 지적한 바와 같이 논문 대부분의 내용은 40년 동안 전문가들로부터 외면당하였다. 이후 쿨롱이 더 이상 이러한 문제들에 주의를 기울이지 않고 물리학의 다른 분야로 관심을 돌린 것을 보면 더욱 이해할 수 있다.

쿨롱이 구조 응력 문제에 대한 해답에 접근하는 방법은 모든 토목공학자들에게 익숙한 토압 산정을 위하여 사용한 방법을 보면 명백해진다. 복잡한 역학적 현상을 대하게 되면 설계자는 대략적이지만 그 결과에 대하여 예상을 할 수 있다. 예를 들어 토압의 경우, 가상적인 삼각형 단면의 흙 프리즘earth prism이 주변으로부터 스스로를 분리하여 옹벽을 바깥으로 밀어낸다고 가정할 수 있다. 그러나 흙 프리즘의 크기나 형태와 같은 이러한 현상의 양을 결정하는 개별 요소는 정확하고 정밀하게 계산될 수 없다. 쿨롱의 방법은 미지의 인수(예를 들어, 흙 프리즘이 미끄러진다고 가정하는 평면의 위치 또는 경사)를 변화시키면서, 발생 가능한 미끄러짐(상향 또는 하향)이 일어나는 모멘트에서 추정되는 요구압력의 극한값(경우에 따라 최대 또는 최솟값)을 의미 있는 해로 구한다. 최댓값은 주동 토압이고 최솟값은 수동토압 즉, 흙의 저항값earth resistance이다.

쿨롱이 응력해석 문제를 풀기 위해 필요로 하는 상수는 재료의 마찰friction과 점착력cohesion을 표시하는 값들이다. 그는 점착력으로 전단강도와 인장강도 모두를 의미하였는데, 이는 석재의 파열 시험 과정을 통하여 그들 간의 차이가 크지 않음을 알았기 때문이다.

비슷한 방법으로, 쿨롱은 파괴rupture 또는 미끄러짐sliding이 발생한다고 가정하는 경사면을 변화시키면서, 압축응력을 받는 석조기둥의 강도를 검토하였다. 균질의 강체에 대한 실험에서 확인할 수 있는 바와 같이, 대상 재료의 내부 마찰력과 점착력의 관계에 의하여 결정되는 경사각을 가진 파괴 면에서의 전단응력이 전단강도를 초과하게 되면 파괴가 발생할 것이다.(육면체에 대한 파괴 실험 후 나타나는 '이중 피라미드double pyramid'로 증명된다.)

볼트 이론에 대한 쿨롱의 접근방법도 크게 다르지 않다. 그는 먼저 마찰력과 모르터의 접착력이 무시된다면 모든 볼트는 역 현수선 형태를 가져야 한다는 것을 증명한다. 그리고 그는 실제 볼트를 검토하여 이론적인 형태에서 다소 벗어나더라도 내부 마찰력과 점착력에 의하여 안정될 수 있음을 보인다. 이를 위하여 쿨롱은 재료의 마찰력과 점착력 계수를 사용하여 임의의 잠재적 붕괴가 일어날 수 있는 연결부에서 미끄러짐이나 전도가 일어나지 않기 위하여 수평추력이 가져야 하는 한계치를 결정한다. 다시 말해, 그는 내부 호에 수직으로 가정되는 임의의 연결부에서 하향의 미끄러짐이나 전도를 허용하는 최대의 추력과 상향의 미끄러짐이나 전도를 일으키는 최소의 추력을 결정한다. 앞의 값은 나중의 값보다 작아야 한다. 이들의 차이가 커질수록 이 한계치들 사이에 놓이는 실제 볼트 추력의 범위가 커지고, 볼트의 안정성도 커지게 된다.

그의 방법을 실제로 적용하기 위하여 몇 가지 단순화할 것을 저자는 제안한다. 우선, 실제로 볼트에 사용되는 일반적 건설 재료의 마찰은 충분히 크기 때문에 각각의 홍예석 사이에는 미끄러짐의 위험이 없다. 그러므로 두 가지 균형 조건 중 첫 번째인 미끄러짐은 무시될 수 있고 전도의 경우에 대해서만 검토를 국한시킬 수 있다. 그러나 이 경우 잠재적 회전의 중심이 단면의 모서리에 있다고 추정되어서는 안 된다. "홍예석의 접착력이 이들 힘에 의하여 모서리가 파괴되는 것을 예방할 수 있도록 잠재적 회전의 중심은 연결부의 끝에서 충분히 멀어야 한다. 이것은 우리가 기둥의 강도를 해석하기 위하여 사용해온 방법에 의해 결정된다."[8]

각각의 경우에 대하여 구체적으로 구하고자 하는 추력의 한계치는, 1/4 지점 부

---

8) "il faut supposer que ces points sont assez éloignes de l'extrémité des joints, pour que l'adhérence des voussoirs ne permette pas à ces forces d'en rompre des angles; ce qui se détermine par les méthodes que nous avons employées en cherchant la force d'un pilier."

근의 몇몇 잠재적 파괴 연결부에 대하여 계산함으로써 충분한 정확도로 결정될 수 있다. 이와 관련하여 함수의 수치가 극한점 부근에서 거의 변하지 않는다는 것은 다행이다.

쿨롱은 또한 그의 저서 "비망록"에서, 강도실험(인장, 전단, 휨 실험)에 대한 관찰과 관련하여, 다소 우연하게 직사각형이 갖는 캔틸레버 보의 휨 문제를 다룬다. 그의 방법은 압축강도와 인장강도뿐만 아니라 전단강도도 고려한다는 점과 원칙적으로는 어떠한 응력−변형률 관계도 허용한다는 점에서 보편적이다. 특별한 경우로서, 완전탄성체에 적용이 가능한 식으로 그는 잘 알려진 관계식 $M = \sigma \frac{bh^2}{6}$ 을 구하였다.

결론적으로, 쿨롱은 그 이전의 어느 학자들보다 정역학 문제를 과학적 기반에서 다루면서도 실용적인 요건을 충분히 고려하는 데 성공하였다고 말할 수 있다. "나는 내가 사용해온 원칙들을 약간의 훈련을 거친 기술자가 이해하고 이용할 수 있도록 충분히 명백하게 만들기 위해 최선을 다하였다."[9] 주제의 명확함을 강조하여 엔지니어와 설계자들의 관점을 충족시키고자 노력했다는 점에서, 쿨롱은 구조해석 또는 구조역학의 창시자로 간주되어야 할 것이다.

쿨롱의 후기 저서들 중 토목공학 역사에서 가치가 있는 대표적 두 가지를 여기서 간략히 언급하도록 한다. 1779년 파리 학술원에 제출된 "비망록"에서, 저자는 수중 토목공사를 위해 압축 공기를 사용하는 제안을 구체적으로 하였다. 쿨롱에 의하여 제안된 목조 케이슨은 3개 부분으로 구성된다. 중심부는 공기 펌프와 출입구가 설치된 작업 챔버로 되어 있다. 중심부의 양쪽은 바닥이 밀폐된 부유 챔버로, 이들로 인해 전체 장치가 현장에서 물에 뜰 수 있다. **그림 48**

---

9) "J'ai tâché autant qu'il m'a été possible de rendre les principes dont je me suis servi assez clairs pour qu'un artiste un peu instruit pût les entendre et s'en servir."

또 다른 긴 "비망록"에서 쿨롱은 과학적 근거에 기반을 두고 각기 다른 직업과 다른 작업 환경에서의 노동의 효과와 효율을 조사했다는 점에서 테일러_{Taylor} 등 현대 생리학자들의 선구자로 인정된다. 가장 다재다능하고 적합한 기계인 인체를 효율적으로 이용하기 위해서는 "피로의 증가 없이 효과를 증가시키는 것"을 목표로 해야 한다. 효과와 피로를 공식으로 표현할 수 있다면, 기계는 효과의 피로에 대한 비율(즉, 효율)을 최대로 만들기 위해 노력해야 한다. 문제를 일반적으로 형식화한 후, 저자는 수레 등으로 물체를 이동하는 것에 대한 보방의 통계에 따라, 무거운 짐을 들고 산을 오르는 것에 대한 관찰을 분석한다. 150년도 더 이전에, 이 예리한 관찰자가 어떻게 휴식의 중요함을 알고 중노동의 경우(모든 사회적인 고려로부터는 독립적으로) 유효 작업시간으로 하루 7~8시간을 넘게 일하지 않도록 권고한 것은 흥미로운 일이다.(그러나 다른 쉬운 직업의 경우에는 10~12시간의 작업도 지나친 피로를 수반하지 않을 것이다.)

3. 나비에

그의 이름을 딴 평면단면 유지이론을 통해 엔지니어들에게 친숙한 나비에는, 프랑스 혁명 발발 4년 전에 디종_{Dijon}에서 태어났다. 1802부터 1807년 사이에 그는 몽주_{Monge}와 카르노_{Carnot}(유명한 물리학자의 아버지)에 의하여 설립된 국립공과대학_{Ecole Polytechnique}, 이어서 국립교량도로대학_{Ecole des ponts et chaussées}에서 수학하였다. 그리고 불과 22세에 세느 강 담당부서에서 교량도로 엔지니어로서의 경력을 시작하였다.

14살에 고아가 된 나비에의 중등 교육은 그의 삼촌인 고떼에게 맡겨졌는데, 고떼의 지식과 지성은 나비에의 청소년기의 과학적 발전에 결정적인 역할을 했다. 고떼는 앞서 언급한 바와 같이 자신의 조카에게 1813년 출판된 "교량 건설에 관한 논문_{Traité de la construction des ponts}"의 원고를 남겼다.

나비에는 실무적인 엔지니어링 작품(센 강의 교량인 슈아지Choisy, 아니에르 Asnières, 아르장퇴유Argenteuil의 교량 등도 그의 작품이다.) 외에 과학 및 교육 활동에서도 자질을 나타냈다. 자신의 학업을 마친 직후 국립교량도로대학의 교원으로 합류하였는데, 처음에는 조교, 1821년에는 특임교수, 그리고 1830년엔 응용역학 정교수가 되었다. 여기서 그는 이론적 역학의 발견과 그 방법을 건설 실무에 적용하는 것과 공학도들을 과학적으로 무장시키는 것을 주된 임무로 여겼다.

나비에는 교육 활동 중 '곡선 탄성보의 휨에 대하여'(1819년), '탄성체의 평형과 운동법칙에 대하여'(1821년), '현수교에 대하여'(1823년) 등과 같은 수많은 논문들을 발표하였다.

또한, 1831년에 창간된 프랑스의 유명한 공학저널인 "교량 및 도로 연보Annales des ponts et chaussées"의 초기 발행본들은 '영국 도로 건설에서의 혁신[10] 또는 '공공공사의 면허와 시행' 등과 같은 일반적인 토목공학 주제에 대한 주요 수필과 논평, 그리고 보고서를 포함한 나비에의 기고문을 수없이 싣고 있다.

그러나 토목공학의 발전에 무엇보다 중요하였던 것은 국립교량도로대학에서 나비에가 응용역학과 구조해석에 대해 수행한 훌륭한 강의이다. 이는 "건설과 기계에서 역학의 응용에 관한 국립교량도로대학 강의 요약"이라는 제목으로 1826년 처음 인쇄된 이후 꾸준히 출판되었다. 이 강의록을 통하여 구조해석과 재료역학 이론이 현대적 의미로서 공학의 분야로 발전되었다. 이것의 획기적인 가치는 작업에 포함된 수많은 새로운 방법에만 있는 것이 아니고, 더욱 중요한 사실은, 처음으로 나비에가 재료역학 분야와 그 관련 주제에 대한 선배들의 각각의 발견을 하나의 통일된 체계로 통합하였고, 자신의 학생들에게 구조공학의 실무 즉 구조설계에 이미 알려져 있는 법칙과 방법들을 어떻게 적용할 것인지를 가르쳤다는 것이다. 이렇게 하여 그는 우리가 **구조역학**, 또는 **구조해석**이라 부

---

10) 202쪽의 각주 2 참조.

르는 역학의 한 분야의 실질적 창시자가 되었다.

현재에도 사용되는 구조물의 치수를 계산하는 놀라울 정도로 많은 방법들이 나비에에 의한 것이거나, 적어도 그에 의해 다시 공식화된 것들이다. 여기에는 우선 그의 이름을 딴 고전 휨 이론; 편심 하중을 포함한 좌굴 문제에 대한 전반적인 연구; 일단 또는 양단의 고정단을 가진 보, 셋 이상 지지된 연속 들보, 양단 힌지 아치 등 여러 부정정[11] 문제에 대한 체계적인 해석; 그리고 마지막으로 평면 슬래브와 판 이론의 여러 문제가 포함된다. 스튀시F. Stüssi 교수는 평면 슬래브나 좌굴의 문제에서의 예와 같이, 나비에의 공식과 방법으로 얻은 결과가 실험이나 좀 더 정확한 현대적 계산방법으로 얻은 결과와 놀랍게도 일치한다는 것을 지적한 바 있다.[12]

휨 이론에 관한 한, 이 문제는 이미 50년 전에 쿨롱에 의해 해결되었으나(앞 절 참조), 쿨롱의 업적은 많은 기술자에게 알려지지 못하였다. 나비에조차 초기의 출판물들에서는 중립축의 위치가 중요하지 않다는 베르누이와 마리오트의 주장을 지지하면서 정답을 제시하지 못하고 있다. 1819년, 나비에는 자신의 오류를 부분적으로 수정하여 대칭 단면에 대하여 올바른 결론에 도달하였다. 하지만 그가 휨을 받는 보의 처짐과 극한 강도에 대하여(응력과 변형률이 비례할 때 적용될 수 있다.) 현대적 공식으로 유도한 것은 1824년에 이르러서였다.[13]

그러나 나비에의 "강론"과 20세기 전반부의 구조역학 과정 사이에는 명백한 차이가 있다. 즉, 힘의 다각형, 모멘트면적, 영향선 등과 같이 해석과 표현에 사용되는 도해법이 없다는 것이다. 반면에, 휨과 좌굴 등에 대해 나비에가 사용한 주요 용어들은 현대 용어와 단지 형식적인 차이만 있을 뿐이다. 한 예로, 당시 나비에는 아직 보의 순수 기하학적 특성인 관성모멘트와 저항에 대하여 지금

---

11) 180쪽의 각주 7 참조.
12) Schweizerische Bauzeitung, vol.116, p.201(1940년 11월 2일).
13) 생 베낭, para.9.

과 같은 기호를 사용하지 못했다. 대신 그는 보의 기하학적, 물리적 특성을 모두 표현하는 '휨저항모멘트'와 '파열저항모멘트'의 개념을 사용하였고, T형, L형, ㄷ형, 파이프형 등 가장 일반적인 단면들에 대하여 이 값을 계산하였다.

'휨저항모멘트'는 한 세기 이전에 이미 베르누이에 의해 휨 반경의 역수로 소개되었고, 50년 후 오일러의 탄성곡선 연구에 사용된 바 있다. 그러나 베르누이와 오일러가 '절대 탄성'의 개념을 단지 대상 보의 특성으로 여겨지는 상수로 간주한 것과는 달리, 나비에는 보의 단면과 재료의 탄성으로부터 실제 수치 계산에 성공하였다.[14]

고정단 보, 연속 거더, 양단 힌지 아치 같은 문제에 있어서, 나비에의 접근방식은 처짐방정식을 구하기 위하여 탄성곡선의 미분방정식을 구하여 적분하고 지지조건으로부터 적분상수를 결정한다. 그러나 토압, 고정 아치의 안정성과 같은 다른 문제에 대한 해법에서 나비에는 쿨롱의 방법을 따른다. 어떠한 경우에도 나비에는 설계자로 하여금 실제 문제에 대한 올바른 해를 찾을 수 있도록 하는 과학적 도구를 제공하고자 하였다.

앞서 언급한 논문에서, 스튀시는 나비에의 중요성과 독특성에 대해 다음과 같이 정리했다. "나비에가 그 자신에게 설정한 과업은 바로 구조해석의 올바른 방법을 체계화하는 것이다. …… 그와 그의 이전, 그리고 동시대인들 사이에는 근본적인 차이가 있다. 나비에가 실험에 기초한 구조역학으로부터 출발한 반면, 그의 선배 심지어는 그의 후배들조차도 구조역학을 실험이 아닌, 오로지 이론에 기초한 평형문제에 관한 이론으로 여겼다. …… 가장 효율적인 방법으로 나비에는 구조 설계자의 사고방식을 완벽히 통달한 이론적 원리와 자료로 결합하였다. …… 그는 경제적인 방식을 고수하고자 하였다. 예를 들어, 탄성곡선의

---

14) "탄성계수"는 1807년 영국의 의사이며 물리학자인 토마스 영Thomas Young(1773~1829년)에 의하여 처음 도입되었다. 당시는 현재와 같은 응력(단위면적당 힘)의 형태로 표현된 것이 아니고, 길이의 차원으로 표현되었다.(생 베낭, para. 10, Todhunter, ch. II 참조).

미분방정식의 해는 단지 매력적인 수학 문제일 뿐만 아니라 …… 그 평가는 구조의 탄성 거동을 이해할 수 있도록 한다. …… 엔지니어이자 설계자로서 나비에의 사고방식은 이론적 결과의 한계에 대한 그의 평가에서 분명히 드러난다. …… 본질에 대한 명료한 인식, 추상화하는 능력 …… 나비에 이후에도, 도해역학과 트러스 거더의 힘의 합성에 대한 개념에서 보여준 쿨만이나 역학 분야에 대한 여러 논문에서 보여준 모어_{Otto Mohr}와 같은, 오직 몇몇 역학 전문가들과 설계자들만이 보유한 재능이었다. 그러나 나비에의 후배들은 모두 특정 분야에서만 창조적 공헌을 한데 비하여, 나비에는 구조해석의 광범위한 방법들을 체계화하였다는 점에서 이들을 앞선다.

"오늘날 우리가 경제적이고 안전하게 건설을 할 수 있다는 사실은, 대부분 구조물의 실질적인 거동상태에 기반을 둔, 역학의 특별한 분야인 구조해석의 방법들 덕분이다. 이 방법들은 10년 남짓한 기간 내에 나비에 한 사람에 의해 만들어졌다."

나비에 스스로도 그의 방법의 참신함을 인지하고 있었다. 그의 저서 "강론" 제1판의 서문에서 그는 "역학 시험은, 건설기술의 완성보다는 실용적 수학의 발전에 더 도움이 되어 왔다."[15]라고 특별히 명시했다. 대부분의 설계자들은 이미 존재하는 구조물을 참고하여 구조요소나 기계요소들의 치수를 경험적으로 결정한다. "이들은 이런 요소들이 지지하는 힘이나 저항력에 대해서는 거의 조사하지 않는다."[16]

나비에가 현대 토목공학의 개척자이자 선구자로 여겨지는 것은 그가 구조역학의 창시자이기 때문만은 아니다. 그의 풍부한 인생에서 그는 그의 전문 분야의

---

15) "……ont été jusqu'à présent plus utiles aux progrès des mathématiques qu'au perfectionnement de l'art des constructions."

16) "Ils se rendent compte rarement des efforts que ces parties supportent, et des résistances qu'elles opposent."

그림 50. 나비에의 프로젝트 중 하나인 파리 센 강의 현수교(사슬로 고정됨)

창의적인 부분뿐만이 아니라 비극적인 부분과도 직면했다. 자연 그 자체를 제어하기 위한 그의 노력 속에서 필연적으로 대하게 되는, 그리고 많은 용기 있는 엔지니어들의 일생에 그늘을 드리우는 무거운 책임을 감당하여야 했다. 약한 하층토subsoil와 배수의 어려움, 파리 시의회의 시기와 적대감이라는 불리한 상황이 겹치게 되면서 그의 주요 과업 중 하나였던 파리 센 강의 현수교(그림 50)는 실패하고 말았다.

비록 당시 대부분의 성실한 전문가들의 판단에 따라 나비에에게 비난이 가지는 않았지만, 이 구조물은 거의 완성된 상태에서 결국 해체되어야만 하였고 나비에 인생의 중요한 시기에 비극적 그림자를 드리웠다. 국립공과대학Ecole Polytechnique의 공동 설립자이자 오랜 지도자였던 프로니Prony(1755~1839년)는 이 일을 "엔지니어들이 위대한 과업을 수행하는 과정에서 종종 만나게 되는 다소 심각한 사고의 하

나"라고 표현하였다. 나비에는 이 상황을 언급하며 "중대한 과업, 특히 새로운
형태의 과업을 책임지는 것은 실험을 수행하는 것과 같다. 이는 첫 공격 후 승리
자가 될 확신이 없이 자연의 힘과 투쟁하는 것을 의미한다."[17]라고 하였다.

4. 이론역학의 발전

나비에에 의하여 구조역학은 과학의 특별한 한 분야로서 자리 잡게 되었다. 이
때부터 이론적으로 교육된 여러 유능한 엔지니어의 끊임없는 연구 덕분으로 구
조해석의 방법들은 점차 완벽하게 되었고 새로운 과제 그리고 새로운 건설재료
로 확장되어갔다. 그러나 실용적인 목적이 우선하는 응용과학의 성격은 항상
유지되었다.

이론역학의 경우는 그렇지 않다. 물리학의 한 분야로서, 이것은 주로 수학자들
과 뛰어난 수학 능력을 가진 몇몇 엔지니어에 의하여 육성되고 발전되었다. 사
실, 이론역학은 구조 설계자들에게 가장 중요한 영감을 꾸준히 제공하였다. 하
지만 전체적으로 순수과학과 응용과학 사이의 격차는 점점 더 커지게 되었다.
이 책의 목적에 맞추어, 우리는 광범위한 이론역학과 수학적 탄성론 중에서 구
조해석과 재료역학의 과학에 관련된 몇몇 기초적인 문제와 연구결과에 대하여
만 간략하게 다루도록 한다.

갈릴레이와 마리오트의 첫 실험으로부터 쿨롱과 그 추종자가 제시한 최종 해법
까지, 휨의 기초 이론은 평행하게 배열된 개개 섬유로 이루어진 보가 휨에 저항
한다는 가정에 기반을 두고 있다. 이는 목재 보에 대한 관찰로부터 자연스럽게

---

17) "Entreprendre un grand ouvrage et surtout un ouvrage d'un genre nouveau, c'est faire un essais;
c'est engager avec les forces naturelles une lutte dont on n'est point assuré de sortir vainqueur
dès la première attaque."(F. Stüssi, "Schweizerische Bauzeitung", vol. 116, p.204. 1940년 11월 2
일 인용)

할 수 있는 가정이다. 다시 말해, 1차원적 응력상태, 또는 전단응력이 포함되면 2차원적 응력상태로 제한되어 있는데, 이는 구조 치수를 결정하는 실질적인 과제에서는 일반적으로 충분하다.

그러나 이미 18세기부터, 수많은 물리학자와 수학자들이 고체의 응력상태를 3차원적으로 분석하려는 시도를 하여 왔다. 뉴턴조차도 천체가 중력에 의해 서로 당기는 것과 같은 방식으로 물질의 가장 작은 입자끼리도 서로 당긴다는 의견을 제시했다.[18] 달마티아Dalmatia의 라구자Ragusa 출신이지만 후에는 주로 이탈리아에 거주한, 그리고 이미 성 베드로 대성당 돔의 역학 실험과 관련하여 언급되었던 예수회의 신부이자 수학자인 보스코비치Boscowich(1711~1787년)는 이탈리아에서 뉴턴의 첫 추종자이자 지지자 중 한 명이었고 고체의 점착력과 탄성을 분자력에 기인한다고 여겼다. 그는 물질의 가장 작은 입자를 크기가 없는 점으로, 그러나 미는 힘(척력)과 당기는 힘(인력)에 의하여 크기를 가지게 되고 관통될 수 없게 점착력과 탄성을 가지는 물질로 조립되어 갈 수 있는 점으로 간주하였다.[19] 그에 의하면, 그렇기 때문에 자연에서는 그 어떤 것도 절대 강체가 아니다.

당시 내부 응력이라 불리던 이 '분자력'의 이론은, 나비에와 푸아송Poisson(1781~1840년)을 포함하여 수많은 과학자들에 의해 확대되고 수학적으로 다루어졌다. "나비에 논문의 새로운 점은, 그가 내부(분자)력이 변형에 앞서 평형을 이루고 있다는 가정 하에 그것의 증가와 감소만을 고려했다는 것이다. 후크와 마리오트에 의해 제기된 원리를 일반화하면서 그는 이런 증가 또는 감소가 분자 사이의 거리의 변화에 비례한다고 추정했다." 해석역학의 라그랑지법을 적절히 적용하여, 나비에는 아직 **응력**이라는 용어를 사용하지는 않았지만, 등방체에 대한 응력 방정식을 공식화하는 데 성공했다.[20]

---

18) 토드헌터. 제1장; 또한 생 베낭, 제22절.
19) Rosenberg, "Geschichte der Physik", vol. II; 또한 생 베낭, 제22절.
20) 생 베낭, 제23절.

그러나 수학적 탄성론과 재료역학 일반론의 기본은 주로 나비에와 마찬가지로 국립공과대학과 국립교량도로대학에서 과학교육을 받은 코시Cauchy(1789~1857년)에 기인한다. 그는 젊은 엔지니어로서 얼마 동안 셰르부르의 항만공사에 관여하였다. 하지만 4년이 채 지나기 전에 맞지 않는 실무직을 버리고 과학, 특히 순수수학 및 응용수학에 전념하기 위하여 파리로 돌아왔다. 1830년의 정치적 대변동후 그는 8년간 망명생활을 하였는데, 처음엔 스위스의 프리부르Fribourg에서, 그뒤에는 카를로 알베르토Carlo Alberto가 그에게 물리학 교수를 제의한 토리노Turino에서였다.

과학자로서 코시는 매우 다작을 하였다. 그의 업적은 순수 및 응용수학의 거의모든 분야를 다루는 800여 편의 논문에 이르고 있다. 특히, 역학과 재료역학은나비에가 중요하게 여긴 실무 적용에는 크게 구애받지 않고 수학적 기반으로 엄격하게 다루어졌다.

푸아송과 나비에처럼 코시는 개별 분자의 인력, 척력의 가정에서 출발하여 개개 힘을 합함에 의하여 '응력'의 개념에 도달하게 되었다. 물체 내부의 일반적인응력의 상태를 분석하기 위하여, 코시는 물체에서 분리된 사면체 또는 직육면체, 평행육면체 같은 작은 기본입자를 취하여 평형조건을 검토하였고 이로부터개개 표면에 존재하는 응력 간의 관계식을 유도하였다. '코시의 사면체'에 대한해석을 통하여 물체 내 임의의 단면 내 한 점에서의 내부응력을 그 점을 통과하는 3개 직교 평면에서의 응력으로 표현할 수 있도록 하는 방정식을 얻게 된다. 평행육면체의 평형조건으로부터는 경사지게 교차하는 두 평면의 경우, 첫 번째응력의 두 번째 평면에 수직인 방향으로의 성분은, 두 번째 응력의 첫 번째 평면에 수직인 방향으로의 성분과 같다는 정리를 얻게 된다. 직육면체의 특별한경우, 이 정리는 두 수직 교차면의 전단응력은 반드시 같다는 잘 알려진 전단응력의 정리를 이끌어낸다. 이들 기본 입자들의 평형 조건에서 코시는 다음의 식

$$\frac{\partial \sigma_x}{\partial x} + \frac{\partial \tau_{yx}}{\partial y} + \frac{\partial \tau_{zx}}{\partial z} + X = 0$$

그리고 다른 두 좌표계에서는 좌표만 수정하여 얻게 되는 3개의 기초 탄성방정식을 유도한다.

탄성체 내에서 수직, 접선방향의 응력을 그로 인해 발생하는 변형률, 변위와 관련시킴으로써 코시는 또 다른 기본 방정식을 얻었다.

코시는 또한 응력과 변형률의 상태를 응력타원체 또는 변형률타원체로 표현하는 방법을 제안하였다. 여기서 주응력 또는 주변형률의 방향은 이 타원체의 축과 같다.

수학적 탄성론에 대한 코시의 논문은 그의 저서 "수학연습Exercices de mathématiques"(1827~1829년)의 여러 권에서 찾아볼 수 있다. 이 책에는 이후 재료역학의 모든 서적에서 재현되는 기초 정리, 방정식과 개념들뿐만 아니라, 실용적 엔지니어의 관심 밖인 이론적 성격의 복잡한 연구들도 다수 포함되어 있다.[21]

이론역학 분야의 발전에는 코시 외에 추가적으로 그의 동시대인과 동료들이 있었다. 바로 라메Lamé(1795~1870년)와 클라페이롱Clapeyron(1799~1864년), 그리고 이미 언급된 푸아송이다. 특히 푸아송은 1827년, 축 인장력을 받는 각봉Prismatic rod에서 횡 방향으로 수축이 일어남을 처음으로 주목하였다. 라메와 클라페이롱은 코시의 방법과는 다르게, 응력의 상태를 나타낼 때 반경벡터가 응력의 크기와 방향을 나타내는 타원체로 표현하는 방법을 제안했다. 또한, 클라페이롱은 연속보에 적용 가능한 '3연모멘트 정리'로 모든 토목엔지니어들에게 친숙하다. 종종 그의 이름으로 불리는 이 정리는, 센Seine 강, 가론Garonne 강, 로Lot 강, 그리고 타른Tarn 강에 거대한 철도교량이 건설되는 시기에 공식화되었다.

프랑스 대학에서 탄생한 수학적 탄성론은 응력과 그에 의해 발생하는 탄성변형

---

21) Todhunter 참조.

이 비례한다는 가정후크의 법칙Hooke's Law에 기반을 두고 있다. 물체를 등방체로 여기며 변형은 거의 없어 급수의 첫 번째 항으로도 충분하다고 가정한다. 관련 미분 방정식의 통합이 가능한 단순한 경우에 이론을 적용시킴으로써, 이 절에서 언급된 수학자들은 이미 그 당시(1820~1850년경)에, 한참 후에야 토목공학의 분야에서 실질적으로 중요하게 인식될, 평면 슬라브와 막membrane의 거동, 물체의 비틀림과 휨, 속이 빈 실린더와 구체 등에 대한 수많은 문제를 해결할 수 있었다. 비틀림의 문제에 지대한 공헌을 한 생 베낭은 매우 풍부했던 이론역학 초창기의 상세한 역사에 대해, 그가 편집한 나비에의 "강론" 제3판의 역사적 소개를 통하여 보여준 바 있다.

제 **7** 장

유럽문화의 산업화

1. 영국의 산업혁명 - 석탄, 증기기관과 철도

순수과학과 과학의 기술적 문제에 대한 적용과 관련하여 프랑스가 유럽의 국가 중 선도적인 역할을 한 반면, 18세기 영국에서는 **산업혁명**으로 알려진 세계 역사상 중요한 진보가 일어나고 있었다. 18세기 후반부에 걸쳐 "승용 또는 화물용 말들의 문명에서 마차, 화물마차, 바지선의 문명으로"[1) 전환되었으며, 건조할 때는 먼지 날리고, 비올 때는 진흙탕이 되는 수세기의 낡은 도로는 탄탄한 도로와 수로로 대치되었다.

영국의 수로 건설에서 브린들리가 한 역할은 이미 기술한 바 있다. 도로의 개선은 매카담과 분리해서 생각할 수 없다. 스코틀랜드 엔지니어 매카담John Loudon McAdam(1756~1836년)은 26세부터 그의 인생을 도로의 건설과 유지관리에 헌신하였다.

그 자신의 비용으로 연구와 실험을 수행한 이후 그는 점차적으로 도로공학의 권위자로 인식되게 되었다. 브리스틀 유료도로신탁회사Bristol Turnpike Trust의 도로 감독관으로서 그 자신의 원칙에 따라 관할구역의 도로를 재시공, 유지관리하여 유지관리 비용이 상당히 절약되도록 하였다. 1817년부터는 통행이 많은 런던의

---

1) Trevelyan, "British History in the Nineteenth Century"의 서론.

템스 교량 접속도로가 그의 공법에 의하여 개량되었다.

매카담은 무엇보다 우선 도로 표면에 물이 파괴적으로 침투되는 것을 보호해야 한다고 인식하였다. 도로의 기초는 지반 또는 배수로의 수위보다 최소 3~4in 상부에 있어야 한다. 그 도로는 직경 1.5~2in 쇄석으로 이루어진 6~8in 두께의 층(추후에는 2개 층)으로 만들어 진다. 단면의 볼록함은 중앙에서 약 3 in이어야 한다. 압밀기간 동안 도로의 표면은 부드럽고 평평해야 한다. 따라서 새로운 포장 위로 지나간 마차에 의하여 발생하는 바퀴자국은 바로 보정되어야 한다. 추후에도 도로 표면의 손상은 계속 보수되어야 한다.[2]

탄탄하고 평탄한 표면을 가진 새로운 도로는 상당히 빠르고, 무겁고, 보다 경제적인 교통량을 허용하게 되었다. 이러한 발전이 국가경제에 미친 영향은 무시될 수 없다. '매카담'이란 표현은 기술적인 용어로서만이 아니라, "모든 진보의 상징으로, 개량되고 일정의 과학적 방법이 요구되는 새로운 시대의 양상을 나타내는 은유적인 일상용어로 사용되었다."[3]

새로운 도로와 내륙수로로 인하여 가능해진 물류소통의 극대화는 오랫동안 친숙했던 가내공업이 공장생산으로 대치되는 첫 번째 필수조건이었다. 우리는 기계화된 섬유산업, 특히 1760년과 1830년 사이에 생산이 100배 확대된 목화산업[4]의 놀라운 성장을 이야기하거나, 이러한 갑작스러운 산업화가 사회에 미친 심각한 결과를 이야기하고자 하는 것은 아니다. 그러나 건설 산업과 토목엔지니어에게 가장 큰 간접적인 중요성을 가진 것은 산업혁명의 다른 면, 즉 석탄 채굴을 놀랄 만하게 증가시킨 광업의 기술적인 발전이다.

---

2) Navier, "Considérations sur les travaux d'entretien des routes en Angleterre", in Annales des ponts et chaussées, Paris, 1831, vol. II, p.132.
3) Trevelyan, "British History in the Nineteenth Century", p.166.
4) 방적기계는 1770년에 처음 등장하였다. 이후 1786년에는 기계직조기가 발명되었다.

중세시대 이후, 유럽의 어느 나라보다 영국에서 석탄의 생산과 소비가 컸다. 이미 13세기 중, 런던의 석탄 소비가 너무 커서 매연의 폐단이 증가하는 것을 검토하기 위한 제한 조례가 필요할 정도이었다 한다. 17세기 중에는 영국 석탄의 상당량이 이미 대륙으로 수출되고 있었다.

그러나 실질적인 "석탄시대"는 증기력을 광산배수에 사용하게 되어 깊은 갱도에서의 작업을 안전성이 향상된 상태에서 할 수 있게 된 18세기 후반 중에 이루어진다. 당시 대부분의 업적은 기계공학의 역사에 속한다. 공기피스톤엔진을 발명하고 그 소형모델을 만든 파팽의 위업, 이 엔진을 광산배수의 실제목적에 처음 적용한 세이버리Savery(약 1650~1715년)와 뉴커먼Newcomen(1663~1729년)의 업적, 엔진의 치수를 바꾸고 부품 세공을 개선하여 공기엔진을 크게 개량하고 대단면의 엔진을 조립한 스미턴의 독창성 등을 꼽을 수 있다.[5] 또한, 실린더로부터 독립된 냉각기, 왕복운동의 회전운동으로 변환, 원심속도조절기 등의 필수적인 개선을 통해 그의 선배들의 "화력 엔진"을 정식 증기기관으로 발전시킨 와트James Watt(1736~1819년)를 언급하지 않을 수 없다.

증기력을 활용함에 의하여 경제적인 석탄의 생산을 크게 늘릴 수 있었고, 이는 토목공학의 발전에 두 가지 면으로 기여하였다. 다음 절에서 독립적으로 다루겠지만, 전반적인 금속공학의 발전을 통하여 기여하였으며, 또한 철도의 출현과 성장을 통하여 기여하였다. 새로운 교통수단의 용량과 효율성은 그 전의 교통수단을 뛰어 넘었고 19세기 문명 전체를 지배하였다. 철도의 건설과 유지관리는 19세기 중 토목공학의 가장 중요한 과제는 아니더라도 그중의 하나였으며, 이와 더불어 수많은 주요 건물과 교량을 시공하도록 이끌었다.

철도는 17세기부터 영국의 탄광지역에서 석탄을 갱구로부터 항구까지 운송하

---

5) 그의 엔진 중 Cornish 탄광에 설치된 엔진의 실린더는 직경 6피트, 높이 10.5피트에 이른다.(Matschoss) 여기에 언급되는 선구적인 엔진들은 런던의 과학사박물관에 전시되어 있다.

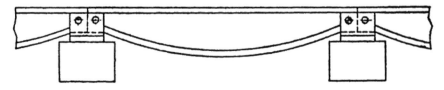

그림 51. 균등저항보 형태의 주철궤도

기 위하여 사용된 "광산궤도tramroad, tramway"로부터 발전되었다.[6] 이 궤도를 이용함에 의하여 동일한 힘을 가지고도 일반 도로보다 2.5배의 견인을 할 수 있었다. 브리태니커 사전에 인용된 1676년의 보고서에 의하면, "…… 탄광으로부터 하천까지 목재 궤도가 직선으로 나란히 놓이고, 궤도에 맞춘 네 바퀴로 된 커다란 카트가 있어 말 한 마리가 석탄 4, 5촐드론chaldrons을 끌 수 있을 정도로 수송이 간단하였다."

초기의 궤도는 목재, 주로 참나무 보로 제작되었고 곧 보전성을 위하여 주철 판또는 띠로 대체되었다. 그다음에는 일종의 각형 주철재로 판을 대체하여 자동적으로 바퀴를 유도할 수 있도록 하였다. 18세기 후반으로 가면서 좀 더 발전하여, 바퀴플랜지를 이용하여 유도역할을 궤도로부터 바퀴로 전환하였다. 동시에, 주철재와 목재의 합성 궤도는 균등저항보의 형태를 가진 어복형태의 주철궤도로 대체되었다.그림 51 이 궤도는 못 또는 목재 듀벨dowel을 사용하여 석재 블록 위에 고정되거나, 주철 좌대를 사용하여 가로보 위에 고정되었다. 그러나 재료의 취성에 의하여 궤도가 파괴되는 사고가 발생하게 되었고, 이는 19세기 초기 10년간 주철 궤도를 가단주철 궤도로 대체함에 의하여 방지할 수 있게 되었다.

세기가 바뀌면서 영국 광산지역에서는 갱도의 배수 목적으로 증기기관이 일반적으로 사용되게 되었다. 당연히 증기력을 다른 목적으로 확대 사용하고자 하

---

6) 유럽 대륙의 탄광(하르츠 산맥, 오레 산맥, 티롤)에서도 16세기부터 목재로 된 유사한 궤도가 사용된 것이 명백하다.

게 되었고, 특별히 석탄수송에서 말의 견인력을 대신하게 되었다. 트레비식Richard Trevithick(1771~1833년)은 와트의 저압증기기관보다 가볍고 이동이 편한 고압증기기관의 설계로 이미 명성을 얻고 있었고, 이 엔진을 도로용 차량에 사용한 바 있는데, 1804년에는 처음으로 증기기관차를 제작하였다. 이 증기기관차는 웨일즈 탄광의 궤도차에 사용되었고, 13톤 하중을 시속 5마일로 견인할 수 있었다. 곧 많은 광산궤도차에서 증기기관을 채택하였다. 킬링워스Killingworth 광산의 궤도차에서는 10톤 중량의 기관차가 40톤 하중을 시속 5.5마일로 견인하였다.

선덜랜드Sunderland 부근 헤튼Hetton에 1822년 개장한 광산 궤도차는 갱구로부터 위어Wear 강까지 7마일 노선을 60톤의 기차가 시속 4.5마일로 운행하였다. 평탄한 구역에서는 기관차가 기차를 견인하였고 경사가 심한 구역에서는 고정된 증기기관이 사용되었다.

스티븐슨George Stephenson(1781~1848년)이 첫 번째 증기기관차 블뤼허Blücher를 제작한 곳이 바로 이 킬링워스 광산이었다. 또한 그는 헤튼 철도회사에 최초로 5개 기관차를 공급하였다.

증기로 가동되는 석탄궤도차의 이로움이 분명해지자 곧 이 새로운 견인력을 다른 물류와 여객의 수송에도 사용하는 아이디어에 이르게 되었다. 처음 공공수송에 사용된 철도는 1823년부터 1825년까지 건설된 스톡턴과 달링턴 사이의 25마일 거리의 철도이다. 이 사업은 광산의 소유자이자 도급업자인 에드워드 피스Edward Pease에 의하여 주도되어, 노선의 설계와 시공을 당시에 이미 잘 알려진 조지 스티븐슨에게 위탁하였다. 피스에 의하여 설립된 회사는 법령으로 공공수송을 위한 철도를 운영하되, 차량을 인력, 말, 또는 "기타"의 방식에 의하여 수송하도록 위임받았다. 최초의 철도 티켓은 1825년 9월 27일에 판매되었는데 교통수단의 중요성에서 브랜들리의 수로와 매카담의 도로를 곧 앞서게 된 철도의 실제 생일이 이 날이다. 달링턴-스톡턴 노선도 역시 석탄수송이 주목적이고 가장 중요한 수입원(총 수입의 7/8)이었지만, 이 최초의 공공철도는 큰 관심을 일으켰다. "곳곳에서 다음 철도 프로젝트가 출현하였다. 그중 가장 중요한 프로젝트는 리버풀의 항만과 맨체스터의 상업 및 산업 중심을 연결하는 계획이었다. 두 도시의 상공인들은 이미 경험적으로 효율적인 운송수단의 필요성을 인식하고 있었다."[7]

두 도시는 이미 수로로 연결되어 있었던 것이 사실이나, 섬유산업이 급격히 발전함에 따라 크게 증가한 교통량을 감당할 수 없었다. 아메리카 대륙으로부터 리버풀 항구로 수입된 목화가 맨체스터로 신속히 전달되지 못하고 있었다. 종종 목화가 부족하여 공장이 며칠 동안 가동을 중단하곤 하였다. 따라서 주요 공장 소유주들은 의회에 철도 건설을 건의하는 세력에 협력하였다. 여러 계획이 논의되었고, 이 거대한 사업을 책임질 사람이 필요하게 되었다. 스톡턴–달링턴 철도가 계획되었고 조지 스티븐슨만이 이 과제를 수행 수 있는 적임자라고 여겨졌다.

"처음에는 사람들이 평탄한 궤도에서조차도 주철기차가 주철궤도를 주행할 수 있을 거라고 믿지 못하였다. 마찰력이 너무 작아서이었다. 그러나 결국은 그런 운동이 가능할 것이라고 생각되었다. 물론 경사는 실행불가능하게 여겨졌다. 스티븐슨조차도 비용이 더 발생하더라도 우회로, 터널, 고가교 등으로 경사 없는 노선을 설계하려고 노력하였다." 진출입 경사로의 1/96 경사를 극복하기 위하여 추가적인 견인력을 사용한 짧은 구간을 제외하고는, 리버풀 터널의 상부 입구로부터 맨체스터까지의 전 구간에 걸쳐 경사가 1/880을 넘지 않았다. 이 목적을 이루기 위하여 공사비가 20만 파운드에 이르는 광범위한 토공이 필요하였다. 케논Kenyon의 대절토에서만 60만m³의 굴착이 이루어졌다. 악명 높은 챠트모스Chat Moss 늪을 횡단하고 리버풀 에지힐Edge Hill 터널공사를 위해서는 더욱 어려운 시공이 필요하였다. 연약한 청색 점토 또는 습한 모래의 토압에 노출된 구간에서는 어려움을 극복하기 위하여 책임엔지니어가 종종 의기소침한 기능공을 개별적으로 설득하여 일을 계속하도록 박차를 가하여야만 하였다. 이 노선

7) 이 문구를 포함하여 이 절의 인용문은 Matschoss로부터 인용함.

의 기술적인 업적에는 여러 형식으로 건설된 63개 이상의 교량을 포함하고 있다. 산키Sankey 운하의 수면 20m 위의 계곡을 15m 지간의 9개 아치로 통과하는, 대부분 조적이고 일부는 석조로 된 산키 고가교도 그중 하나이다. 이 고가교만의 공사비가 4.5만 파운드 이상이었다. [8]

1829년 10월 28일, 리버풀-맨체스터 노선 중 레인 힐Rain hill의 3.2km 구간에서는 미래의 운영체계를 결정하기 위한 그 유명한 실험이 시행되었다. 스티븐슨의 "로켓"은 최대 시속 35km, 평균 시속 20km에 도달하여 모두의 예상을 넘어섰다. "로켓"의 출력은 약 12마력이었는데, 이는 기술개선에 의하여 곧 20마력으로 증진되었다. 연료소비는 매 시간-마력당 코크스 17~20파운드이었다. 최대 출력이 10마력이고, 매 시간-마력당 석탄소비가 28~31파운드이었던 초기의 기관차와 비교하여 큰 진전이었다. 레인힐에서의 기관차 실험과 1830년 9월 15일 리버풀-맨체스터 노선의 개통은 기관차와 고정증기기관의 싸움을 최종적으로 전자의 승리로 결정하게 만들었다. 유명한 워털루전투의 장군이자 당시의 수상이었던 웰링턴 공작Duke of Wellington이 주도하여 개통식이 성대하게 개최되었다. 모두의 예상을 뛰어 넘어 리버풀과 맨체스터의 물동량은 크게 증가되었다. 노선 주변 토지의 가치가 감소할 것이라는 초기 염려와는 달리 크게 증가되었다. 초기에는 스티븐슨의 기관차 8량에 의하여 운영되었다. 운영사는 매일 400~600명의 여객을 수송하기를 희망하였으나, 실제로는 1,200명이었다. 1835년까지에는 이미 여객 50만 명을 수송하였다. 1830년에 리버풀에서 맨체스터까지의 30마일은 약 한 시간 정도의 여행길이었다.

스티븐슨은 철도와 기차의 궤간으로 당시 전 세계적으로 탄광궤도의 "표준궤간Standard gauge"으로 인정되고 있던 옛 탄광궤도 궤간(1,435mm)을 채용하였다. 그러나 철도발전의 초기 단계에서는 이 궤간의 주도권에 대한 도전이 많았다. 브루넬

---

8) H. Booth, "Chemin de fer de Liverpool à Manchester" in Annales des ponts et chaussées, Paris, 1831, vol. I, p.1.

Isambard Kingdom Brunel(1806~1959년)은 서부철도회사의 엔지니어가 되자 2,130mm의 광궤를 도입하는 등, 결국 최대 70여 개의 다른 궤간이 사용되었다. 그러나 개개 노선이 단일 네트워크로 발전됨에 따라 궤간을 표준화할 필요가 있게 되었고, 당시 대부분의 주요 노선에서 사용되고 있던 스티븐슨의 궤간이 다른 궤간을 점차 축출하게 되었다.

기차의 발명과 발전을 주도한 영국 엔지니어들은 많은 경우 토목엔지니어인 동시에 기계엔지니어이었다. 이탈리아 르네상스 시대의 토목엔지니어가 동시에 건축가, 그리고 종종 미술가이었던 것과 마찬가지로, 프랑스의 많은 "교량도로 엔지니어"들이 물리학자와 수학자의 명성을 얻었던 것과 마찬가지로, 영국의 "산업혁명"과 초기 "철도시대"의 엔지니어들은 **토목과 기계엔지니어**로 활동하는 것이 일반적이었다. 사실 그들 중 가장 유명한 몇몇 사람은 원래 기계엔지니어이었다. 제분소의 설계자 및 기술자로부터 성장한 브린들리는 운하 건설의 대가가 되었다. 그의 동료인 스미턴은 증기기관을 개량하였을 뿐만 아니라 또한 "영국의 섬들을 넘어서 유명한 당시 엔지니어링의 걸작"인 에디스톤 등대를 건설하였다. 첫 증기기관차의 설계자인 트레비식Richard Trevithic은 또한 템스 강 하부의 터널공사를 맡았으나 당시 극복하기 어려운 막대한 기술적 난제로 인하여 완공시키지는 못하였다. 1832년 사망하기 1년 전에는 300m 높이의 주철타워 건설을 계획하기도 하였다.[9]

조지 스티븐슨은 8세 소년으로 탄광에서 일을 시작한 이래, 14세에 보조소방수가 되었고 몇 년 후에는 기관사가 되었는데, 증기기관과 기관차를 설계하였을 뿐만 아니라 두 동료와 더불어 세계 첫 기관차공작소를 설립하였다. 또한, 이미 설명한 바와 같이 터널, 교량, 고가교 등 대규모 공사가 포함된 스톡턴-달링턴과 맨체스터-리버풀 철도의 설계와 시공을 책임지는 토목엔지니어로 활동하였다. 그의 아들인 로버트 스티븐슨은 아버지를 도와 기관차를 설계, 제작하였다.

9) Matschoss, p.154.

동시에 철교건설 분야에서 획기적인 토목공사를 수행하였다. 그의 "브리타니어 교"는 다음 절에서 다루도록 한다.

존 레니John Rennie(1761~1821년)는 세기가 바뀌면서 운하, 늪지 배수로, 그리고, 1811~1817년에 고전적으로 건설되고 1935년에 파괴된 런던의 유명한 워털루 교를 비롯한 여러 교량의 건설에 참여하였다.[10] 그러나 그는 기계기술자로 특히 제분소 설계자로 경력을 시작하였으며, 전통적인 목재 톱니바퀴 대신에 세공된 주철재 톱니바퀴를 처음 사용한 기계엔지니어이었다.

이 외에도 예를 많이 들 수 있지만,[11] 이러한 예들이 그 시대 영국 엔지니어의 특성을 말하기에 충분할 것이다. 대부분 실무로부터 시작하여, 당시의 프랑스 엔지니어보다 이론적이거나 과학적인 문제에는 관심이 적었다. 그러나 그들은 기술의 전반에 걸친 완전한 대가이었으며 엔지니어링 기술에 매우 중요한 기여를 한 용감하고 천재적인 엔지니어이었다. 그러나 수학과 통계학을 기술적 문제에 적용하고 근대적 구조해석 방법과 수리학의 기초를 창안한 것은 주로 과학으로 훈련된 프랑스 엔지니어들의 업적이고, 그들에 의한 결과가 영국 기술자들에게 잘 알려지게 된 것은 아주 오랜 시간이 지난 다음이었다. 미적분학 발견의 우선순위와 관련된 뉴턴과 라이프니츠 추종자들의 불행한 논쟁은 국가적 위신의 문제로까지 비약되어 해협을 사이에 둔 양쪽 과학자들의 관계를 한 세기 동안 방해하였고 긴밀한 협력을 막았다. 1805년, 로비슨Robison은 브리태니커 사전에 재료역학에 대한 서술을 하면서 휨 문제를 마리오트, 파랑, 쿨롱의 업적을 완전히 무시한 채 갈릴레이 이론에 따라 다루었다. 옥스포드 대학 교수인 모즐리Moseley(1802~1872년)는 과학 수준이 프랑스인들보다 뒤쳐져 있던 자국 동료들

---

10) 현존하는 "London Bridge"도 존 레니의 설계를 기반으로 하고 있다. 그러나 실제 건설은 그의 사후 1825~1831년에 그의 아들 존(John)과 조지(George)의 감독 하에 이루어졌다. 이 교량은 1902~1904년에 확장되었으나 본래 석조 전면은 보전되었다.

11) 예를 들면 Marc Isambard Brunel. 194쪽 각주 참조. 증기기관의 유명한 발명자 제임스 와트도 1770년경 Monkland 운하 건설을 감독하는 등 종종 토목 엔지니어로 활동하였다.(Beck, vol. III, p.516)

에게 나비에나 퐁슬레Poncelet의 업적을 통하여 구조역학의 지식을 전파하였다. [12]

수리학 분야에 있어서 프로니, 벨랑제Bellanger 등 프랑스 과학자들의 업적이 대다수의 영국 기술자에게 전파된 것은 미국 엔지니어인 스토로우Charles Storrow(1809~1904년)를 통해서이었다. 그는 1830~1832년 파리 국립공과대학과 국립교량도로대학에서 수학하고 미국에 돌아가 '물의 수송과 급수를 위한 상수도 시설에 관한 논문A Treatise on Waterworks for Conveying and Distributing Supplies of Water'을 출판하였다. [13]

분명히 영국 엔지니어들이 앞서 있었던 기계공학 분야에 있어서도 영국과 프랑스 엔지니어들의 성향 차이는 명확하다. 영국인들은 증기기관을 성가신 이론적 조사 없이 수십 년 동안 사용하였다. 열역학 제2법칙을 발견하게 한 가역성 원리Reversibility Principle를 카르네Carnet가 발표하였지만 프랑스는 새로운 발명을 하나도 하지 못하였다.

2. 새로운 건설재료 : 철과 강

이미 서술한 바와 같이 철과 강 제조기술의 발전은 영국의 "산업혁명" 특히 석탄생산의 증가와 밀접하게 관련되어 있다. 프랑스의 엔지니어와 과학자들이 토목공학의 이론적인 기반을 만들고 독일과 스위스의 기술자들이 목교의 건설기술을 완벽한 수준까지 끌어올릴 때, [14] 영국은 새로운 건설재료를 대량으로 그리고 양질로 생산한 첫 번째 국가가 되었다.

지금도 마찬가지이지만, 철재 구조물의 설계자는 재료의 경비가 커지게 되면

---

12) Mehrtens, "Volesungen über Ingenieurwissenschaften", 2nd ed., vol. III, 1st Part, Leipzig, 1912, p.48.
13) Boston, 1835; "Engineering News Record", 1931년 9월 24일 자, p.476 참조.
14) 건설 장인이자 목수인 Teufen의 Johann Ulrich Grubenmann(1709~1783년)이 건설한 교량은 경간 90m까지 이르렀다. 목교 건설의 이론과 실제를 다룬 독일어 본 125쪽 참조.

서 구조 요소의 치수를 구조해석에 기반을 두고 정확히, 그리고 경제적으로 결정하게 되었다. 한편, 금속의 탄성과 강도는 석재에 비하여 보다 균일하기 때문에 구조이론과 재료역학의 적용을 용이하게 하였고 이에 따라 파괴응력 대비 안전율을 증가시키게 하였다. 이미 약간의 증명과 함께 지적한 바와 같이 주철은 건축재료라기보다는 건설재료로 볼 수 있다. 바로 이러한 이유로, 주철이 토목공학 분야에 자극이 되고 발전을 이루게 하는 주요 재료가 되었다. 18세기 중 영국의 주철과 강철 제조산업은 부족해진 땔나무를 풍부한 석탄으로 대체하는 데 성공하게 된다.[15] 이 분야의 큰 업적과 관련하여, 제철 장인인 아브라함 다비Abraham Darby 부자와 유명한 엔지니어 윌킨슨John Wilkinson을 언급할 수 있다. 그러나 와트의 첫 증기기관이 산업의 여러 부문을 혁신시키는 시기에 소위 교련법puddling process(1784년)을 통하여 석탄 용광로에서 연철을 생산한 헨리 코트Henry Cort(1740~1800년)의 발명은 특별히 중요한 의미를 가진다.

코트의 발명 이전에는 영국 가단철의 질이 너무 좋지 않아 해군에서 사용이 허락되지 않았고, 대신 스위스와 러시아의 철이 사용되었던 점을 생각한다면 이 발명의 중요성은 분명해진다. 1786년, 셰필드 경Lord Sheffield은 영국이 제임스 와트와 헨리 코트로부터 얻은 발명은 미국을 잃은 손실을 상쇄하고도 남는다고까지 하였다. 자국 엔지니어들의 성과에 힘입어 영국은 철의 생산과 가공에 있어서는 그 어떠한 나라보다 우월하게 되었다.[16]

따라서 철이 건설 재료로서 처음 대규모로 사용된 것은 바로 영국에서이었다. 1777년부터 1779년까지, 아브라함 다비 3세Abraham Darby III(1750~1791년)는 콜브룩데일Coalbrookdale의 세번 강을 건너는 그 유명한 30m 경간의 주철 아치교를 건설하게 되는데, 이 교량은 비록 지금은 인도교로만 사용되지만 어떠한 구조적 변화

---

15) 석탄과 코코스를 사용한 용광로에서의 철 제련은 더들리(D.Dudley)(1599~1684년)에 의해 처음 생산되었으나 100년 후(1735년경) 아브라함 다비(Abraham Darby II)(1711~1763년)에 의해 재발명될 때까지 이 공정은 비교적 잘 알려지지 않았다.

16) Matschoss, p.103 이하.

그림 52. 아브라함 다비가 건설한 콜브룩데일의 세번 강 교량
(photo by courtesy of the Director of the Science Museum, South Kensington, London)

도 겪지 않은 채 현존하고 있다.그림 52 그 후 10년간 영국에서 지간 55m의 스
테인스Staines의 교량과 같이 상당한 규모의 교량을 포함하여 많은 주철 교량이
건설되었다. 유럽 대륙에서 이러한 종류의 구조물이 등장한 것은, 1797년에 남
부 실레아Silesia의 부동산 자산가가 라싼 근처 스트리가우어 강Striegauer Wasser을 가
로 질러 건설한 13m 지간의 인도교가 처음이다. 프랑스에서도 새로운 세기
가 시작되면서 바로 유사한 구조물이 건설되었다. 파리 센 강의 퐁데자르Pont des
Arts(1803)와 퐁드우스터리츠Pont d'Austerlitz(1804~1806년) 등이 그 것이다.[17] 이 중 퐁도스
테르리츠는 1854년에 중간을 채운 구조물로 대체되었다.

이들 교량은 모두 아치 형태이었다. 이들의 주 거더는 목교에서와 유사하게 봉
또는 트러스 형태의 주철 개별 요소나, 볼트의 역할을 하는 쐐기 모양의 "홍예

---

17) 1755년 초, 철재 교량의 건설이 리옹(Lyon)에서 계획되었었다. 사실 경제적인 이유로 철재 대신 목재
교량을 건설하기로 결정되었을 때 이미 3개의 82ft 아치 중 하나는 공장에서 제작되었다.(Gauthey,
"Traite de la construction des ponts" 1843 ed., vol. II, p.101.)

석"으로 구성되어 있다. 후자의 경우, 개개 요소는 뼈대와 같은 세공 주물로 되어 거미줄과 같은 모양을 갖추었다. 어려움은 각각의 주물을 서로 연결하는 작업에 있었다. 이는 여러 방식으로 수행되었다. 즉, 연철아크(1793~1796년에 건설된 선덜랜드Sunderland의 위어Wear를 지나는 교량)라든지 주먹장이음groove and tongue(1802년에 건설된 스테인스의 템스 교)이 그 예이다. 바로 이런 어려움 때문에 실패를 겪게 되었다. 한번은 홍예틀을 제거하면서 아치가 무너졌다. 쐐기모양의 주물을 주먹장이음에 의하여 고정시킨 스테인의 교량은 여러 번 수리하고자 하였으나 실패하면서 건설된 지 20년이 되지 않아 붕괴되었다.

여전히 주철 아치교가 거의 전통적 장인정신에 따라 "제작manufactured"되는 동안, 현수교의 경우는 힘의 작용을 해석하고 그에 따라 과학적인 계산방법을 적용하는 것이 보다 용이해졌다. 중국에서는 체인 현수교가 아주 옛날부터 사용되어 왔었다. 유럽에서 현수교의 설계가 처음 등장한 것은 크로아티아 출신으로 후에 베니스에서 거주한 베란티우스Faustus Verantius에 의해 1617년에 출판된 논문 "새로운 기계Machinae novae"에서이다. 17세기와 18세기에는 밧줄에 매단 비상 교량이 종종 군사작전 중에 사용되었다. 최초의 근대적 현수교는 핀리J. Finley에 의해 1796년 북미에서 건설되었다. 1810년까지 미국에서, 현수선의 원리에 따라 상당히 많은 수의 현수교가 건설되었다. 이 중 1809년에 메사추세츠Massachusetts 주에 건설된, 메리맥Merrimac 강을 지나는 73m 교량은, 1909년 체인을 평행 강연선으로 교체하여 지금까지 현존하고 있다. [18]

영국에서도 이러한 종류의 주요 구조물이 19세기 초반에 건설되었다. 영국 현수교 건설의 선구자는 해군 대령이자 기술자인 브라운Samuel Brown으로, 그는 주조된 체인 연결부를 가장자리에서 볼트로 연결된 편평한 철봉으로 대체하였다. 브라운은 1819~1820년에 베릭Berwick의 트위드Tweed 강에 건설된 135m 경간의 유니온 교Union Bridge를 포함하여 수많은 체인 현수교의 책임자이었다. 당대 최고로 저

---

18) Schaechterle and Leonhardt, "Hängebrücken", in Die Bautechnik, 1940, p.377 이하.

그림 53. 토마스 텔포드가 1822~1826년에 건설한 콘웨이 성 교량
(photo by courtesy of British Railways)

명했던 영국의 토목공학자 텔포드Thomas Telford(1757~1834년)가 1819년과 1826년 사이
에 건설한 두 교량, 즉 176m의 현수선 경간을 가진 뱅거Bangor의 메나이 현수교
Menai Suspension Bridge와 127m 경간의 콘웨이 성 교량Conway Castle Bridge(그림 53)이 유명
하다. 나비에가 건설한 파리 센 강의 현수교는 이미 언급된 바 있다.(192쪽)

이들 모든 교량은 연철로 된 체인 현수교이었다. 첫 케이블 현수교는 1816년
에 북미에 건설되었다. 유럽에서의 첫 주요 현수교는 1822~1823년에 제네바
에 건설되었다. 40m 길이의 두 경간을 가진 이 교량의 설계자는 스위스 엔지니
어인 앙리 뒤푸르Henri Dufour(1787~1875년)와 프랑스 엔지니어인 마르크 세귄Marc Seguin
이었다. 후자는 다음 몇십 년 동안 그의 동생과 함께 프랑스에서 이러한 종류의
여러 주요 구조물 건설의 책임을 맡았다.[19] 1832년부터 1834년 사이, 프랑스
공학자 샬레J. Chaley는 스위스 프리부르 지방의 사린느Sarine의 협곡을 지나는 유명

19) Vicat, "Ponts suspendus en fil de fer sur le Rhône", Annales des ponts et chaussées, 1831, vol. 1,
p.94. 또는 Séguin, "Pont suspendu en fil de fer a Bry sur Marne", Annales des ponts et chaussées,
1832, vol. 1, p.210.

그림 54. 살레가 1832~1834년에 건설한 스위스 프리부르 지방 사린느 협곡의 로잔 대교
(By courtesy of the Photographic Archives of the Federal Technical College, Zurich)

한 로잔대교Grand Pont를 건설하였다. 1923년에 철거된 이 교량은 273m의 경간을 가졌으며, 생 베낭은 이 교량을 "세상에서 가장 대담한 구조물"이라고 표현하기도 하였다.그림 54 원래 두 개의 측면 보도까지 포함해 너비가 6.7m에 달하는 목재 상판을 각각 직경 0.3cm인 와이어 1056 가닥으로 이루어진 네 개의 케이블로 지탱하고 있었다. 1881년, 이 교량은 두 개의 케이블을 추가 연결함으로써 보강되었다.

19세기 초반에 지어진 대부분의 현수교는 브레이싱이 없었으며, 꽤 많은 수의 교량이 풍력에 의한 공명현상으로 건설된 지 얼마 되지 않아 비교적 빨리 붕괴되었다. 예를 들어 베릭 트위드 강의 유니온 교는 완공된 지 불과 6개월 만에 강풍에 붕괴되었다.

공기역학적 힘에 의하여 발생하는 추가적인 응력의 계산이(1940년 미국의 타코마 해협 현수교의 붕괴로 다시 한 번 강조된 바와 같이) 근대까지도 완전히 해결되지 않은 문제이긴 하지만, 19세기 초반의 공학기술은 이들 현수교의 응력해석을 올바르게 할 정도까지는 발전되어 있었다. 사실 체인이나 케이블 같은 주요 부재의 가장 경제적인 치수를 과학적인 근거로 계산하고 이들 부재들 중 더 중요한 부재에 대해서는 강도시험을 추가하여 결정하는 것이 이미 가능하였다.

나비에는 이 부분에 있어서 선구자적인 과업을 수행하였고, 그는 오랫동안 현수교의 이론을 지배하였다. 역으로 이런 대규모 공사와 관련하여 수행된 건설 재료에 대한 실험과 연구는 이들 재료의 성질에 대한 지식을 상당히 넓히게 해 주었다. 예를 들어 제네바 현수교 공사에서, 뒤푸르가 수행한 실험은 가공되지 않은 재료 또는 열처리된 재료로 된 와이어보다 인발와이어의 강도가 크다는 것을 처음으로 밝혔다.[20]

주철 아치교와 현수교는 곧 아치[21] 형태로만이 아니고 거더 교량의 형식으로도 연철 구조물로 이어졌다. 이 새로운 건설 재료는 압축과 인장에서 저항성이 동등한 성질을 가지므로, 거더 교량이 특별히 적합한 형식이다. 철재 거더 교량 초기의 중요한 예로, 철도 선구자의 아들인 로버트 스티븐슨에 의해 1846~1850년까지 건설된 메나이 해협Menai Straits을 횡단하는 브리타니아 교를 들 수 있다. 이 구조물은 연철판과 앵글철로 조립된 튜브 거더로 구성되어 있고, 두 개의 140m 경간과 두 개의 70m 경간(육지구간)으로 해협을 연결하고 있다. 필요한 경우, 현수 케이블 또는 체인으로 거더 교량을 보강할 수 있도록 석재 교각을 튜브 거더 상부 상당한 위치까지 설치하였다. 그러나 이 대책은 필요 없는 것으로 증명되었다. 현재도 단단한 수직과 수평선의 형태를 갖추고 있는 선형은 보다 형식적이며 다소 고전적인 이집트 건축양식을 생각하게 한다.그림 55

그 당시로서는 극단적으로 선이 굵은 이 진기한 구조물은 과학적 연구, 특히 광

20) "Analyse et extrait des deux ouvrages de M. G. H. Dufour sur les ponts suspendus", in Annales des ponts et chaussées, 1832, vol. 2, p.85.
21) 예를 들어, Oudry가 1854~1855년에 파리 센 강에 건설한 Pont d'Aecole.

그림 55. 로버트 스티븐슨이 1846~1850년에 건설한 메나이 해협의 브리타니아 교
(Fox Photos Ltd.)

범위한 강도시험이 필요하였고, 그 결과는 스티븐슨과 그의 동료인 클락Clark[22]이 저술한 2권의 책에 교량에 대한 기술과 시공일지와 함께 출판되었다. 철의 성질에 대한 당대의 저명한 전문가인 기계, 해양 공학자 윌리엄 페어베언William Fairbairn의 도움을 받아, 사각형, 원형, 타원형 단면의 튜브형 거더 그리고 여러 단면의 합성형 거더에 대하여 수많은 휨 시험을 수행하였고, 결과의 분석을 위해 수학자 호지킨슨Hodgkinson의 도움을 받았다. 가장 긴 경간의 약 1/6에 해당하는 23m 튜브형 거더 모델에 대하여 일련의 시험을 수행하였고, 활하중의 영향과 판의 좌굴문제에까지 연구가 확대되었다.

---

22) "브리타니아와 콘웨이 튜브형 교량의 시공에서의 거더와 재료의 성질에 대한 일반적 조사" 제2권, 런던, 1850.

최초의 철교가 출현한 직후, 이 새로운 재료는 건물, 특히 대경간의 지붕과 돔의 건설에 사용되기 시작하였다. 19세기 전반부에 세워진 여러 건물 중, 40m 경간의 주철 리브rib로 이루어진 파리 콘마켓Corn market의 둥근 지붕(Bellanger 건설, 1809~1811년), 비엔나 다이아나 실내 수영장의 19m 원통형 지붕(1820년), 마인츠 대성당 동측 내진choir 상부의 15m 연철 둥근 지붕(1827년) 등을 들 수 있다. 파리 생트 주느비에브 도서관(1843~1850년)에서는 지붕구조물뿐만 아니라 지지 기둥에도 철재를 사용하였다.

교량과 건물에 연철이 많이 사용되게 된 것은 기계적 압연법[23]의 발전과 밀접하게 관련이 있다. 이 공정은 용도와 역학적 요구에 적합한 다양한 단면의 길고 얇은 바bar의 형상을 경제적인 방법으로 만들 수 있게 하였다. 산업 규모의 바 제품의 생산은 1780년대에 헨리 코트에 의해 도입되었다. 1820년경, 존 버킨쇼 John Birkinshaw가 철로도 레일의 압연에 대한 특허를 받았고, 최초의 앵글이 영국에서 1830년경에, 독일에서 1831년에 압연생산되었다. 채널과 더블T형이 프랑스에서 대량생산되어 1849년 14cm 규격 더블T형 들보joist로 지지된 바닥구조를 시공하였다. 같은 시기, 비슷한 단면의 철재를 1856년 영국과 독일 또한 압연생산하였다.

철을 근대 공학의 가장 중요한 재료로 만드는 과정에 있어서, 보다 중요하게 기여한 것은 생산 자체에서의 혁신이었다. 1855년, 다재다능한 영국의 엔지니어이자 발명가인 헨리 베세머Henry Bessemer(1813~1898년)는 전통적인 노력과 비용이 많이 드는 교련법을 대신하여 유체상태의 선철에 강하게 공기를 혼입하는 제강법을 생각하였다. 이러한 혁신은 경제적인 가격으로 대량의 연강을 생산할 수 있게 하였다. 다방면에 천재적인 베세머는 그의 자서전에 획기적인 사건을 상세하게 설명하였다.[24]

---

23) 압연법은 화폐주조를 위한 금속을 늘이기와 자르기로 일정한 두께의 바(bar)로 만들기 위해 사용하였던 16세기에 시작되었다.

24) Matschoss, p.226.

보다 중요한 단계는 토마스S.G.Thomas(1850~1885년)가 1870년대에 베세머 전로converter에 기본 라이닝lining을 도입함으로써 인 성분을 줄이는 아이디어였고, 이것은 일반적인 인을 포함한 철광석의 이용을 훨씬 많이 가능하게 해주었다.

이 발명은 축열식 가열(폐열을 용광로 공기의 예열에 활용)을 하는 지멘스—마르탱Siemens-Martin 평로의 발명과 더불어 공학의 전 분야에 걸쳐 철이 대규모로 사용될 수 있는 길을 열어 주었다. 곧, 유럽과 미국에서 철을 사용하는 다수의 중요한 공사, 특히 정확한 계산을 기반으로 해야만 설계되고 건설될 수 있는 예외적인 형태를 가진 교량공사가 이루어졌다. 구조해석은 급작스럽게 토목공학에서 없어서는 안 될 중요한 학문 분야가 되었다.

철 금속공학 분야에서는 다음 단계로 건설재료의 강도를 향상시키기 위한 노력을 기울이게 되었다. 이것은 대규모 교량 시공에 있어서 필수적으로 중요한 문제이다. 허용응력이 증가하게 되면 부재의 단면을 크게 줄일 수 있고 그에 따라 자중을 감소시키고 결국 경간 길이를 증가시켜 교량을 경제적으로 건설할 수 있게 한다. 베세머의 첫 번째 강과 크게 차이나지 않는 현대 일반적인 구조용강은 약 $3,500-4,200\text{kgf/cm}^2$의 극한인장강도를 갖게 된다. 그러나 지금은 부분적으로 특별한 열처리를 하거나 소량의 니켈, 구리, 망간, 실리콘과 혼합하여 탄소성분을 적절히 처리함으로써 $7,000\text{kgf/cm}^2$ 이상의 구조용강을 생산하는 것이 가능하다. 대규모 현수교의 케이블을 형성하는 와이어는 보다 더 큰 강도를 갖는다. 1927~1931년, 스위스 샤파우젠 출신 토목공학자 암만O.H. Ammann에 의해 건설된 1,067m 경간의 허드슨 교의 경우, 약 $16,000\text{kgf/cm}^2$의 인장강도가 와이어에 설정되었다. 현재까지 가장 긴 1,280m 중앙경간의 샌프란시스코 금문교는 약 $15,500\text{kgf/cm}^2$의 최소강도를 가진 와이어에 현수되어 있다. 그러나 최대 $18,000\text{kgf/cm}^2$의 강도를 가진 니켈크롬강과 같은 대부분의 고품질 특수강은 구조용 목적보다는 기계, 장비, 무기들에 사용되었다.

3. 구조공학과 "건축"의 결별

교량, 나아가 건물의 재료로 철이나 강철을 대량 사용하게 된 것은 건축의 발전에 상당히 큰 영향을 미쳤다. 이 새로운 재료의 성질은 석재나 목재 등 전통적인 재료와는 큰 차이가 있었다. 철과 강의 인장강도와 휨강도는 그 전의 재료보다 상당히 강했다. 또한, 이를 응용하는 기술도 완전히 달랐다. 이러한 이유로 기존의 건축 양식을 철을 이용 하는 건축에 그대로 적용시키는 것은 현실적으로 불가능하였다. 과거의 건축양식들은 모두가 부피가 큰 3차원적 재료의 사용에 기초를 두었다. 사실, 고딕예술의 대가들은 구조적인 안전성을 보장하는 한도 내에 석조물을 최소한으로 줄이려고 노력하였다. 그럼에도 그들 또한 석재로 정교하게 제작한 볼트리브, 기둥머리, 처마 돌림띠, 벽에 붙은 기둥, 버팀벽, 작은 탑 등을 사용하여 각각의 건축 요소들이 어느 정도 형태가 있고 3차원적인 몸체를 가지도록 하였다. 하지만 철 구조물들은 대량으로 압연 제조된 철봉과 철판으로 조성되어 선의 차원 기껏해야 평면의 차원이 지배적이다. 다시 말해 철을 이용한 구조물들은 1차원적, 기껏해야 2차원적 형태를 띠게 된다.

그러나 철 구조물에 한정적이고, 석조 건축 방법에 영향을 끼칠 필요가 없는 이러한 새로운 특성과는 별도로 건축 전반에 결정적이고 어떤 관점에서는 숙명적이라고도 말할 수 있는 새로운 사실이 나타났다. 정역학과 재료역학에서의 구조 문제를 과학적으로 해석하여 해를 구하는 것이 가능해짐에 따라 구조물을 보다 합리적으로 설계할 수 있게 되었고, 이는 또한 안전 요구사항에 대한 선입견 없이 광범위하고 복잡한 구조물의 과제를 경제적인 방법으로 대처하는 것이 가능하게 되었다. 반면 동시에, 구조물을 설계할 때 원칙적으로 상이한 두 가지 관점, 하나는 구조해석이나 계산과 같은 공학적인 요소를 강조하는 관점, 또 하나는 미적인 외관과 같은 건축적인 요소를 강조하는 관점에서 설계하는 것이 가능해졌다. 과제의 성격에 따라 두 가지 중 한 가지가 더 강조되었다. 실용적인 건축물에는 공학적인 측면이, 기념 건축물에는 건축적인 측면이 강조되었다. 도시에서 교량을 건설하거나 혹은 이와 같은 공사에서는 두 가지 관점 모두가 되도록 조화되어야 한다.

공학과 건축의 구분이 이미 어느 정도 진행되고 있었음에도 불구하고, 거의 18세기 말에 다다를 때까지도 엔지니어들은 그 둘의 구분에 대하여 인식하지 못하고 있었다. 벨리도르의 "엔지니어의 과학"과 같은 특별히 엔지니어들을 위한 책에서까지 최소한 "구조물의 장식"과 기둥의 양식에 대한 장을 포함하고 있다. 전문 엔지니어들도 고도의 기술을 가지고 건축 업무에 도전하곤 하였다. 예를 들어 고떼는 수많은 교회를 건설하였다.[25] 그러나 19세기 초기 수십년간 구조 해석 방법의 개선과 함께, 엔지니어가 과학적 연구를 통하여 얻어야 하는 이론적 지식의 영역이 크게 성장하며 전문화가 불가피한 정도까지 되었다. 한 손의 기술과 역학, 또 다른 한 손의 건축이 동등하게 3차원 상상력에 의하여 지배되던 브루넬레스키, 프라 지오콘도, 프란체스코 디 조르지오Francesco di Giorgio의 시대는 지나갔다. 토목 엔지니어들이 순수한 해석적 방법보다는 즉각적 통찰을 선호했음에도 불구하고, 과학의 새로운 갈래인 구조역학과 정역학은 점점 더 이론을 반영하고 수학적으로 추론하는 데 기반을 두게 되었고, 예술적인 직관에 좀 더 기울어진 흥미와 능력을 가진 사람들에게는 관심을 주지 못하게 되었다.

처음엔, 이러한 분할의 결과가 건축 예술에 치명적이지는 않았다. 18세기 후반의 이성주의적 관점은 고전주의의 부활을 야기하였다. 고전 양식을 경험하고 적절히 사용함으로써 주로 수학적으로 훈련된 엔지니어들조차도 특출하지는 않다고 해도 최소한 겉모습과 감각을 가진 건물을 설계할 수 있었다. 이러한 사실은 당시 모든 유럽국가 내의 제분소, 창고, 병기고 등 수많은 "고전주의" 산업용 건물들에 의하여 증명된다. 또한 교대, 교각, 아치의 호, 현수교의 탑문 등에 고전주의 장식이나 배열을 사용할 기회를 제공한 많은 교량에서도 이 사실은 분명하다. 페로네의 콩코드 교Pont de la Concord(1787~1791년)나 레니의 런던 교는 가

---

25) 또 다른 예로 Teuten의 U. Grubenmann을 들 수 있다. 그는 교량 외에도 여러 교회를 건설하였다.(J. Killer, "Die Werke der Baumeister Grubenmann", Zurich, 1941 참조.)

장 훌륭한 기념비적 고전주의 교량에 속한다. 증가하는 교통량에 의하여 각각 1930~1931년과 1902~1904년, 이 교량의 증축이 필요할 때도 이들 교량의 미적인 양상은 가능한 대로 정확히 보존되었다. 교량건설 역사의 관점에서 보았을 때, 방금 언급된 두 교량과 달리 뇌이 교와 워털루 교는 2차 세계대전 직전에 새 구조물로 대체되어야만 했던 것은 매우 통탄할 일이다.

산업의 성장과 철도의 출현으로 산업용 건물에 대한 수요가 급증하였다. 그러나 "구체제Ancien Regime" 하에서는 건설 공사가 국가 회계에 의하여 수행된데 반하여, 당시 자본주의 시대 초반에는 민간의 사업가와 유한책임회사에 의하여 건물이 건설되었고, 이들은 무엇보다도 경제적인 설계와 시공을 중시하였다. 당연히 경제성이 산업용 건물의 새 시대에 있어서 가장 중요한 기준으로 떠올랐고, 구조 이론은 건설 재료와 그 강도와 마찬가지로 이 경제적 목적에 종속되어야만 하였다.

주택건설은 별도로 하더라도, 전통적인 관점에서 창작 예술가로서 작업하는 건축가는 그 활동범위가 상당히 위축되는 것에 직면하게 되었다. 심지어 그에게 남아 있는 일 중에서도 어느 정도 복잡한 역학적인 문제의 해결은 모두 엔지니어의 몫이었다. 건축가들이 점점 더 미적인 접근으로만 편중되어가는 것은 이상할 것이 없다.

외관이나 어떤 기념비적인 요소가 중요하게 다루어져야 하는 주요 공사의 경우, 예술역사에 관한 수많은 간행물들 덕분에 당시 건축양식들의 주요 정보들은 관심 있는 사람들이 쉽게 입수할 수 있었고, 이 때문에 오히려 과거의 건축양식 중 하나가 선택되는 경우가 대부분이었다. 교회나 시청은 고딕이나 로마네스크 양식으로 건설되었고, 기차역이나 우체국, 극장은 신르네상스 양식으로 건설되었다. "옛 요새나 성을 추억하게 하는 이름을 가지고 있는 막사, 병기고, 사격장과 이에 수반되는 공공건물 또는 이러한 시설을 조달하는 시설 등 군사적 특성을 띠는 건물들은 중세풍의 성곽 양식으로 건설되었다."[26] 그러나 이러한 예에서 보듯이, 대상 양식의 미적이고 장식적인 특성을 표면적으로만 따라 하는 것이었다. 원래의 양식에서는 근간이 되었던 본래의 동기나 정신, 구조들은 더 이상 존재하지 않게 되었다.

예를 들어 대경간 지붕이나 볼트, 고층 타워나 빌딩의 시공과 관련한 구조적인 문제는 컨설팅 엔지니어에 의해서 해결되었다. 컨설팅 엔지니어는 현대적 공법을 적용하고 현대적 재료, 즉 초기에는 철과 강, 후에는 철근콘크리트를 사용하는 역할을 하였다. '스타일'에 대한 편견을 피하기 위하여 이런 구조는 가능한 많은 것을 숨겨야 하였다. 교회 본당에서 강철 또는 철근콘크리트 들보는 거짓 볼트 천정으로 위장되었다. 프레임구조와 가벼운 벽돌 벽으로 시공된 사무용 건물은 얇은 석판으로 표면을 처리하여 석조건물을 연상시키도록 하였다.

위와 같은 규칙을 확인하기에는 몇몇 드문 예외가 있었다. 예를 들면 이미 19세기 중반 파리에서는 현대적 원리에 의하여 설계된 철재 구조물을 표면에 내보이고, 이를 건축적 장식 요소로 사용하고자 하는 시도가 있었다. 앙리 라브루스트 Henri Labrouste에 의하여 설계된 주느비에브 도서관Bibliotheque Sainte-Genevieve(1843~1850년)과 국립도서관Bibliotheque Nationale(1861년 준공. **그림 56** 참조)의 열람실이 가장 알려진 예이다. 특히 후자는 논란의 대상이 되었음에도 불구하고 흥미로운 시도를 하였다. 마이어A.G. Meyer는 "철재에 의해서만 성취될 수 있는 중력을 뛰어 넘는 새로운 승리를 보여주는 최초의 예술적 기념비"라고 묘사하였다. 이와 연관되어 팩스턴J. Paxton에 의하여 설계된 런던의 수정궁Crystal Palace(1851년) 또한 획기적인 중요성을 지닌다.

아마 실용적인 목적만이 아니고 건축적 외관의 목적을 가지고 건축된 강재구조

---

26) Peter Meyer, "Schweiserische stilkunde", Zurich, 1942, p.178. 이 문장은 물론 스위스 특정 상황에 적용한 것이다.

그림 56. 파리의 국립도서관 열람실

물 중 가장 성공적인 예는 1889년 파리만국박람회를 기념하기 위하여 건설된 에펠탑Eiffel tower일 것이다. 에펠탑의 설계자이자 시공자인 에펠사의 디자인부서 팀장인 스위스 엔지니어 쾨슐랭M. Koechlin(1856~1946년)은 쿨만의 제자이었다. 그는 새로운 건축재료에 가장 적합한 형태를 이루는 전체 구조와 그 상세를 찾아내는 대가적인 능력을 보여주었다. 그의 작품은 프랑스 수도의 다른 건축기념비들과 어깨를 나란히 하고, 그 날씬한 실루엣은 이 도시의 스카이라인의 중요한 부분이 되고 있다. 그럼에도 불구하고 에펠탑은 예술적 또는 기념비적인 요구사항을 만족시켜야 하는 건축구조물에 철재를 사용하는 문제를 결국 해결하지 못한, 다시는 쉽게 되풀이될 수 없는 예외로 생각하여야 한다.

미학적인 요구사항 없이, 건축가의 도움이 없이 실용적 건물로 명쾌하고 단순하게 시공된 19세기의 엔지니어링 작품에 대해서는 논쟁의 여지가 비교적 적다. 철재와 석재 교량, 댐과 저수지, 런던 생 판크라스 역St. Pancras Station(발로우Barlow 건축,

1866~1868년)의 73m 경간의 승강장,[27] 또는 1889년 파리 박람회에서 건축가 샤를 뒤테르Charles Dutert와 구조기술자 빅토르 콩타맹Victor Contamin이 설계한 110m 경간의 기계관Galerie des Machines과 같은 산업 또는 교통 목적의 대형 홀; 나아가서는 시추탑, 냉각탑, 가스탱크 등과 같은 특수목적 구조물 등을 들 수 있다.

이들 구조물들은 때때로 주변의 농촌 또는 도시환경에 어울리지 않게 보일 수 있다. 그러나 대체적으로 이들은 건축적 영감이 없이 건축되었기 때문에(매력적이거나 추하지도 않고) 그 결과는 미학적으로 의미가 없다. 이들은 스케일은 다르지만 제분소, 목교, 창고 등과 같은 허세 없는 시골의 담백한 실용적 건물과 어느 정도 비견될 수 있다. 북 이탈리아 어느 마을의 역 부근에서 저자가 느꼈던 바와 같이, 화려한 유겐트양식Jugendstil 외관의 공동주택과 사무 빌딩 가운데에 겸손한 모습의 기관차 격납고나 급수탑과 같이 순수하고 단순한 허세 없는 실용적 건물은 보는 사람 눈의 피로를 완벽히 풀어 주는 유익한 효과를 준다.

지금은 거의 극복되었지만, 당시로서는 특징지어졌던, **토목공학**과 **건축**이 구분된 것을 가장 인상적으로 볼 수 있는 것은 어느 정도의 "기념비적 성격"이 요구되는 19세기 후반의 기차역, 도시의 교량, 그리고 공공건물이다. 역 건물과 관련해서, 밀라노 역(그림 57)은 비록 20세기 두 전쟁 사이에 건축되기는 하였지만, 19세기 모든 반칙의 거대한 집합체로 여겨질 수 있다. 인상적인 광대함과 구조적 우아함의 좋은 예가 되는 철재와 유리로 건축된 깨끗하고 기능적인 형태의 플랫폼 지붕과 어색하고 과장된 세공의 철근콘크리트 뼈대가 "건축" 뒤에 숨은 대합실 빌딩과 선명하게 대조된다.

아마도 당대 구조물의 이중성을 전형적으로 보여주는 것은 카이저Kaiser 시대에 건설되고 대부분 제2차 세계대전 중에 붕괴된 독일 도시의 화려한 여러 하천 교

---

27) 이 경우. 엔지니어링 작품으로 간주될 수 있는 것은 단지 역의 지붕 자체이다. 대조적으로 "복고풍"으로 치장된 "건축요소"인 파사드는 진솔한 기능적 양식의 역 지붕과는 일관되지 않는다.

그림 57. 밀라노 중앙역의 플랫폼 지붕

량일 것이다. 이들 교량에서는 경외함을 느끼게 하는 로마네스크 축성 양식(보름스Worms, 마인츠Mayence, 쾰른Cologne의 라인 강 교량), 또는 노르만 요새 양식(함부르크Hamburg의 북엘베Norderelbe 교량)으로 설계된 교문이 철재로 된 하천 경간의 날씬하고 기능적인 실루엣과 낯선 대비를 이루고 있다.그림 58

그림 58. 보름스의 라인 강 교량

제 **8** 장

19세기의 토목공학

1. 수리학 - 댐, 터널, 압축 공기 기초

18세기 말에서 19세기 초 다수의 탁월한 토목 엔지니어가 공공 토목공사 분야에서 활동하였다. 하천을 운하화하는 공사 등 대규모로 토목공사가 수행되었다. 라인 강의 대규모 개선사업을 걸작으로 남긴 튤라Johann Gottfried Tulla(1770~1828년)는 이 분야에서 탁월하였다. 그 당시 바젤Basle과 마인츠Mayence 사이의 하천은 취약한 상태로 있었다. 하천의 여러 지류들은 지속적으로 선형을 바꾸면서 넓은 유역에서 범람하고 늪지로 변화되기도 하였다. 튤라는 파리여행 중 국립공과대학에서 수학과 자원공학, 기계공학을 전공하였으며, 새로운 분야인 몽주Monge의 도형기하학descriptive geometry을 접하게 되었다. 그는 하상에서의 물 흐름의 속도, 배수공사, 댐의 영향 등과 같은 수리학 연구에 참여하였다. 1803년 그는 바덴 선제후국Electorate of Baden 기술국의 수석 엔지니어가 되었고 라인 강의 하천정비와 운하공사를 맡게 되었다. 정치적 문제에 따라 실제의 정비 및 개선공사는 1817년까지 진행되지 못하였다. 비록 현대적 관점에서는 너무 대담하였다고도 할 수 있으나, 이 공사는 완벽하게 성공했음에도 불구하고 튤라는 완공을 보지 못하고 사망하였다.

튤라는 그의 기획에 따라 린트Konrad Escher von der Linth(1767~1823년)가 발의하고 감독하여 1807~1816년에 시행된 발렌제Walensee 호수와 취리히Zurich 호수 사이의 린트Linth 강의 정비를 포함하여 스위스의 주요한 수리공사를 자문하기 위하여 초청

되기도 하였다. [1]

대규모 수리공사와 관련된 다른 엔지니어들은 다음과 같다.

비베킹Carl Friedrich Wiebeking(1762~1842년)은 잉골슈타트Ingolstadt 위의 다뉴브 강 상류를 포함한 바이에른Bavarian 주의 여러 버려진 하천의 정비를 감독하였으며, 수리학에 관한 저서를 다수 출판하였다. [2]

볼트만Woltman(1757~1837년)과 아이텔바인은 북독일의 저지대의 하천정비와 제방공사를 수행하였다. 볼트만은 쿡스하펜Cuxhaven의 수석 수리 엔지니어이었고 1812년 이래로 함부르크의 하천 및 제방공사 책임자이었다. 아이텔바인은 퀴스트린Küstrin의 제방감독관이었고, 후에는 프러시아 공공사업청Public Works Administration의 수석 엔지니어이었다. 두 엔지니어는 또한 기술 저술가로서 수리학 실무에 큰 기여를 하였다. 볼트만은 4권의 "수리학 기고"[3](1791~1799년)를 저술하였다. 아이텔바인은 "고체역학 및 수리학 편람"[4](1800년)과 "수리학 실무교범"[5](1802~1824년)의 저자이다.

마지막으로, 보헤미아Bohemia의 수석 수리 엔지니어인 게르스트너Franz Joseph v. Gerstner(1756~1832년)를 언급할 수 있다. 그는 몰다우 강과 다뉴브 강 사이의 선박운하 사업에 종사하였으나, 결국 철도 건설이 보다 나은 해결책이라 제의하였다. 그의 이름은 그가 발표한 트로코이드 파 운동 이론으로 항만 엔지니어에게 익숙하다.

18세기 후반기 동안 엔지니어링에 수학과 역학을 도입한 것을 전환점으로 하

---

1) 괴테는 튈라에 의하여 계획되고 수행된 공사에 깊은 관심을 가지고 있었다. 특히 라인 강 대 정비 사업은 파우스트 II에서 늙은 주인공이 엔지니어가 되어 습지와 늪지를 경작지로 변화시킨 평생 업적의 완성을 바라보는 종막에 영감을 준 것으로 알려져 있다.
2) 비베킹은 또한, 주로 바이에른 지방에 있는 여러 아름다운 목교와, 저술 "교량공학 기고"(Beyträge zur Brückenbaukunde, Munich,1809),(Zucker, "Die Brüke", Berlin, 1921, p.82 참조.)로 유명하다.
3) "Beyträge zur hydraulischen Architektur"
4) "Handbuch der Mechanik fester Körper und der Hydraulik"
5) "Praktische Anweisung zur Wasserbaukunst"

여 합리적 과정이 끊임없이 지속되는 시작점이 된 구조물 건설의 발전과정에 비하여, 수리학의 발전은 다른 과정을 밟았다. 구체제의 프랑스 엔지니어들, 특히 벨리도르는 구조물의 치수를 결정하기 위하여 정역학과 재료역학의 이론을 사용하였을 뿐만 아니라 수리학의 공사를 설계 및 시공하기 위하여 동수역학hydrodynamics의 기본법칙들을 적용하였던 것이 사실이다.(제5장 4절 참조) 그러나 계속되는 발전과정에서 다니엘 베르누이, 오일러 등과 같은 수학자에 의하여 공식화된 이론 수리학은 실무적 효용성이 적은 것으로 증명되었다. 다시 한 번 이론과 실무 사이에 괴리가 발생한 것이다.

이론 수리학은 실용 수리학과 분리되었다. 실용 수리학은 프로니Prony, 아이텔바인Eytelwein, 달시Darcy, 바이스바흐Weisbach, 바쟁Bazin 등 실무 수리 엔지니어들의 노력에 의하여 발전되었다. 이들 중 일부는 공과대학에서 연구 활동에도 종사하였다. 반면에 이론 수리학(동수역학)은 물리학자들에 의하여 고도의 우아한 수학적 체계로 전환되어갔다. 과학자들은 그 과정에서 비현실적으로 무마찰 비압축성의 "완벽한" 또는 "이상적인" 유체를 가정하도록 강요받았다. 그러나 수리 실무자들은 실제의 관측에 근거한 단순하고 실질적인 공식이 필요하였고, 이론적이고 물리적인 추론에는 관심이 없었다. 그러므로 유럽의 가장 일반적인 토목공학편람(예를 들면, Foster의 "Taschenbuch fur Bauingenieure" 개정4판, 1921년, 1145쪽)에서 아직도 그들의 이름을 찾을 수 있는 아이텔바인, 바이스바흐, 바쟁 등의 동수역학 공식들은 비록 실제와의 유사성과 결과의 정확도 등에 있어서 분명히 높은 수준에 있지만 (앞서 제4장 6절에서 설명한 바와 같이) 구조정역학이 발달되기 이전에 볼트 등의 설계와 시공에 사용된 경험법칙들과 일맥상통한다.

상당한 기간 동안, 이론 수리학과 실용 수리학은 다소 독립적으로 발전되었다.[6] 영국의 엔지니어이며 물리학자인 레이놀즈Reynolds(1842~1912년)는 실용 수리학, 즉, 관과 채널에서의 물 흐름 문제를 보다 과학적인 기반에서 해결하고자 한 사

6) De Marchi, "Idraulica", Milan, 1930, 서론 참조.

람 중 하나이다. 그는 층류streamline flow와 난류tubulent flow 간 구별과 임계속도critical speed(1883년)의 개념을 도입함으로써 모순되어 보이던 관측 결과의 적합성을 증명하였다. 현대에 이르러서는 항공학의 발전에 따라 공기역학이 발전되고, 따라서 동수역학 또한 더욱 크게 발전하게 되었다.

19세기 말과 20세기 초에 수력발전의 시대가 도래함에 따라, 토목 엔지니어에 관한 한 동수역학은 새로운 주목의 대상이 되었다. 기계적 에너지를 전기적 에너지로, 또 그 반대로 전환하여 동력을 먼 거리에 전달하는 것이 가능하게 되었기 때문에, 자유롭게 움직일 수 있는 증기기관의 세기 동안 잠시 잃었던 물의 중요성이 되살아났다. 현대 동수역학에 기반을 둔 터빈의 설계는 기계 엔지니어의 과제이다. 그러나 수력발전소에 관련된 구조적 과제는 토목 엔지니어가 수리학의 현대적 방법, 즉, 저압장치에서의 팽창곡선 계산법이나, 압력갱도 또는 압력관의 설계법을 적용할 기회를 많이 주게 된다. 후자의 과제에서 특히 중요한 것은 알리에비Allievi 등에 의하여 제시된 물의 탄성을 고려하는 압력 충격 이론이다.

마찬가지로, 수력 발전소의 발전과 관련하여, 현대에서 특히 20세기가 시작된 이후, 보와 댐의 건설은 매우 중요한 문제가 되었다. 현대의 과학적 원리에 따라 설계된 최초의 댐은 19세기 후반에 물 공급을 목적으로 건설되었다.

드사지De Sazilly(1853년)와 드로클Delocre(1866년)은 중력댐의 치수를 결정하는 문제가 단지 정역학의 문제(전도와 활동에 대한 안전)로만 생각하여서는 안 되고, 동시에 재료역학의 문제이며, 따라서 댐 내부응력을 계산하고 이를 적절한 한계 내에 유지시켜야 한다고 최초로 강조하였다.[7] 댐의 단면은 저수지의 물이 가득 차거나 비는 두 극단적 경우를 고려하고, 대상 단면에서 직선의 사다리꼴 응력분포를 가정하

---

7) De Sazilly, "Sur un type de profil d'égale resistance proposé pour les murs des réservoirs d'eau", Annales des ponts et chaussées, 1853, vol. 2, p.191.
Delocre, "Sur la forme du profil à adopter pour les grands barrages en maçonnerie", Annales des ponts et chaussées, 1866, vol. 2, p.212.

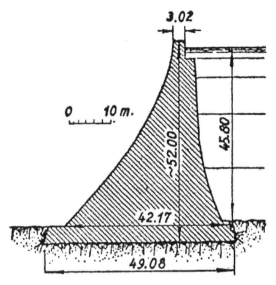

그림 59. 푸렌스 댐(1861~1866년)의 단면(치수는 m)

여 균등저항체의 단면으로 결정되어야 하였다. 드로클은 또한 협소한 계곡을 막는 댐은 평면 상 약간 오목하게 하여야 하며, 이에 따른 아치효과와 측면 암석의 저항이 댐 하부의 단면결정에 고려되어야만 한다고 제안하였다.

이 새로운 원리에 따라 설계된 첫 번째 주요 구조물은 생 테티엔Saint-Etienne에 식수 공급을 위해 1861~1866년에 건설된 푸렌스Furens 댐(Barrage du Gouffre d'Enfer)이다. 이 댐의 단면(그림 59)은 전문가들 사이에서는 "프랑스 댐barrage francais"으로 알려졌고 오랜 기간 동안 댐의 전형으로 여겨졌다. 아치 형태 정점의 높이는 약 50m이고, 길이는 99m이다. 댐은 섬세하게 축조된 원석 석조로 되어 있어 외면이 특별한 주목을 받았다.

드로클의 계산법은 그 이후 여러 면으로 발전하고 개선되었다. 그렇지만 푸렌스 댐의 곡선 단면형태는 구조적 단순화를 위하여 대부분의 후속 댐에서는 대략 삼각형 단면형태로 대치되었다.(예를 들면, 1922~1924년에 건설된 스위스 베기탈Wägital 호수의 슈레Schräh 댐) 대체로 말하면, 이후의 혁신은 대부분 시공 상세에 관련되어, 부력의 영향과 온도변화 및 수축에 의한 온도영향을 가능한 한 제거하거나 상쇄시키고자 노력하였다. 20세기의 시작 이후에는 수백 개의 중력댐이 건설되었다. 콜로라도 강을 거의 깊이 180m, 저수용량 230억m³의 호수로 변화시킨 유명한 후버Hoover 댐도 그중의 하나이다.

중력댐에 추가하여, 수력발전소 시대에 있어서 중요성이 점차 커진 것이 아치댐이다. 좁은 협곡에서는 종종 수평 볼트의 형태로 댐을 건설하여 볼트 추력을 횡 방향 암석 지지부로 전달하는 것이 가능하였기 때문이다. 이 형식의 최초 예 중의 하나가 1850년 엑상프로방스Aix-en-Provence에 건설된 36m 높이의 졸라Zola 댐이다.

아치댐의 계산은 근대 구조해석의 가장 중요한 문제 중 하나로서, 전공분야에서 수많은 연구와 논문의 주제가 되었다. 처음에는 개개의 볼트 링을 수평으로 가해지는 수압에 저항하는 양단 고정 아치로 해석하고자 하였다. 1913년 리터 H. Ritter[8])는 이러한 댐을 바닥에서 고정된 수직 보들과 수평 아치로 구성된 일종의 직물과 같이 간주하기를 제안하였다. 구조해석을 위하여 그는 기본적으로 댐의 모든 점에서 탄성처짐이 두 역학계에서 동일하도록, 전체 수압이 두 계에 분포된다고 가정하기를 제안하였다. 구조해석법에서는 항상 그렇듯이, 실제의 계산은 정해와는 어느 정도 차이가 나는 상당히 단순화된 가정 하에서 이루어진다.

20세기 초 수십 년 동안 이러한 아치 댐들이 주로 미국에서 건설되었다. 스위스의 예로는 몽살방Montsalvens(스터키A. Stucky가 설계하고 1918~1921년에 건설됨), 암스테그-파펜스프링Amsteg-Pfaffensprung(1921년) 등을 들 수 있다.

보다 진보된 댐 형식(버트리스 형식 등)은 20세기에 속하고[9]) 본 장의 범위를 벗어난

---

8) H. Ritter, "Die Berechnung von bogenförmigen Staumauern", Karlsruhe, 1913.
9) 버트리스 형식의 댐이 일찍이 1800년경 인도의 Hyderabad 근교에서 건설된 바가 있다. 이 댐은 길이가 0.8km이고 높이가 12m이었다.(Kelen, "Die Staumauern", Berlin, 1926, p.209 참조)

다. 하지만 19세기 중 높은 수준의 완성도로 발전한 토목공학의 또 다른 분야, 즉 터널건설은 다루지 않을 수 없다. 특별히 19세기 후반부 중 건설된 알프스 터널들은, 비록 산 속에 숨어 있어 댐과는 달리 시야에 들어오지 않아 주변 경치에 영향을 주지는 않지만, 유럽의 교통 역사에서 무시할 수 없는 중요한 부분을 차지한다.

안정된 암반을 통과하는 터널은 이미 고대에도 있었고, 17세기 후반 이후로는 대규모로도 건설되었다. 광산이나 용수공급 목적으로는 덜 안정된 토질에서도 작은 단면의 갱도가 건설되기도 하였다. 르네상스의 건설인들이 터널 건설에 참여하였다는 것은 필라레테Filarete의 "건축론Trattato dell'architettura"(1464년) 중 이상도시 스포르진다Sforzinda의 용수 공급체계를 다루는 구절을 보면 명백하다. "…… 산을 통과하는 길이 4마일의 터널이 건설되어야 하였다. 나는 이를 폭 10ell(1.1m), 높이 15ell(1.7m)로, 시의 출입문 크기와 비슷하게 설계하였다. 우리는 암석 그리고 모래와 부딪히며 어렵게 공사하였고, 터널의 중간에서는 육중한 검은 물체와 ……."[10]

다시 17세기로 돌아가, 랑그도크 운하의 터널(1679~1681년)은 길이 157m, 폭 6.9m, 높이 8.4m이다. 쉘레넨Schollenen 협곡의 우르너로흐Urnerloch 터널은 18세기 초(1707년)에 건설되었다. 18세기 말에는 프랑스 운하에 여러 터널이 건설되었다.

현대적 의미로서 터널 굴착기술의 시초는 트롱쿠와Tronquoi의 생 캉탱St. Quentin 운하의 터널이 사질토층, 즉 압력을 가하는 재료를 통과하여 건설된 1803년으로 거슬러 올라간다.[11] 다른 주목할 만한 터널 공사가 프랑스와 영국에서 운하와 도로의 통행을 위해 수행되었다. 1825~1841년에 쉴드 터널공법에 의하여

---

10) Antonio Filarete, "Trattato dell'architettura", published by W. v. Oettingen in "Quellenschriften für Kunstgeschichte und Kunsttechnik", New Sequence, vol. 3, Vienna, 1896, p.517.
11) "Handbuch der Ingenieurwissenschaften", vol. 5, "Tunnelbau", Leipzig, 1920, Historical Introduction.

건설된 와핑Wapping과 로더하이즈Rotherhithe 사이의 템스Thames 터널도 그러한 도로 터널 중 하나이나, 후에 철도터널로 전환되었다. 이 눈부신 업적은 "공학 편람 Handbuch der Ingenieurwissenschaften"에서 "비범하고 이전에 알지 못했던 어려움을 성공적으로 극복한 인류의 인내와 능력을 보여주는 빛나고 고무적인 예"로 서술되고, "그 창조자 브루넬Isambard Brunel[12]을 그의 직업 역사상 가장 탁월한 자의 반열에 올려놓은 작품"이라고 하고 있다. 공사 중 열한 번이나 하천이 침투하였다. 그러나 이 끈기 있는 엔지니어는 매번 새롭게 다시 시작하였고, 16년 이상의 각고의 노력 끝에 공사를 완성하였다.

철도의 출현과 성장은 토목공학의 터널 분야에 강한 충격을 주었고, "터널은 곧 기술적인 경이의 대상으로 더 이상 여겨지지 않고, 단지 엔지니어링의 일상적인 과제로 여기게 될" 정도로 터널의 수가 증가하였다. 최초의 철도 터널은 리버풀 부근의 엣지힐 터널과 리버풀-맨체스터 철도 상의 소규모 터널로서 두 터널 모두 조지 스티븐슨의 감독 하에 건설되었다.

19세기 중반까지는 터널굴착 기술은 주로 실무 경험에 기반을 두었기에 그래서 비교적 적은 수의 광산 기술자들의 특권이었다. 터널 건설이 하나의 과학으로 자리 잡게 된 것은 오스트리아 공학자 프란츠Franz von Rziha(1831~1897년)의 공이 크다. 그는 고전적인 저서 "터널건설 편람Lehrbuch uber die gesamte Tunnelbaukunst" (1863~1871년)에서 토목공학의 주요 분야를, 관련된 작업과 장비들과 함께 체계적인 방법으로 처음 보여주었다.

터널의 평균 길이가 증가함에 따라 건설 속도를 높이는 것이 중요한 문제가 되었고, 이는 다시 굴착장비를 도입하고 개선하는 것에 좌우되었다. 19세기의 3

---

12) Marc Isambard Brunel(1769~1849년)은 노르망디 출신으로 건축가, 토목 엔지니어, 기계 엔지니어이었다. 건축가로서 그는 뉴욕의 Bowery 극장을 비롯한 여러 주요 건물을 건설하였다. 토목 엔지니어로서는 운하와 교량의 건설에 관여하였다. 기계 엔지니어로서는 새로운 형식의 금속가공기계와 섬유기계를 설계하였다. 앞서 언급한 I. K. Brunel은 그의 아들로서 템스 터널 건설 중 그의 아버지를 보조하였다.

대 터널 중 첫 번째인 12.9km 길이의 몽스니Mont Cenis 터널을 건설하는 데는 14 년(1857~1871년)이 걸렸는데, 여기서 소메예Sommeiller의 공기식 드릴이 처음 사용되었다. 1872년에 착공된 생 고타드 터널에서는 효율이 보다 개선된 브란트Brandt 와 페루Ferroux의 드릴과, 검은 화약을 대체한 다이너마이트로 인하여 공정속도를 높일 수 있었고, 15.5km의 터널을 9년 만에 완공할 수 있었다. 마지막으로, 1898년 착공한 길이 19.7km의 생플롱Simplon을 통과하는 두 단선 철도 터널 중 첫 번째 터널은 생 고타드 터널보다 기술적 어려움이 상당히 컸음에도 불구하고, 단기간(7년 9개월)에 완성되었다.

19세기 동안의 토목공학 발전에 대한 간단한 개관을 압축 공기 기초 방식에 대한 몇 마디로 결론지으려 한다. 수중 공사를 위한 잠수종diving bell의 사용은 수세기 동안 알려져 왔다.(쿨롱의 제안 참고, 182쪽) 구조적 목적으로는 스미턴에 의해 처음 사용되었다.[13] 1841년에 프랑스 광산 엔지니어 트리제르Triger는 광산의 수직갱을 파 내려가기 위한 방법으로 원칙으로는 현대적 압축공기 기초와 유사한 방법을 개발하였다. 트리제르는 바닥은 개방, 천정은 폐쇄된 철판 재질의 실린더를 설계하고, 내부는 압축공기를 채워 실린더가 지하수위 아래로 내려가더라도 내부에서 작업하는 사람이 물의 침투로부터 보호받도록 하였다.

1843년에 영국 엔지니어 포트Pott는 윗 뚜껑이 있는 주철 실린더가 대기압에 의하여 강하되는 기초 공법에 대한 특허를 얻었다. 이는 커다란 진공 통을 단시간에 실린더와 연결하여 실린더 내부를 순간적으로 낮은 압력으로 만들어, 위 뚜껑에 작용하는 외부 공기압이 실린더를 지반 속으로 밀어 넣도록 하는 것이다. 이 방법은 영국의 여러 교량 건설에 사용되었고, 존 라이트John Wright에 의해 1849~1850년 로체스터의 메드웨이 교Medway Bridge의 기초에 사용되었다. 그러나 이 경우, 그 방법이 성공적이지 않았고 트리제르의 압축 공기 방식으로 대체되었다.

---

13) 108쪽과 139쪽 참조.

이 새로운 방법은 기초 기술에 있어 새로운 시대의 시작을 알렸다. 초기부터 에어록air lock이 사용되었다. 각 작업실에는 두 개의 에어록이 사용되어 토사가 방해 없이 제거되도록 하였다. 이미 언급한 바 있는 철도 엔지니어이자 교량 건설자인 브루넬은 쳅스토Chepstow의 웨이 교Wye Bridge(1850~1856년)와 살타쉬Saltash 대교(1853~1856년) 건설에 이 새로운 공법을 사용하였다. 그는 수심 24m의 암반에 시공되는 중앙 교각의 기초에 11m 직경의 실린더를 현장에 띄워 사용하였다. 프랑스 엔지니어 세잔Cezanne은 세게드Szeged의 티사Tisza 강 교량(1857년)[14]과 카우나스Kaunas의 네멘Nyemen 강의 교량(1859년경)을 건설할 때, 유럽대륙 내에서는 최초로 압축 공기 공법을 사용하였다.

전술된 예들은 아직은 진정한 의미로서의 케이슨 기초로 간주될 수는 없고, 수위 바로 위까지 콘크리트나 석재로 채워진 철재 환상형 실린더로 교각을 만든 튜브 기초라고 할 수 있다. 몇몇 경우, 예를 들어 네멘 교에서는, 하부가 작업실working chamber로 구분되고, 수면 위에 위치된 록 챔버lock chamber와 연결되어, 에어록의 작동을 방해하지 않고 새로운 링ring이 추가될 수 있도록 하였다. 마지막 석재를 케이슨 정점에 바로 설치하고 케이슨을 내려앉히면서 수면 위에 건설하는, 현대적 의미의 케이슨 기초로서 최초의 것은 1859년 켈Kehl의 라인 교 건설에서 사용되었다.

곧이어 많은 수의 압축 공기 기초가 건설되었다. 최초의 케이슨은 모두 강철로 제작되었다. 점차적으로 철근콘크리트가, 북미에서는 목재 또한 사용되었다. 뉴욕 이스트East 강을 가로지르는 브룩클린Brooklyn 교의 교각 중 한 곳에 뢰블링W.A. Roebling에 의하여 사용된 31m×52m의 거대한 목재 케이슨(1870~1871년)과 툴롱Toulon의 드라이독 건설에 에르장Hersent에 의하여 사용된 길이 144m, 폭 41m의 강철 케이슨(1878~1880년) 등을 그 예로 들수 있다.

---

14) Annales des ponts et chaussees, 1859, vol. 1, p.241 참조. 여기서 세잔은 조금은 극적으로, 공사의 어려움과 기갑에 들어가고 머무른 사람들이 겪은 불편(귀울림, 귀 통증, 완전한 암흑, 눅눅하고 답답한 공기, 60도에 이르는 견딜 수 없는 열 등)을 발표하였다.

2. 도해역학의 기원 - 강 트러스 교량에의 적용

19세기 전반기 동안 구조역학이 이론역학의 한 분야로 구분되어 등장한 이후, 세기의 중반 이후에 토목공학은 다시 한 번 새로운 이론적 도구로 도해역학을 얻게 되었다.

이 새로운 과학의 분리된 한 독립 분야가 등장하고 발전하게 된 이유로 크게 두 가지를 들을 수 있다. 첫 번째 이유는 순수하게 실무적인 것이다. 새로운 건설 재료인 철은 주로 길고 압연평강의 형태로 그 사용이 계속 증가하였고, 이러한 구조 요소의 특별한 성질이 **트러스**truss라 알려지게 된 특별한 구조 양식을 발전 시키고 사용이 증가되도록 하였다. 하지만 이런 트러스의 구조해석을 나비에와 그의 후계자들이 발전시킨 해석적 방법으로 수행하는 것은 힘들고 지루한 것이 었다.

다른 이유는 더 깊은 뿌리를 가지고 있다. 두 세기 이상, 수학자들은 거의 대부 분 해석적이고 대수적인 계산법에 관심을 가졌다. 하지만 18세기 말과 19세기 초, 몽주와 특히 퐁슬레는 대수적 방법에서 기하학적 방법으로 역점을 전환하 는 시도를 하였다. 이 두 프랑스인에 의하여 창조된 사영기하학projective geometry은 많은 과학자와 엔지니어들에게 기하학적, 도해적 방법에 대한 관심을 이끌어 내었고 역학과 재료역학에 관련된 문제를 명료하게 표현하고 정연하게 해답을 끌어내는 데 탁월하게 적합한 수많은 법칙과 설계를 제공하였다.

리터W. Ritter는 "도해역학의 적용Anwendungen der graphicschen Statik"(취리히, 1888년) 제1권의 서문에서 다음과 같이 토목 엔지니어들에게 사영기하학의 중요성을 강조하고 있다. "도해역학으로 가는 길에 있어서…… 사영기하학은…… 자연스러운 징검 다리와 같이 간주되어야 한다. …… 역학을 기하학적, 도해적으로 다루는 데 퐁 슬레의 경이로운 창작물을 지나친 것으로 평가하고 직접적인 방법으로 진지하 게 노력하여 보다 쉽고 자연스럽게 얻을 수 있는 우회로를 찾는 경향은, 마치

새들이 그들이 예전에 날던 전통적인 비행경로를 따르기를 고집하고 보다 유리한 비행경로를 택하지 않는 것을 연상시킨다."[15]

뉴턴의 힘의 평행사변형에서 힘을 도해적으로 합성하는 것 외에도, 도해역학의 근원을 파리의 "건축학원Academie d'architecture"에서 프랑스 혁명 이전에도 사용된 "Calcul par le trait"에서 볼 수 있다. 프랑스인 푸앵소Poinsot("정역학의 원리Elements de statique", 1804년)와 꾸지느리Cousinery("Calcul par le trait, 1839년), 그리고 독일인 뫼비우스Möbius(1827년)는 비록 퐁슬레의 사영기하학에 의지하지는 않았지만, 역학문제의 답을 구하는 데 도해법을 사용하였다.

그러나 도해역학을 과학의 한 분야로서 발명한 것은 프랑스인이 아니었다. 그들은 취리히의 쿨만과 리터, 드레스덴의 모어Mohr, 밀라노의 크레모나Cremona 등 스위스, 독일, 이탈리아의 공과대학에서 연구하던 학자들이었다. 이 새로운 과학의 실질적인 창시자는 쿨만이다. 그는 바이에른 주 팔츠 출신으로 카를스루에Karlsruhe 공과대학에서 수학하고 후에 젊은 엔지니어로서 독일의 철도와 교량 건설에 종사하였다. 여유시간에 수학지식을 넓히며 프랑스 기하학 대가들의 새로운 방법에 특별한 관심을 가지게 되었다.

1849~1851년의 영국과 북미로의 긴 여행은 그의 전문가로서의 이력과 과학자로서의 이력에 중대한 영향을 미쳤다. 미국에서는 그 당시 발전하기 시작하고 점차 인기가 증가하고 있었던 트러스 교량을 연구할 기회를 가지게 되었다. 1847년 이미 젊은 기계기술자이며 장래의 교량기술자인 휘플Squire Whipple은 "교량건설론An Essay on Bridge Building"에서 트러스 구조의 해석법을 다루고 있었다. 이 여행의 보고서(1851년 "Fosters Allgemeine Bauzeitung" 출판)에서 쿨만은 주로 트러스 교량에 대하여 관심을 보였으며, 이로 말미암아 트러스 구조를 유럽에 소개하게 되었다.

---

15) 이러한 믿음과는 달리, 모어, 뮐러-브레슬라우, 바우싱거 등 독일 교수들은 사영기하학은 불필요한 짐이고, 이 도움 없이 도해역학을 가르칠 수 있다는 생각을 가지고 있었다.(Rühlmann, pp.475, 476 참조.)

쿨만은 1855년 새로 설립된 취리히연방공과대학Federal Technical College at Zürich[16]의 교수가 되었다. 그곳에서의 교수생활 중 많은 저술을 남겼는데, 가장 중요한 저술 "도해역학Graphische Statik"은 1864년에 초판, 1875년에 2판이 출간되었다. 이 역작에서 쿨만은 일반적인 계산의 도해법을 설명하기보다는 구조해석의 문제에 적용 가능한 기본적인 도해법을 개발하였다. 이 과정에서 그는 이미 알려진 여러 개개 문제의 해를 그 자신의 새로운 방법으로 풀어 하나의 완성적인 과학 즉 "도해역학"으로 발전시켰다. 그는 관련된 원리를 과학적으로 이해하기 위하여, 비록 이 방법이 독자의 지식수준이 상당히 높은 것을 전제로 하여야 함에도 불구하고, 사영기하학을 광범위하게 사용하였다. 이 점에 있어서, 쿨만 자신도 그의 제2판 서문에서, 정역학의 문제를 제한된 수의 방법으로 줄이면 "그 정신적 본질을 빼앗기게 되고 젊은 기술자들이 소화하기에 쉽지 않다. 그러나 사고하는 인간을 만들고자 하는 공과대학에서는 목표를 높이 둘 필요가 있다"고 언급하고 있다. 그가 연방공과대학에서 도해역학 강의를 위하여 필수적인 고급기하학을 가르치는 데 성공한 것은 쉬운 일이 아니었다.

쿨만은 힘의 다각형과 연력도funicular polygon의 광범위한 적용을 포함하여 엔지니어가 갖추어야 하는 과학적 도구에 속하는 여러 기본적인 도해법의 개발자이다. 이는 보의 휨모멘트를 구하기 위해서뿐만 아니라 면적모멘트(힘의 모멘트, 관성모멘트)를 구하기 위해서도 필요한 "도해 구조 설계자의 기본도구"라고 하였다.

미국여행의 보고서에서도 쿨만은 슈베들러Schwedler가 "베를린 건설저널Berlin zeitschrift fur Bauwesen"에 1851년 출판한 유사한 업적과 같은 시기이지만 독립적으로, 그러나 아직은 대수적인 방법에 기반을 두어 트러스 이론[17]을 전개하였다. 그의 이론은 "양쪽 플랜지 그리고 모든 트러스 부재의 치수를 정확히 구할 수 있는"

---

16) 이 대학 Eidgenössisches Polytechnikum은 1854년 2월 7일 연방 법에 의하여 설립되었으며, 1855년에 개교하였다.
17) 전술한 휘플 외에 러시아 엔지니어 Jourawski가 약간 앞서서 트러스 해석법을 개발하였으나 전문가들에게 널리 알려지지 않고 있었다.(Timoshenko, "Federhofer-Girkmann Festschrift", Vienna, 1950. Schweizerische Bauzeitung, 1951, p.1에서 인용)

단 하나의 이론이었으며, 그리고 "이때부터 이론과 실무가 손을 잡게 되고 트러스 구조를 경제적으로 설계할 수 있게 되었다."[18] 마지막으로, 쿨만은 그의 이름을 따른 도해법에 의하여 토압이론을 풍성하게 하였다.(사실은 쿨롱의 방법에 근거하였으나, 도해계산을 체계적으로 도입하여 그의 방법을 확장시키고 개선하였다.)

쿨만의 아이디어는 특히 이탈리아에서 높이 평가되었고, 크레모나L. Cremona(1830~1903년)는 그의 소논문 "도해역학에서의 상호 그림Le figure reciproche nella statica grafica"(1872년)에서 실용적 가치가 매우 큰 것으로 증명된, 유럽대륙에서는 "크레모나 평면"이라고 알려진 평면 트러스 이론인 "응력도Stress Diagram"를 개발하였다. 그는 이 방법을 사영기하학으로부터 유도하였다. 그러나 "이렇게 유도된 방법은 …… 아주 단순하여 그 유도에 사용된 지식 없이도 쉽게 이해하고 적용할 수 있었다."[19]

프랑스에서는 쿨만과 크레모나에 의하여 개발된 새로운 방법이 대다수의 전문가들에게는 레비M. Levy의 "도해역학과 건설에의 그 응용La statique graphique et ses applications aux constructions" 파리, 1874(제2판. 1886~1888년)을 통하여 알려지게 되었다. 1877년, 윌리오Williot는 도해역학 논문에서 트러스의 처짐을 구하는 방법을 개발하였다.

도해역학 학문은 주로 리터와 모어에 의하여 더욱 확대되고 풍부해졌다. 리터는 처음에는 쿨만의 제자이었고 후에는 그의 조수(1869~1873년), 마침내 1882년부터는 취리히 연방공과대학에서 그의 후계자가 되었다. 쿨만의 사후에는 그의 출판되지 않은 유고를 정리하고, 이를 확대하여 독립적인 업적 "도해역학의 응용Anwendunges der graphischen Statik"(4권. 1888~1906년)으로 출판하였다. 이 책은 도해역학의 전 분야를 망라하고 있으며 도해역학의 고전 교과서로 남아 있다.

---

18) Heinzerling, "Die Brücken der Gegenwart", Aix-la-Chapelle, 1873, Part I, Iron Bridges.
19) Ritter, vol. II, p.8.

모어는 1873년부터 1900년까지 드레스덴 공과대학의 교수이었으며, 실제로 쿨만 학파에 속하지는 않았다. 그러나 트러스 이론과 토압 이론에 대한 기여 이외에도, 몇몇 중요하고 아직도 많이 사용되는 도해법으로 기술발전에 기여하였다. 특히, "관성에 대한 모어의 원circle"과, 휨모멘트도의 면적을 하중으로 생각하고 이 하중에 대하여 극거를 EI로 한 2차 하중과 연력도funicular polygon를 그려 보의 처짐곡선을 구하는 방법을 들 수 있다. 모어 원에 의하여 응력을 도해적으로 표현하는 것은 독특한 명료함과 실제와 아주 근사함이 인정되고 있는 극한강도의 모어 이론과 밀접하게 관련되어 있다. 빙클러Winkler(1835~1888년)와는 동시대에, 그와는 분명히 독립적으로, 모어는 "영향선lines of influence"(이 명칭은 바이라우흐Weyrauch에 의해 도입)의 개념과 사용법을 정역학에 도입하였다.

도해역학의 방법은 특히 이미 언급한 바와 같이 19세기 후반부 중 대규모 공사에서의 구조 특히 교량에서 가장 즐겨 사용되는 형식이 된 트러스 거더의 계산에 적합하다. 트러스 형태의 구조는 이미 목조 구조물에서 트러스와 압축지주재 구조strut frames의 형태로 사용되어 왔었다. 팔라디오는 "건축 4서Quattro libri dell'Architettura"(1570년)에서 교량 거더의 두 가지 예를 보여주는데 이는 실제 삼각형 트러스 구조이다. 이런 형태의 구조를 목교에 적용한 실례를 찾기 어려운 이유는 절점을 경제적인 방법으로 설계하는 것이 어렵기 때문일 것이다.

19세기 전반기 동안 북미에서 목재 트러스 교량이 많이 사용되었다. 쿨만의 미국 여행 보고서에는 이런 구조의 예를 많이 싣고 있다. 철의 등장과 함께 이 새로운 건설재료는 처음에는 인장부재(하우Howe 트러스)[20]에 사용되었으나, 이후 곧 전체 트러스에 사용되게 되었다. 유럽대륙에서는 벨기에 엔지니어 네빌Neville이 1845년경 샤를루아Charleroi 부근 소규모 운하교량을 등변삼각형의 철재 트러스 양식으로

---

20) 리터("Der Brückenbau in den Vereinigten Staaten Amerikas", 여행보고서, 1893)에 따르면, 철재 타이를 목재와 함께 사용한 하우의 철도교 총 길이는 모든 철재 철도교 총 길이의 1/3에서 1/2에 이르렀다고 한다.

건설하였다.[21] 영국에서는 최초의 대규모 철재 트러스 교량이 1851년에 엔지니어 와렌Warren의 설계로 뉴와크Newark 지역의 트렌트Trent 강 위에 건설되었다. 역학적 기능을 올바로 인식함에 따라, 압축플랜지와 압축지주재는 주철로, 인장플랜지와 타이tie는 연철로 제작되었으며, 절점은 힌지로 하였다. 이 후 수십 년 동안, 트러스 거더는 미국에서 가장 대중적인 구조형식이 되었다. 트러스는 휘플 이후 여러 엔지니어들에 의하여 대수적으로 또는 모형실험에 의하여 해석되었다.

미국의 동료들과는 달리, 유럽의 엔지니어들은 리벳rivet으로 강결된 거셋gusset 절점을 선호하였다. 다만, 1880년대 중 만델라Manderla[22]와 빙클러, 리터가 트러스의 이차응력을 고려한 엄밀이론을 개발하기 전까지 초기에는 해석의 단순성을 위하여 힌지 절점의 가정을 유지하였다.

19세기 후반기 중 다른 어떤 건설 분야보다도 대규모 강 트러스 교량 분야에서는 해석 방법의 발전과 역학 개념의 진보가 구조 외관의 변화에 반영되었다. 1850년대와 1860년대, 각각 특별한 모습을 가진 다수의 트러스 거더 시스템이 미국과 특히 독일에서 개발되었고, 종종 개발자의 이름을 따서 명명되었다. 파울리 거더(그림 60)도 그중의 하나로, 곡선 현재flange로 된 렌즈 형태의 트러스 거더이다. 파울리F.A.v. Pauli(1802~1883년)는 보름스 도시 부근에서 태어나 주로 바이에른의 철도공사에 종사하였다. 그의 생각은 하중과 상관없이 상부와 하부에서 모두 축력을 일정하게 유지하고, 지간의 길이를 일정하게 하도록 하는 것이었다. 리터[23]는 파울리 트러스 거더의 탄생에 대하여 다음과 같이 이야기한다. "설계 당시 파울리는 교량의 파괴가 주로 통과 열차에 의한 진동 때문에 일어난다는 생각을 가지고 있었다. 그는 거더를 중립축에 현수시키고 이 축을 직선으로 유지함으로써 이 진동을 제거하거나, 최소한 감소시킬 수 있다고 생각하였다. ……" 그는 또한 현재에 변단면을 쓰는 것은 바람직하지 않다는 의견이었

21) Heinzerling 참조.
22) "Die Berechnung der Sekundärspannungen", Allgemeine Bauzeitung, 1881.
23) Ritter, vol. II, p.83.

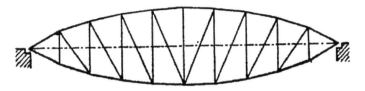

그림 60. 파울리 트러스 거더

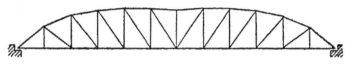

그림 61. 슈베들러 트러스 거더

다. 왜냐하면, 단면이 부재력에 결코 정확하게 적용할 수 없으므로, 현재의 부재력이 변화하면 항상 재료의 낭비가 발생하기 때문이다.

주로 라인 강과 다뉴브 강 유역에서 볼 수 있는 수많은 파울리 트러스 교량 중가장 중요한 교량으로 1860~1862년에 건설된 마인츠 지방의 라인 강 철도교를 들 수 있다.

수 년 후(1867년), 슈베들러는 모든 사재가 인장부재로만 작용하는 트러스 시스템을 발명하였다. 모든 격간에 이 원리를 일정하게 적용해가면, 상현재의 중앙에서 약간의 "불연속점"을 갖게 되는데 이것이 슈베들러 트러스(그림 61)의 특징이다. 이러한 형식은 구조적으로나 미학적으로 만족스럽지 못하기 때문에, 슈베들러 그 자신도 상현재를 "눈으로 보기에 보다 기분 좋은 곡률을 가진" 다중심 아치 또는 반타원형 아치의 형태로 할 것을 제안하였다. "실제로는 대부분의 경우 슈베들러 원리를 엄격히 준수하였고, 조금은 어색한 형태가…… 채택되었다."[24]

---

24) Ritter, vol. II, p.68.

슈베들러 트러스 거더 역시 수많은 교량에 적용되었다. 그중 처음은 발명가 그 자신이 건설한 해메르텐Hämerten의 엘베Elbe 강 위의 복선철도교(1867년)이다.

파울리, 슈베들러 등등에 의하여 설계된 트러스들(포물선 트러스, 반포물선 트러스, Haseler 또는 K 트러스 등)은 지주strut로 연결되어 외적으로는 단순보로 간주되는 구조이다. 1866년 바이에른의 엔지니어 게르버H. Gerber(1832~1912년)는 아직도 "게르버 거더" 또는 영어권 국가에서는 "캔틸레버 거더"로 불리는 거더의 설계 특허를 인가받았다. 이는 몇 개의 경간에 걸친 연속 거더 중간에 힌지 절점을 넣어 지점의 사소한 침하로 인한 악영향을 제거하는 구조이다. 게르버가 이 시스템에 따라 건설한 최초의 교량은 1867년에 하스푸르트Hassfurt 지역 마인 강 위의 교량으로, 다각형 현재로 된 중앙경간 130m의 트러스 교량이다. 이 시스템은 물론 트러스 거더 외에 몇 개의 경간에 걸친 일반 거더에도 적용된다.

미국과 영국에서 캔틸레더 거더가 다수 적용되었는데 몇몇 경우에는 웅대한 규모로 적용되었다. 이러한 형식의 미국 최초 교량은 1876년 켄터키 강 위에 건설한 철도교이다. 영국에서는, 포스만Firth of Forth의 철도교가 최초인 동시에 캔틸레버 교량의 웅대한 표본이다. 베이커Benjamin Baker(1840~1907년)의 설계로 1883~1890년에 건설된 이 교량은 길이가 2,500m이다. 중앙의 두 경간은 각각 순경간 520m로써, 20년 넘게 세계 최장 경간이었다.그림 62 캔틸레버 부분은 이중교차 트러스double intersection truss로 되어 있다. 압축부재strut는 튜브형 강판으로, 인장부재 tie member는 브레이스 거더로 되어 있다.

단순한 삼각형 또는 내부가 나누어진 삼각형 패턴으로 된 정정트러스 거더에 추가하여, 19세기 후반부의 초기에는 사재가 교차되는 이중교차트러스나 다중 격자 거더와 같은 여러 여재redundant member를 가진 구조가 다수 등장하였다. 이중 압축지주재 구조double strut frames에서 부재력 분포를 해석하는 어려움은 사재를 느슨하게, 즉 타이 부재tie member와 같이 설계하거나 구조계를 각기 하중의 반을 감당하는 두 개의 독립된 압축지주재 구조로 간주함으로써도 극복되었다. 그러

그림 62. 포스만의 철도교(1883~1890년)(From Fox photo Ltd.)

나 격자 거더의 구조해석은 더 어려우므로 이는 점점 대경간 트러스로 대체되었다. 유명한 격자 거더 교량으로 각 123m인 6개 경간으로 구성된 디르샤우Dirschau 지역의 비스와Vistula 강 위의 옛 철도교(1850~1857년,그림 63)를 들 수 있다.

3. 시멘트와 철근콘크리트

석재와 벽돌을 사용한 건설이 강재 건설의 진보에 맞서 경쟁하기 위해서는 무엇보다 먼저 급속히 응결하는 수경성 결합제가 필요하였다. 지중해 연안 국가와 다른 유럽의 지역은 포추올리Pozzuoli(나폴리) 부근과 로마 부근에서 나오는 포졸라나 재Pozzuolana ash, 또는 독일 라인란트Rhineland에서 나오는 트래스trass와 같은 화산 퇴적물이 풍부하여, 고대로부터 수경 모르터(44쪽 참조)를 만드는 데 사용되어 왔다. 그러나 이를 제외하고는, 18세기 말까지도 건설공사에 사용된 결합제는 고칼슘생석회fat lime와 모래로 만들어진 공기건조air-dried 모르터뿐이었다. 만일 원석을 정밀하게 세공하고 기술적으로 접착하여 페로네의 교량처럼 건설한다면 대단한 구조물을 시공하지 못하는 것은 아니다. 하지만 강도가 감소되고 특히 제

그림 63. 디르샤우 지역의 비스와 강 위의 옛 철도교
(From Mehrttens, Vorlesung uber Ingenieurwissenschaften, Berlin, 1908)

한적인 결합력과 공기건조 모르터의 늦은 경화 속도 등으로 인하여, 정교하지 않은 원석이나 막돌로 큰 응력을 받는 구조물을 시공하는 것은 불가능하였다.

기초 또는 수공 구조물에서는 석회를 벽돌가루와 혼합하여 수중에서도 모르터가 어느 정도까지 경화되도록 하였다. 벨리도르는 "수리구조학" 제4권(153,162쪽 참조)에서 포졸라나 재 또는 그와 비슷한 효과를 내는 혼합재료("terrasse de Hollande", "cendree de Tournay")를 사용하여 항만공사용 수경성 콘크리트의 제조법을 설명하고 있다.

18세기 말과 19세기 초, 영국과 프랑스의 엔지니어들은 수중에서 경화하는 "수경성" 결합제에 보다 큰 관심을 가지게 되었다. 에디스톤 등대(1756~1759년) 건설과 관련하여 스미턴은 여러 종류의 결합제를 가지고 실험하여, 특정 석회의 수용

성질은 점토 함유량에 지배됨을 입증하였다. 하지만 등대의 공사에서 그는 충분히 시험해 본 이탈리아의 포졸라나 재를 사용하였다. 1796년 파커James Parker는 "로만 시멘트Roman Cement"라고 약간은 오해의 소지가 있는 이름을 가진 결합제, 알루미늄 함량이 높은 천연 석회질 이회토calcureous marl를 태워서 제조한 수경성 결합제의 특허를 인가받았다. 18세기 말에서 19세기로 넘어갈 즈음에, 이 제품은 처음에는 영국에서, 다음에는 프랑스에서도 중요한 역할을 되었고, 곧 콘크리트 제조에 사용되게 되었다. 일찍이 1816년에 프랑스 수이약Souillac 지역의 도르도뉴Dordogne 강 위에 대규모 교량이 로만 시멘트 콘크리트로 건설되었다.

19세기에 들어 10년 동안 프랑스 엔지니어 비카J. Vicat(1786~1861년)는 결합제에 대한 상세하고 과학적인 조사를 수행하였다. 그는 활성 부석회와 비활성 부석회, 보통의 수경성 석회와 강한 수경성 석회를 구분하고, 각 종류에 가장 적합한 연소도degree of combustion를 규정하였다. 또한 그는 분쇄한 활석chalk과 점토를 같이 가열하여 합성 수경성 결합제를 제조하는 방법을 고안하기도 하였다.

그러나 효율적인 수경성 결합제의 여정에서 가장 중요한 진보는 영국의 석재업자이자 건설업자인 조셉 애스프딘Joseph Aspdin(1779~1855년)이 장기간의 고된 실험 끝에 점토와 활석(또는 도로 먼지)의 혼합물을 가열하여 최초의 인조시멘트를 제조함에 의하여 이루어졌다. 다음은 애스프딘의 "인조석" 제조에 대한 1824년 10월 21일의 유명한 특허 출원서의 내용이다.

"건물 벽면 치장, 급수시설, 수조, 또는 기타 여러 목적의 공사에 적합한 인조석 시멘트(이를 포틀랜드 시멘트라 칭한다.)의 제조법은 다음과 같다. 도로 건설 또는 보수 공사에 일반적으로 사용하는 석회석이 도로에서 반죽이나 가루 상태로 된 후에 일정량을 취한다. 만일 도로에서 충분한 양을 조달할 수 없을 때는 석회암 자체를 구한다. 그리고 각각의 경우에 따라, 반죽 또는 가루, 또는 석회석을 태워 재로 만든다. 이어서 점토 또는 점토 질흙을 일정량 취하여 만져서 형태를 느낄 수 없을 때까지 기계 또는 수작업으로 물과 혼합한다. 이 과정 후 이 혼합물을 슬립 팬

slip pan에 놓아 태양열로 또는 팬 근처 또는 아래의 연통이나 파이프로 전달되는 불이나 증기로 물을 완전히 증발시킨다. 그리고 이 혼합물을 적절한 크기의 덩어리로 나누고 석회벽돌가마와 비슷한 노furnace에서 가열하여 탄산이 완전히 제거되도록 한다. 이렇게 태운 혼합물을 갈거나 두드리거나 또는 눌러서 미세한 분말로 만들면 시멘트 또는 인조석을 제조하기에 적당한 상태가 된다. 이 분말을 충분한 양의 물과 혼합하여 모르터의 농도로 만든 후 원하는 용도에 사용하면 된다."

애스프딘은 이 제품이 당시 건설재료로 널리 사용되던 포틀랜드 석재와 유사하였기 때문에 이를 **포틀랜드 시멘트**라고 불렀다.

포틀랜드 시멘트 제조의 과학적 기초는 애스프딘과 같은 나라 출신이며, 1840년대 시멘트 공장의 공장장이었던 존슨J.C. Johnson(1811~1911년)이 제공하였다. 그는 공장장의 자격으로 점토와 활석의 최적 배합을 구하기 위하여 오랜 기간 체계적인 실험을 수행하였다. 그는 소결될 때까지 계속 가열처리해야 함을 알아냈고, 제조과정에서의 기술 개선 방법을 다수 발명하였다.

이 새로운 결합제는 곧 큰 인기를 얻었고 수요가 계속 증가하였다. 곧 유럽의 첫 번째 포틀랜드 시멘트 공장이 1840년 프랑스(불로뉴)에, 그리고 1855년 독일(슈테틴 부근 칠리차우)에 세워졌다.

철근콘크리트는 파리의 정원사인 조지프 모니에Joseph Monier(1823~1906년)가 1867년에 철망으로 보강된 콘크리트 화분 제조기술로 최초 특허를 취득한 것으로부터 시작되었다고 잘 알려져 있다. 이보다 덜 알려진 사실이지만, 이미 모니에보다 수년 전 철근콘크리트의 아이디어는 여러 사람들에 의하여 생각되었고, 실제로 특허로 보호받았다. 그들 중 프랑스인 램보트J.L. Lambot(1855년 특허)와 프랑스와 코아네François Coignet(1861년 특허), 특히 미국인 하이야트T. Hyatt(1816~1901년)를 언급할 수 있다. 램보트는 1854년 파리만국박람회를 위하여 철근콘크리트 보트를 설계하였는데, 이것은 20세기 초까지도 존재하고 있었고 아마도 현존할 것으로 생각된다.

코아네는 엔지니어로서 철근콘크리트로 바닥판, 평아치flat arch, 파이프, 댐 등을 건설하고자 하였다. 본래 직업이 변호사인 하이야트는 1850년대에 이미, 당시의 지식수준보다 한참 앞선 철근콘크리트 보에 대한 실험을 수행하였고, 이 실험 중 그가 예견한 구조요소는 거의 반세기가 지난 후에야 새로운 것으로 환영받게 된다.[25] 하이야트의 보에서는 완벽하게 정확한 방식으로 보강 철근은 인장영역에 집중되어 지점 부근에서는 상향으로 휘었으며, 수직 스터럽stirrup으로 압축영역에 정착시켰다. 하이야트는 콘크리트와 철의 열팽창계수가 같기 때문에 이 새로운 구조요소의 내화성이 높다는 것을 특별히 강조하였다.

그렇지만, 이들 초기 실험들은 별로 알려지지 않았고, 엔지니어링 세계가 새로운 방법에 친숙해진 것은 모니에Joseph Monier를 통해서였다. 1867년 이후 취득한 모니에의 수많은 특허[26]는 컨테이너, 바닥판, 보, 파이프, 교량, 철로 침목, 등등에 걸쳐 있다.

모니에가 철근콘크리트로 건조한 최초의 주요구조물은 수조로서, 1868~1870년에 25m³ 용량, 1870~1873년에 200m³ 용량의 수조를 건조하였다. 최초의 철근콘크리트 교량은 16m 지간에 4m 폭으로 1875년에 건설되었다.

모니에의 특허 덕분에 이 새로운 공법은 곧 독일, 오스트리아, 영국, 벨기에에서 도입되었다. "모니에의 특별한 에너지와 실천 감각이 철근콘크리트의 계속적인 성공의 길을 열었다는 것에는 의심할 여지가 없다."[27]

모니에 자신에 관한 한, 그의 철근콘크리트는 주로 구조물의 형태를 바람직하게 하고 강도를 전체적으로 강화하기 위하여 설계한 것이었다. 철근의 치수와 형태를 정하는 계산은 말할 것도 없고, 역학적인 문제는 그가 할 수 있는 영역

---

25) Emperger, "Handbuch für Eisenbetonbau", p.14.
26) 이들 중 일부는 "Handbuch für Eisenbetonbau", p.16에 그대로 실려 있다.
27) "Handbuch für Eisenbetonbau", p.21.

이 아니었다.[28]

이 합성구조의 해석을 위한 최초의 이론은 1886년 독일 엔지니어 쾨넨M. Koenen(1849~1924년)에 의하여 제시되었다. 나비에의 일관된 평면 단면을 가정한 그는 단면의 중심축에 무응력 축을 놓았고 콘크리트의 인장강도를 무시하였다.

1894년에 프랑스인 에드몽 코아네Edmond Coignet(프랑스와 코아네의 아들)와 드 테데스코de Tedesco는 현재의 이론과 유사한 계산법을 포함하는 보고서를 프랑스 토목공학회 Société des ingénieurs civils de France에 제출하였다. 철근콘크리트 구조에 대한 수학적 해석에 보다 핵심적인 기여를 한 연구로, 콘크리트와 강철의 탄성계수에 의하여 조건 지어지는 관계를 최초로 입증한 노이만P. Neumann의 논문과 1902년 쾨넨이 쓴 논문을 들 수 있다.

쾨넨은 1885년경, 노이슈타트Neustadt에서 "프라이타크 운트 하이드슈흐Freytag und Heischuch"(건설시공회사. 후에는 "바이스 운트 프라이타크Wayss und Freytag")와 함께, 오펜바흐Offenbach 에서 바이스G.A. Wayss가 광범위하게 실시한 실험에 주로 근거하여 자신의 철근콘크리트 이론을 수립하였다. 쾨넨이 프러시아 건설부Ministry of Public Works의 공식적인 대표로서 감독한 이 실험은 슬래브와 볼트에서 가장 적합한 철근 배근형태를 찾기 위한 강도실험의 형식을 취하였다. 이 실험은 "철근의 주 목적은 인장응력을 담당하는 것이며 콘크리트 단독으로는 압축응력만을 담당하도록 기대하여야 한다는 쾨넨의 의견을 확인시켜주었다. 따라서 쾨넨이 콘크리트에서 철근의 진정한 역학적 의미를 발견하였다고 할 수 있다."[29](앞서 언급된 하이야트의 유사한 실험과 인식은 유럽 대륙에 알려지지 않고 있었다.)

---

28) 쾨넨("Zur Entwicklungsgeschichte des Eisenbetons", 개인 회상, Der Bauingenieur, 1921, p.347)에 의하면, 모니에는 건설현장 방문 중 인부가 철근을 슬래브의 중앙으로부터 너무 멀리 배근하였다고 시공방식이 부주의함(그러나 실제로는 완벽하게 옳은 방식)에 대하여 불만을 표시한 적이 있다고 한다.

29) "Handbuch für Eisenbetonbau", pp.22~23.

그림 64. 스위스 빌덱의 철근콘크리트 교량(1890년)
(by courtesy of Jura-Cement Works, Aarau and Wildegg)

바이스, 바우징어Bauschinger(1887년), 바흐Bach 기타 여러 연구자에 의하여 수행된 수
많은 실험은 철근과 콘크리트 합성구조의 시공이 특히 화재, 바람, 먼지 등에
저항하기에도 적합하다는 것을 입증하였고, 이 신공법이 일반에게 빠르게 받아
들여지도록 하였다. 초기에 구현된 중요한 구조물 중, 지간이 40m, 천정부 두
께가 25cm인 1890년 브레멘Bremen 산업박람회의 아치 교량, 지간 37m, 높이
3.5m, 천정부 두께가 20cm에 불과한 스위스 아르가우Aargau주의 빌덱Wildegg 부
근 산업용 운하를 횡단하는 도로교(1890년,그림 64)[30], 지간 44m인 오스트리아 홀
렌슈타인Hollenstein의 입스Ybbs 강 교량(1896~1897년) 등을 들 수 있다.

프랑스에서 철근콘크리트 시공은 주로 프랑스와 엔비크Francois Hennebique(1843~1921년)
에 의하여 발전되었다. 이 천재적 인물은 슬래브와 볼트뿐만 아니고 건물의 기

---

30) Schweizerische Bauzeitung, vol. XVII, no.11, p.66.(1891년 3월 14일 자)

등과 보의 설계에도 철근콘크리트를 사용하였다. 그의 발명 중 특히 T형 단면의 소위 "슬래브 보slab beam"는 이 합성시공법의 경제적, 역학적 이점을 확연하게 보여주는 것이었다. "엔비크의 발명에 있어서 기본적인 생각은 **모노리틱**monolithic 설계 개념이다. …… 그의 작품은 철근콘크리트 시공의 새 시대의 시작을 알리는 것이다."[31] 프랑스에서는 엔비크의 회사에 의하여, 또 다른 나라(주로 벨기에, 이탈리아, 스위스)에서는 그의 면허 업체에 의하여 건설된 수많은 구조물에는 교량뿐만이 아니라, 여러 종류의 건물(방적공장, 백화점, 곡물저장고 등), 수공 구조물(안벽, 부두 등), 항타 말뚝ram pile, 널말뚝 등이 있다.

철근콘크리트 시공의 발전에 기여한 사람들을 이 책에서 모두 열거하는 것은 불가능하다. 다만 가장 두드러진 몇 명을 언급하는 것으로 충분하다고 생각한다. 콘시데레Considére가 도입한 발명 중 소위 "베통 프레떼Beton frette"는 나선형 철근을 사용하여 과대하게 재하된 기둥의 단면적을 줄일 수 있게 하였다. 프랑스의 프레시네Freyssinet와 오스트리아의 엠페르게Emperger는 선구적인 업적을 이루었는데 그중에서 특히 건조수축, 온도, 습도 등의 영향을 연구하였다. 뫼르슈Mörsch는 고전적인 교과서를 통하여, 그리고 그가 경영한 유명한 기업 "바이스 운트 프라이타크"에 의하여 건설된 다수의 전형적 구조물을 통하여 철근콘크리트 시공의 발전에 두드러진 공헌을 하였다. 멜란Melan은 종종 그의 이름을 따서 불리는, 강하고 자체 안정적인 매달기식 보강형 콘크리트 형틀 시스템을 도입하였다. 이 시스템은 큰 협곡을 횡단하는 교량의 건설에서 중요한 역할을 하게 된다.

철근콘크리트 시공 도입 초창기, 다수의 기존 엔지니어들은 구성재료인 강철과 콘크리트의 이질적 특징 때문에 재료역학을 근거로 한 일반적인 계산법을 철근콘크리트 구조에 적용하는 것이 타당한가에 대하여 회의적이었다. 이런 오해는 1892년에 프라하 근교 포돌Podol에서 있었던 23m의 실험용 아치의 붕괴, 1900년 파리 전시장 건물에서의 몇몇 유사한 사고, 1901년 8월 28일 바젤Basle의 골

---

31) "Handbuch für Eisenbetonbau", pp.34~35.

든베어호텔Hotel zum Goldenen Bären의 붕괴와 같은 여러 건의 중요한 사고 때문일 것이다. 그래서 대부분의 국가에서는 철근콘크리트 구조의 계산을 위한 특별한 규정을 정부 차원으로 도입하게 되었다. 1903년 스위스엔지니어건축가협회Swiss Institution of Engineers and Architects에서 처음으로 이런 종류의 임시 표준 기준을 도입하였고, 이어서 독일건축가엔지니어협회German Institution of Architects and Engineers와 독일콘크리트협회German Concrete Association가 공동 참여한 위원회에서 유사한 규정을 도입하였다. 1904년부터 독일의 여러 주 당국은 이 기준을 의무화하였다. 철근콘크리트 구조의 설계와 시공에 대한 다소간 의무적이고 비슷한 표준 기준이 프랑스(1906년), 이탈리아와 오스트리아(1907년), 스위스(1909년)에 공식 도입되었고, 이후 다른 대부분의 선진국에서 도입되었다.

오래 지나지 않아 이 새로운 시공법은 더 많은 신뢰를 받게 되었다. 20세기에 들어서는 철근콘크리트의 경쟁력이 증가하여 19세기에 강구조가 주로 사용되었던 중간 규모 지간 교량의 건설에서는 특히 경쟁력을 가지게 되었다. 이런 발전 과정에서 이정표가 되었던 교량들은 다음과 같다.

그룬발트Grünwald의 이자르Isar 강의 지간이 각각 70m인 두 개의 3 힌지 아치 교량[32] (1903~1904년), 스위스 아펜첼Appenzell 주 토이펜Teufen 근교 지터Sitter 강의 지간 79m인 양단고정 아치인 그뮌더 협곡Gmündertobel 교량[33](1908년, 그림 65), 이 두 교량은 모두 뫼르슈 교수에 의해 설계된 것이다. 뫼르슈 그 자신이 개발하고 발표한 새로운 방법에 따라 한 이 두 교량의 계산은 구조 상세와 더불어 오랜 기간 동안 여러 유사한 구조물들의 모범으로 여겨졌다.

1910~1911년에 엔비크 회사의 이탈리아 지사에 의하여 건설된 로마 티베르Tiber 강의 리소르지멘토Risorgimento 교(그림 66)는 지간이 100m, 높이가 10m에 불

---

32) Schweizerische Bauzeitung, vol. XLIV, nos. 23~24, 1904.
33) Schweizerische Bauzeitung, vol. LIII, nos. 7~10, 1909.

그림 65. 스위스 아펜첼주 토이펜 근교 지터 강의 그뮌더 협곡 교량(1908년)

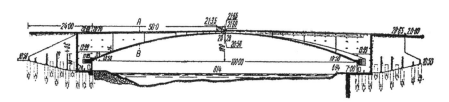

그림 66. 로마 티베르 강의 리소르지멘토 교(1910~1911년)
(From Kersten, Brucken in Eisenbeton, Vol. II, Berlin, 1922.)

과하고, 당시에는 전례가 없는 대담한 형태이며, 특히 새로운 모노리틱 공법의 장점을 보여주기에 적합한 교량이다. 천정부 두께가 20cm 미만인 아치는 횡 방향 교차벽cross wall으로 보강되어 교대까지 이르는 7개의 종 방향 리브rib와 상부구조가 일체가 되어, 역학적으로 전체구조가 단일의 일체화된 세포 형태의 구조체를 이루고 있다.

쿠어-아로자Coire-Arosa 철도의 랑비즈 육교Langwies Viaduct(1912~1913년.그림 67)는 최초의

그림 67. 쿠어-아로자 철도의 랑비즈 육교(1912~1913년)

철근콘크리트 철도교량 중 하나이다.[34] 중앙의 대형 아치는 약간 벌어진 두 개의 리브로 되어 있으며 지간 100m, 높이 42m이다. 숲의 어두움을 배경으로 하고 있어 대조되며 계곡을 당당히 건너는 듯한 이 경이롭고 날씬한 구조물은 앞선 시대의 작품들을 추앙하였던 정도의 구조와 외양의 일체감을 갖춘 보기 드문 예를 보여주며, 새로운 건설 공법이 가진 미적 가능성을 보여주는 인상적인 증거이다.[35]

프레시네가 1928~1929년에 건설한 뿔루가스텔Plougastel의 엘로른Elorn 교는 각기 186m인 세 개의 주 경간으로 되어 있는데 이는 그 당시 대형 구조로 된 교량 중 가장 긴 지간이었다. 고품질 콘크리트로 시공된 아치는 속이 빈 박스 형태의 단

---

34) 이미 수년 전, Transylvania의 Kronstadt(Brasov)-Fagaras 노선 상에 각각 지간 36m와 60m인 두 철도교가 철근콘크리트로 건설되었다. 이들 교량의 경험은, 진동이 철근과 콘크리트의 부착을 방해할 것이라는 초기의 불안감을 가라앉히게 만들었다.(Schweizerische Bauzeitung, 1909년 5월 29일 자, p.287)

35) Armierter Beton, 1915, no. 7 이하.

그림 68. 라 로슈 기용의 센 강 교량(1932~1934년)

면을 가지고 있다. 교면 거더는 2층으로 된 철근콘크리트 뼈대구조이다.

엘로른 교의 지간은 10년이 지난 후, 스페인의 에슬라 강$_{Rio\ Esla}$을 횡단하는 철도 아치교[36)]에 의하여 추월당하게 된다. 이 교량은 이론상 지간이 210m이나 순경 간은 192m이다. 다시 이 교량은 이론상 지간이 264m인 스웨덴의 산두$_{Sandö}$ 교 량에 의하여 추월당한다.

지금까지 언급한 교량들은 교면을 상부에 두는 고전적인 설계형태이다. 교면이 중간에 있는 철근콘크리트 교량의 가장 중요한 예의 하나로 1932~1934년에 건 설된 라 로슈 기용$_{La\ Roche-Guyon}$의 센 강 교량$_{(지간\ 160m,}$**그림 68**$_)$을 들 수 있다.[37)]

---

36) Beton und Eisen, 1935, p.214; Génie Civil, p.161.(1937년 8월 21일 자)
37) Génie Civil, part I, pp.125, 155.(1935년 2월 9일, 16일 자)

철근콘크리트 교량 건설의 발전을 종합적으로 기술하려면, 아치 교량뿐만이 아니라 거더 교량, 트러스 교량 등 다른 주요 구조들도 포함시켜야 할 것이다. 그렇지만, 여기서 소개한 몇 가지 예들만으로도 수십 년 내에 이루어진 발전과 이 공법이 가진 구조적, 미적 가능성을 보여주기에 충분할 것이다.

건물의 건설과 관련하여서, 철근콘크리트는 기둥, 보, 슬래브 등 외부에서 보이지 않는 하중지지 구조로 광범위하게 도입되었다. 이 새로운 공법이 당대 건축 양식의 경향에 틀림없이 영향을 주긴 했지만, 지금까지 철근콘크리트 구조가 가진 고유의 풍부한 건축적 가능성은 제한적 범위에서만 활용되고 있었다.(제9장 2절 "테크니컬 양식"참조)

그러나 철근콘크리트 시공의 발전에 그 기원을 전적으로 두고 있고, 철근콘크리트만의 특별한 구조적 속성 때문에 건축 설계의 새로운 가능성을 풍부하게 지닌 몇몇 새로운 구조요소들이 있다. 이들은 다음과 같다 :

'콘크리트 막 구조'로도 알려진 원통형 쉘shell vault은 최소한의 자재로 대 경간의 지붕 건설이 가능하다. 이 방법은 지금까지 대형 홀, 차고, 항공기 격납고 등에 주로 사용되어 왔으며 더욱 기념비적 성질의 구조물 건축을 위한 새로운 해법이 될 수 있다.

곡선 뼈대와 내민 뼈대구조는 갤러리, 연속 계단, 기타 유사한 구조물(예를 들어, 네르비P.L. Nervi에 의해 설계 건설된 피렌체 경기장, 그림 69) 설계에 다양한 해법을 무한히 제공한다.

버섯 기둥머리를 가진 무량판 구조mushroom structure는 하부에 보가 없는 교차 철근 슬래브를 지지한다. 이 방법으로 하중이 큰 바닥판 구조를 경제적, 미적 요구를 동시에 만족시키며 시공할 수 있다. 이 방법은 일찍이 1908년에 이 분야 최초의

그림 69. 피렌체 경기장의 철근콘크리트 계단(1932년)

실험을 수행했던 미야르_{Robert Maillart}에 기원한다.[38]

철근콘크리트 구조의 거의 무한한 적응성이란 이유 때문에, 구조적 목적과 미적 설계를 본질적으로 일체화하는 것은 교량 건설보다 건축 공사에서 훨씬 어렵다. 교량의 경우는 레종 데트르_{raison d'etre 존재의 이유}가 분명하므로, 그 구조의 역학적 기능이 그만큼 더 분명하게 드러나며, 지간의 길이가 길어지면 건설재료의 강도 속성을 그만큼 더 최대한 활용하게 된다. 하지만 건축 공사의 다른 분야에서도 철근콘크리트가 여전히 새롭고 많은 건축적 가능성을 가지고 있음은 분명하다.

---

38) M. Bill, "Robert Maillart", Zürich, 1949, p.155.

4. 시공 기술의 기계화

구조역학의 정립 그리고 콘크리트와 강철과 같은 새로운 건설 재료의 도입과 더불어 19세기에는 토목공학의 세 번째 혁신이 일어났는데 그것은 지대한 영향을 미치게 되는 기계화 시공이다. 사실 기본적인 기계의 사용은 대규모 공사를 가늠하는 척도로 사용될 정도로 일반적인 일이었다.(제4장 3절 참조) 그렇지만, 19세기 이전의 기계장치는 넓은 의미로 말뚝 항타장치나 펌프 등을 포함하여 기중기에 거의 국한되어 있었다.

건설 현장에서 독점적인 지위를 보장받아 왔던, 사람 또는 동물에 의하여 작동되는 트레드휠treadwheel[39]과 캡스턴capstan은 18세기 중에 점차 수차방식으로 변환되게 되었다.

18세기를 지나며 산업혁명의 태동기에, 주철의 사용으로 인한 기계공학의 일반적인 발전 외에 결정적으로 중요한 기술 두 가지가 개발되었다. 첫 번째는 증기기관(기관차)을 필두로 한 이동가능하며 효율적인 열기관의 개발이다. 다른 하나는 건설현장에서 사용될 수 있는 기중기 외에 보다 다양한 장치, 즉 기계식 콘크리트 배합 장치, 거름—세척 장치, 증기와 공기압식 항타장치, 드릴 기계, 압축기 등등이 도입된 것이다. 또한 기중장치와 운반장치도 크게 개선되었다. 낡은 태클tackle과 윈치windlass, 목재 기어로 된 둔탁한 크레인은 효과적인 타워 크레인과 기중기derrick 그리고 강 케이블 크레인으로 대체되었다. 증기기관이 추진하는 화차가 기존 마차의 용량보다 수배나 큰 화물을 임시로 가설된 철로를 통하여 운송하게 되었다.

영국의 기계공학이 유럽 대륙보다 한참 앞서 있었고, 기계공학이 특히 토목공

---

39) 28쪽과 75쪽 참조; 또한 페로네가 말뚝 항타장치를 위하여 사용한 수차와 관련하여 102쪽 참조.

학과 밀접하게 얽혀 있기 때문에,[40] 건설 현장의 기계화가 처음 도입된 곳은 영국이었다. 제분소 설계와 기계제작자이었으나 중요한 토목 및 기계 엔지니어가 된 아버지 레니[41]는 1801년에 런던선창 건설에 증기기관을 이용한 말뚝 항타 장치와 워터펌프를 최초로 적용하기 시작하였다.

로버트 스티븐슨은 1846년 뉴캐슬Newcastle과 게이트헤드Gateshead 사이의 타인Tyne 강 장대철도교 기초공사에서 최초로 구식해머를 증기해머로 대체하였다. 증기해머를 도입함으로써 길이 10m인 파일을 4분 안에 항타를 시행할 수 있게 되었는데, 이는 시공속도를 상당히 높일 수 있게 하였다.

미국에서도 다양한 대규모 공사를 수행하기 위해서 기계장치가 제조되고 활용되기 시작하였다. 1830년부터 시작된 대륙횡단철도Pacific Railway 건설에 이미 증기 굴착기가 적용되었다. 1858년에는 미국에서 세계 최초의 기계 쇄석기가 발명되었다.

콘크리트 타설 기계는 19세기 중반경에 특히 독일의 대규모 건설현장에서 사용되기 시작하였다. 세잔은 1857년 세게드Szegad의 티사Tisza 교량건설에서 그가 사용한 기계를 보고한 바 있다.[42] 이 기계에는 대략 길이 4m, 직경 1.2m 정도의 믹싱드럼mixing drum이 약간 기울게 장착되어 있고, 이 믹싱드럼에 연결된 벨트를 통하여 이동식 증기기관 동력이 전달된다. 이 기계가 10시간 동안 산출하는 콘크리트의 용량은 85~100m³이다. 또한, 1850년경에는 현장배수 목적의 이동식 증기기관에 의한 원심펌프가 독일 오버란슈타인Oberlahnstein 항만 건설현장에서 처음으로 적용되었다.

19세기 후반과 20세기 전반부 동안 어떻게 건설현장과 기계의 설계와 적용이

---

40) 138쪽 이하 참조.
41) 139쪽 참조.
42) Annales des ponts et chaussées, 1859, vol. 1, p.241.

하나의 학문으로 발전하였는지에 대한 보다 세부적인 설명은 이 책의 범위를 벗어난다고 할 수 있다. 이러한 발전의 결과로, 지금은 중요한 엔지니어링 문제에 대해서는 구조전문가와 더불어 전문화된 "시공전문가plant engineer"의 지원을 받아야만 하게 되었다. 암반이나 지반의 굴착과 대량 운송을 위한 대규모 공사 장치, 또는 댐이나 콘크리트 도로 등의 건설을 위한 콘크리트의 제작, 운송, 타설 장치 등은 현장 장치와 동력이 필요하였고, 이는 보통 중소기업의 장치나 동력을 능가하는 것이다.

근대에 들어 기계가 인력을 광범위하게 대체함에 의하여 공사 과정을 합리적으로 하게 되고, 이는 필연적으로 공사 속도를 빠르게 하고 공사비용을 크게 절감시킬 뿐만 아니라, 콘크리트 건물의 경우에서 볼 수 있듯이 종종 공사 품질의 향상으로도 이어지고 있다.

이러한 기계화의 장점을 보다 중소 규모의 시공 현장에도 적용할 수 있도록, 가능한 한 최대로 작업을 현장으로부터 제작소 또는 공장에서 하도록 하는 경향이 커지고 있다. 다소간 즉흥적으로 현장 설치된 플랜트 대신에 작업장 또는 공장에서는 산업화된 생산, 합리적인 설계, 영구적으로 설치된 장비에 의지할 수 있다. 미국을 필두로 하여 몇몇의 유럽 국가들은 상황에 따라 아예 콘크리트 제조 작업을 공장에서 하도록 하고, 선별된 재료의 배합을 통하여 얻어진 고품질 콘크리트를 교반장치가 설치된 트럭을 통해 운반하여 개별 공사현장에 투입하게 하였다.

20세기 전반 수십 년에 걸쳐 일어난 혁신을 분야별로 정리하면 다음과 같다.

지반공사의 분야에서는, 그래브 준설기grab dredger, 버킷 준설기bucket dredger, 디거 등과 같이 효율성이 높고 다양한 형태의 궤도 굴착기가 개발되었다. 특히 굴착기digger는 1931년 미국에서 12m³ 용량의 것이 개발되는 등 대용량 모델이 개발되었다. 또한, 파나마운하 건설 시에는 수식 준설을 위한 1.5m³ 용량의 버킷 컨베이어bucket-conveyer 준설기가 개발되었다.

그림 70. 슈레 댐의 콘크리트 플랜트(From Das Werk, 1926년)

기초공사의 분야에서는, 비록 20세기 전반기에 걸쳐 혁명적인 혁신이 일어나지는 않았지만, 말뚝 항타기와 공기압 기기의 지속적인 개발과 개선이 이루어졌다.

콘크리트공사 분야에서 20세기 전반기에는 콘크리트 제조와 배합장치보다는 콘크리트의 수송과 타설 분야에서 주요한 개발과 발전이 이루어졌다. 미국에서는 임금수준이 높아 노동력을 줄이기 위하여 콘크리트 타설 기술이 개발되었다. 소성 상태의 콘크리트를 주물탑까지 올린 후 경사진 슈트chute를 통해 중력으로 필요한 곳으로 콘크리트를 이송하는 기술이다. 유럽에서 이러한 종류의 대규모 장치는 주로 대규모 댐 공사(예를 들어, 슈레 댐, 그림 70)에서 주로 사용되었다. 그러나 이렇게 타설되는 콘크리트는 높은 함수비 때문에 강도저하나 현저히 큰 건조수축과 같은 단점이 발생하므로 근래에는 상황에 따라 슈트보다는 케이블 크레인, 컨베이어 벨트, 공압식 파이프라인을 콘크리트 펌프와 결합하여 사용하고 있다. 고품질 콘크리트가 요구되면 현장 타설 후에 진동 장치나 다짐기계 등을 이용하여 기계적 다짐을 수행한다. 또한, 콘크리트 포장 공사를 위한 특별한 도로포장 기계가 개발되었다. 현장운영 분야에서는, 20세기 전반기 중 낡은 증기 기관은 전동모터나 내부연소엔진을 가진 이동식 시설로 완전히 대체되었다.

제 **9** 장

근대

1. 구조해석 분야에서의 발전

도해역학의 출현과 함께 구조해석의 발달은 중요한 시점에 도달하였다. 이제 주된 목표는 달성하였다. 가장 중요한 구조 요소의 역학적 거동이 밝혀지고, 엔지니어는 구조물의 형태와 치수를 과학적 원리에 의하여 결정할 수 있게 되었다. 그다음에 이어지는 구조공학의 발전은 주로 두 방향으로 뻗어나갔다.

(a) **구조역학** 자체로서의 과학, 즉 구조물의 정적 거동에 관한 지식은 더욱 강조되었다. 그 목적은 계산방법을 개선하고 현실에 좀 더 가깝게 하고자 하는 데 있었다. 특히, 부정정 구조와 관련된 방법은 체계적으로 발전되어, 실무에 더욱 적합하고 그 적용이 보다 쉽게 되었다. 이와 더불어 새로운 건설재료는 새로운 구조시스템을 설계하도록 이끌었고, 결국 새로운 계산방법이 필요하게되었다.

(b) 이런 발전과 더불어, **재료역학**, 즉 내부응력의 해석에서도 발전이 있었다. 여기서 주된 관심은 체계적인 실험으로서, 잘 알려진 건설재료에 대해서 방치되었던 성질, 그리고 지금까지는 거의 과학적으로 규명되지 않았던 새로운 재료의 성질을 실험하는 데까지 확대되었다.

구조역학 분야의 체계적인 노력 중에서, 19세기 말, 구조역학의 학문 전체를 하나의 원리, 즉 가상변위의 원리principle of virtual displacements와 변형에너지strain energy로 묶으려 하는 시도를 언급하는 것이 적절할 것이다. 역학의 기본 원리로서 에너지 정리는 수 세기 전부터 이미 알려져 있었다. 탄성 처짐에 관한 한, 에너지 정리의 첫 번째 적용은 클라페이롱까지 거슬러 올라간다. 맥스웰Maxwell(1831~1879년)과 모어Mohr는 부정정 트러스의 계산을 위해 이 원리를 사용하였다. 이와 관련하여 맥스웰은 처음으로 상호 처짐의 정리Theorem of Reciprocal Deflection[1]를 증명하였고 이를 맥스웰 이론이라 부르게 되었다. "그는 처음으로 트러스를 '추진력driving force P'가 '저항력resistance S'를 극복하는 기계로 간주함으로써 트러스 부재의 길이변화와 그에 따른 시스템 중 한 점에서의 처짐의 관계를 결정하였다".[2]

메나브레아Menabrea와 캐스티리아노Castigliano는 '최소 변형에너지'와 '변형에너지의 도함수'의 정리를 이용하여 부정정 시스템을 해석하였다.(두 정리 중 첫 번째는 이미 다니엘 베르누이와 오일러에 의해 탄성 곡선의 결정을 위하여 "최소원리"의 형태로 사용된 바 있다.)

뮐러-브레슬라우Muller-Breslau는 에너지 이론을 기본적인 원리로 간주하고, 구조역학의 모든 이론을 일관적으로 이 원리에 기반을 두도록 시도하였다. 그의 저서 "재료역학과 구조역학의 새로운 방법Die neueren Methoden der Festigkeitslehre und der Statik der Baukonstruktionen"(1866년 초판 출판)은 이러한 면에서 고전적인 교과서로 남아 있다. 그가 연구에서 전개한 해석법에서는 정역학을 사실상 동역학의 특별한 경우로 취급하였으며, 이는 기하학적, 역학적 접근방법이 가지고 있는 명료함과 함께 엄격한 방법임에 따라 엔지니어의 사고방식과 잘 부합된다. 그러나 실제의 업무에서, 하나 이상의 여재redundant member를 가진 부정정 구조에서 이러한 방법을 적용하게 되면, 미지수를 여러 개 가진 방정식으로 귀결되어 해를 구하기가 복잡하게 된다.

---

1) 점 m에서 n-n' 방향으로의 단위하중에 의한 m-m' 방향으로의 처짐은, 점 n에서 m-m' 방향으로의 단위하중에 의한 n-n' 방향으로의 처짐과 같다.
2) Müller-Breslau, "Die neueren Methoden der Festigkeitslehre und der Statik", Postscript to the 4th edition, 1913.

철근콘크리트 시공이 발전함에 따라 체계적인 개선이 필요한 구조역학의 특정한 한 분야가 특별히 강조되었는데, 이는 부정정 뼈대 구조의 해석과 계산이었다. 사실 이미, 간단한 뼈대 구조의 계산은 나비에의 방법에 의하여, 보다 복잡한 연속 뼈대나 다층 구조는 에너지 방정식을 이용하여 계산이 가능했었다. 그러나 모든 경우, 실질적인 계산은 힘들고 지루한 과정이었다. 따라서 당시 연속보를 대상으로 개발 중이었던 방법, 특히 고정점fixed point[3]의 개념을 뼈대 구조로 확장 적용시키는 것은 당연한 움직임이었다.

이 내용은 스트라스너A. Strassner가 그의 "뼈대 및 아치 받침의 해석에 대한 새로운 방법Neuere Methoden zur Statik der Rahmentragwerke und der elastischen Bogenträger"(초판, 1916) 제1권에 수록하였다. 그는 "엔지니어링 실무에서 단순한 기하학적 디자인에 기반을 둔 해석방법이 점점 더 일반화되고 있다. 이 방법은 자연스럽고 명료한 해석법으로의 길을 열었으며, 미래에 있어서는 실무 역학의 기본으로 여겨질 것이 분명하다."[4]고 말하고 있다.

수터E. Suter는 1923년 출판한 그의 저서 "고정점법Die Methode der Festpunkte"에서 일정하거나 변화하는 단면 2차 모멘트를 가지고 임의 방향으로의 직선 또는 곡선 부재를 가진 다층 뼈대와 합성 뼈대를 포함한 모든 종류의 부정정 구조물의 해석을 위한 "고정점" 방법에 대한 포괄적인 연구를 수행하였다. 리터 교수를 기념하여 헌정한 이 책은 그의 1916년 논문을 확장한 것으로 다소 스트라스너와 유사한 아이디어에 기반을 두고 있다.

건물의 건축 특히 철근콘크리트 건축에 있어서 복잡한 뼈대 구조가 자주 등장함에 따라, 이러한 구조를 대상으로 하는 역학을 다루는 문헌이 근대에 들어 급속

---

3) 연속보에서 하나의 경간에 하중이 가해졌을 때, 재하되지 않은 경간에서 탄성곡선의 변곡점. 연속보를 대상으로 하는 모어의 방법을 계속 발전시킨 리터에 의하여 도입되었다. 리터 제3권 서문과 p.24 참조.
4) Strassner, "Neuere Methoden zur Statik der Rahmentragwerke und der eleatischen Bogentrager", vol. 1, Preface to 3rd ed, 1925.

히 증가하였었다. 고정점 방법에 이어 하디 크로스_Hardy Cross 교수의 "모멘트분배법_moment distribution method" 또는 절점의 처짐각_angular deflection법 과 같은 여러 방법이 등장하였다. 이어서 실무를 위하여 이들 방법의 적용을 용이하게 하고 계산시간을 줄이도록 하는 노력이 뒤따랐다. 적절한 공식, 자주 사용되는 상수에 관한 표, 수치 표, 도표 등이 이러한 목적으로 제시되었다. 다층 건물에서 흔히 볼 수 있는 다경 간 그리고 다층 사각형 뼈대와 같은 여러 여재를 가진 부정정 구조를 빠르게 해석할 수 있도록 해준 일본의 타케베야_Takabeya[5]의 책은 이러한 보조 도구 중 하나로, 예전에는 건축설계자의 책상에서 종종 볼 수 있었다. 이 책은 당시 서구문명에 둘러싸인 가운데서 비유럽인이 기여한 한 예로 들 수 있다.

비슷한 발전이 고정단 아치 분야에서도 일어났다. 고정단 아치는 뼈대 구조와 마찬가지로 실무에서 자주 만나게 되는 구조 중 하나이다. 이 문제도 원칙적으로는 에너지방정식을 이용하여 해석될 수 있다. 이미 1867년에 빙클러는 탄성론에 의거하여 고정단 아치를 해석하였고 최소 변형에너지 원리를 적용하여 압축력선_thrust line의 정확한 위치를 찾아내었다. 리터의 "도해역학의 응용_Anwendungen der graphischen Statik"[6] 제4권은 무관절 아치_non-articulated arch의 해석방법, 주로 도해법을 담고 있다. 19세기 말에 개발된 이 방법은 주로 '탄성중량_elastic weight'과 '응력 타원_ellipse of stress'에 기반을 두고 있다. 리터가 관심을 둔 구조는 당시에는 아마도 대중적이었던 강 트러스 아치 거더로서, 1882~1883년에 건설된 베른_Berne의 키르첸펠트_Kirchenfeld 교량을 예로 들 수 있다. 경간이 81m인 이 교량 왼쪽 아치의 해석이 이 책의 수치 예로 정리되어 있다. 양단고정 트러스 아치 거더의 해석과 시공에 중요한 영향을 준 또 다른 교량은 뭉스텐_Mungsten의 부퍼_Wupper 강을 횡단하는 교량이다. 지간이 170m인 이 교량의 도해적 해석은 논문으로서 자세하게 출판되었다.

---

5) Fukuhei Takabeya, Ph.D., "Rahmentafeln", German ed., Berlin, 1930.
6) 실제는 1902년에 완성되었으나, 출판은 그의 사망 직후 1906년에 되었다.

철근콘크리트 및 무근콘크리트 무관절 아치의 해석에 관하여는, 뫼르슈 교수가 1906년 "스위스 건설저널Schweizerische Bauzeitung"[7])에 기고한 방법이 한동안 독일어권 국가에서는 권위 있는 것으로 여겨졌다. 뫼르슈가 토이펜 부근의 유명한 그뮌더 협곡 교량의 철근콘크리트 아치 설계에 사용한 이 방법도 마찬가지로 '탄성중량'에 기초하고 있으나, 도해적이라기보다는 주로 대수적인 방법이었다.

리터Max Ritter 교수(1884~1946년)의 1909년 논문 "천정부 힌지가 없는 웹 플레이트 아치 거더의 이론과 계산에 대하여Beitrage zur Theorie und Berechnung der vollwandigen Bogentrager ohne Scheitelgelenk"는 설계자의 수학 계산에 대한 부담을 줄이는 합리적인 방향으로 발전하는 중요한 발걸음이었다. 논문 제2절에서 그는 적절한 근사화를 통하여 실제의 경우에 가장 많이 사용되는 아치의 형태와 단면 변화에 대한 가정을 함으로써 여러 계산을 예측할 수 있었고, 사용자의 편의를 위하여 결과를 표로 만들어 제시하였다.

전술한 스트라스너의 저서 제2권에 실린 방법에서 그는 수학 계산 노력을 획기적으로 줄일 수 있도록 하였다. 그의 공식과 도표도 마찬가지로 아치의 형태와 단면 변화에 대한 일정한 가정 하에 만들어졌다. 이들 공식과 도표는 무관절 아치의 역학 해석을 매우 간단하게 할 수 있도록 하였다. 한 예로서 저자는 이 방법을 그뮌더 협곡 교량에 적용하였고, 뫼르슈 교수가 그의 고전적 계산법에 의하여 얻은 결과와 놀라울 정도로 같은 결과를 얻었다.

리터와 스트라스너의 저서는 근대의 교량 설계자들이 부정정 아치를 탄성론에 근거하여 해석함에 있어서, 시간의 허비 없이 할 수 있도록 하는 취지의 여러 계산법들의 예로 볼 수 있다.

근대에서는 전형적인 아치교, 현수교, 다양한 형태의 트러스 거더가 여러 형식

---

7) vol. XLVII, p.83.(1906년 2월 17일, 24일)

그림 71. 아벨겜Avelghem 스켈트Scheldt 강의 비렌딜 교량(1904년)
(From Forster, Taschenbuch fur Bauingenieure.)

의 구조 시스템에 의하여 보완되었으며, 이는 각각 적절한 역학 계산법의 발전
을 이끌었다.

20세기 초 수십 년 동안 개발자의 이름을 따른 비렌딜 거더Vierendeel girder(그림 71)
가 특히 그의 나라인 벨기에서 많은 인기가 있었다. 비렌딜 거더는 사재diagonal
member가 없는 사각형 뼈대구조로서, 미적이나 구조적으로 우월하다고 주장되었
었다. 하지만 이것은 내적인 부정정 차수를 크게 하고 계산을 복잡하게 하였다.
여러 사고로 말미암아 이 형태의 구조물은 필수적인 경우를 제외하고는 매우 드
물게 사용되고 있다.

대경간의 통과교량에는 "현수 상판suspended platform"을 가진 큰 높이의 2힌지 아치
나 양단고정 트윈 아치가 종종 유리하다. 교대 위 지지점 간 경간 510m로써 당
시 최대 지간의 강 아치교량이었던 뉴욕의 킬밴쿨Kill-van-Kull 교[8](1927~1931년, 그림 72)
와 경간이 503m인 시드니 하버Sydney harbour 교에 이 시스템이 사용되었다. 앞서
언급한 철근콘크리트 아치교량인 라 로슈 기용의 센 강 교량도 같은 원리로 건
설되었다. 중소 규모 철근콘크리트 교량의 경우에는, 도로 상판을 아치 추력을
감당하는 인장재로 사용하여 단순보와 같이 교량이 지지되도록 하는 것이 바람

---

8) Engineering News Record, 1930, vol. II, p.640.

그림 72. 뉴욕의 킬밴쿨 교(1927~1931년)

직하다. 근래에는 도로를 현수시키는 목적으로 수직 현수재보다는 경사 현수재가 종종 사용되었다. 이는 역학적으로 이점이 있다. 이 종류 최초의 교량은 잘 알려진 덴마크의 엔지니어링 회사, 크리스티아니 엔 닐슨Christiani & Nielsen에 의하여 건설되었다.

마지막으로 교량의 새로운 형태 중 하나로, 역학적으로는 일종의 보강 거더 현수교의 역으로 생각할 수 있는, 이른바 "보강 아치교stiffened arch bridge"를 언급할 수 있다. 잘 알려진 예로 로베르 마야르에 의해 1930년 건설된 클로스터Klosters 란트쿠아르트Landquart 강의 래티안Rhætian 철도의 교량이 있다.그림 73

건축구조 분야에서 새로운 종류로서 "콘크리트 막 구조"와 이미 철근콘크리트의 발전에서 언급한 통형 쉘이 무엇보다 우선한다.

라메과 클라페이롱(1828년)의 원리에 기반을 둔 해석법이 특히 디싱거Dischinger와 핀스터발더Finsterwalder에 의하여 개발되었으며, 철근콘크리트 설계자들의 실무적 요구에 맞추어 개선되었다. 이 해석법은, 쉘 표면에 수직인 방향으로의 휨 저항

그림 73. 클로스터 란트쿠아르트 강의 래티안 철도 보강 아치교

과 전단 저항은 무시될 수 있으며, 종잇장과 같은 볼트는 쉘 표면 자체에 작용하는 응력만을 감당한다는 가정(막이론)을 바탕으로 한다. 이 가정에 의하여 탄성방정식에 의지하지 않고 오직 평형방정식만을 가지고 해를 찾을 수 있다.[9] 실무에서 이 해석법은 두께가 몇 인치 되지 않는 얇은 돔과 타원 통형 쉘에 주로 적용된다.

수공학 분야에서, 근대 구조역학의 발전은 주로 댐의 안정에 관한 것이다. 볼트형태 댐의 계산을 위한 리터의 방법은 이미 236쪽에서 언급하였다. 이 분야 엔

---

9) "Handbuch für Eisenbetonbau", 3rd ed., vol. XII, p.151.

지니어링에서도 이 당시의 경향은 표와 그래프를 이용하여 설계자들의 작업을 빠르고 쉽게 하는 것이었다.(예를 들면, 구이디Guidi[10])와 켈렌Kelen,[11]) 그 외 다수의 업적)

이렇게 구조역학의 근래의 문제에 관한 짧은 검토 후, 우리는 잠시 재료역학의 근래 연구에서의 주요한 발전에 간략히 눈을 돌릴 수 있을 것이다. 여기서 우리는 이론 역학 또는 물리학의 한 분야가 되는 응력과 탄성론의 수학적 이론들은 뒤로 하고, 구조 엔지니어와 설계자들에게 보다 직접적인 관심이 되는 주제에 대해서만 간단히 주목하는 것으로 제한하도록 한다.

19세기 동안, 구조물의 치수는 후크 법칙을 기본원리로 계산된 "허용응력"이 파괴응력의 일정한 부분이 되도록 결정되었다. 허용응력에 대한 파괴응력의 비는 구조물의 "안전계수safety fator"로 여기게 된다. 하지만 이렇게 정해진 안전계수가 사실은 구조물의 실제 안전을 믿을 만하게 표현하는 방법이 아니라는 것을 인식하게 되었다. 건설 재료에서 많은 경우, 특히 석재와 콘크리트의 경우, 비교적 작은 응력에서조차 변형률이 응력보다 더욱 빠르게 증가하기 시작하기 때문에, 응력과 변형률 관계에서 비례 상태가 계속되지 않는다. 따라서 휨에 의하여 발생된 최대응력의 최댓값은 후크와 나비에의 가설을 바탕으로 계산된 값보다 일반적으로 작게 된다. 강철의 경우, 후크의 법칙은 엔지니어링 실무에서 사용되고 있는 응력 범위 안에서 충분히 정확한 것이 사실이다. 하지만, 부정정 구조물의 경우, 국부적으로 탄성 한계를 넘은 응력이 가해지게 되면 힘의 재분배가 일어나, 응력이 과부하 된 부분은 응력이 덜 가해진 부재에 의하여 구제되게 된다. 이 경우 구조물의 실제 극한강도는, 구조물의 형식에 따라 그 정도는 다르지만, 탄성론에 근거하여 계산된 이론적인 파괴하중보다 크게 된다.

---

10) C. Guidi, "Statica delle dighe per laghi artificiali", Turin, 1921.

11) N. Kelen, "Die Staumauern", Berlin, 1926.

그림 74. 광탄성 사진(From Schweizerische Bauzeitung, vol. 127.)

이것이 "소성론Theory of Plasticity[12)]"이 등장하게 된 이유이다. 이 이론은 탄성한계를 넘어선 건설재료의 거동, 응력과 변형률의 비, 응력 파동의 영향, 시간 요인의 영향(콘크리트의 경우 크리프creep) 등등과 관련되어 있다. 물론 방대한 실험 결과의 도움에 의하여만 고도로 복잡한 이들 과제가 명백하게 설명될 것임은 분명하다.

재료역학과 관련한 또 다른 문제로서, 수학 이론의 전통적인 방법에 의해서는 해석하기 불가능하거나 어려운 문제들이 있다. 복잡한 구조 요소에서 단면이 급격히 변하는 부근에서 발생하는 응력집중stress concentration의 문제가 이러한 문제 중 하나이다. 이와 관련하여 당시 개발된 응력해석의 "광탄성photo-elasticity"법과 함께 괄목할 만한 성과가 이루어졌다. "응력광학stress optics"이라고도 알려진 이 실험 법에서는 대상이 되는 구조요소의 소축척 모형(2차원으로 제작)을 셀룰로이드, 페놀 라이트 또는 유사한 물질로 제작하고, 편광에 노출시킨다. 모형이 힘을 받게 되면 광학 장치를 적절하게 배열함에 의하여 주응력의 차($\sigma_2-\sigma_1$)가 동일한 점들을 연결하는 여러 선(일정파장의 선)을 만들게 된다. 각각의 다음 선들은 그 응력차이가 2, 3, 4배 등등이다.그림 74 이 선들의 수와 배열로부터, 각 점에서의 최대 전

---

12) 고체의 소성변형에 대한 이론적 연구는 생 베낭이 처음 하였다.

단응력과 수직응력의 크기를 구할 수 있다.[13]

광탄성법 외에, 다른 실험 방법들이 셀룰로이드 또는 유사한 모형을 가지고 여러 하중에 따른 변형률을 찾기 위하여 사용되었다. 이는 현미경 또는 변형률 게이지를 사용한 기계적 방법에 의하여 측정되었다. 이 변형률에 대한 정보로부터 내부 응력상태를 추출해 낼 수 있었고, 수학적으로 분석하기 어렵거나 불가능한 구조물의 거동을 명확히 알 수 있었다. 그렇지만 실무에 있어서 모형실험을 통하여 구조물을 해석하는 것은 아주 특별한 경우에만 가능하다.

구조공학에 보다 큰 중요도를 가지는 재료역학의 또 다른 연장 분야가 있다. 이는 건설이 이루어지는 지면, 그리고 심도 깊은 곳의 주요한 재료인 흙에 대한 조사이다. "토질역학soil mechanics"으로 부르는 이 학문 분야의 출발은 쿨롱이라고 할 수 있다. 그는 "토압론Theory of earth pressure"에서 이미 중요한 개념인 "점착력cohesion"과 "내부마찰internal friction"을 사용하고 있다. 토압의 고전 이론은 퐁슬레, 랭킨Rankine(1857년), 쿨만, 레브한, 빙클러, 리터 등에 의해 계속 발전되었다. 근대적 의미의 토질역학은 옹벽에 가해지는 토압뿐만 아니라, 침하, 기초의 안정성, 토공(댐, 경사면 등)의 투수와 안정성 등도 대상으로 하며, 테르자기Tezaghi, 카사그란데Casagrande, 프렐리히Frohlich 등 보다 현대에 가까운 과학자들의 업적으로 이루어졌다. 이 학문 분야는 압축률compressibility, 전단강도, 내부마찰, 투과성permeability, 모세관 현상capillarity과 같은 흙의 성질에 대한 실험적, 수학적 해석과 더불어 흙의 소성과 점착력에 미치는 간극 수압의 효과, 압력에 의한 변형에 미치는 시간 요인의 영향 등을 다룬다.

구조역학과 재료역학의 분야가 현대에서 비약적으로 확장되고 있음을 감안하면, 이 분야에 영향을 미치는 그 당시의 동향에 대한 이 요약은 단편적일 수밖에 없다. 하지만, 우리가 구조역학의 역사를 다루는 것이 아니라, 토목공학의

---

13) Föppl and Neuber, "Festigkeitslehre mittels Spannungsoptik", Munich, 1935.

역사를 다루고 있기 때문에 너무 포괄적일 필요는 없다.

당분간은 구조물 건설의 가시적 모양에 영향을 미치는 새로운 개별적 연구노력은 상대적으로 적다. 그러나 과학적 연구업적들은 결국 토목공학의 진보와 발전이 이루어지는 기반이 된다.

이 주제와 관련하여 또 다른 요인이 있다. 근대에 와서는, 대규모 공사에서 보다 이론연구 분야에서 우수한 개별 엔지니어의 역할이 더욱 자연스럽게 인식된다. 고대와 중세시대에서와 마찬가지로, 대규모 공사는 공사의 대부분은 아니더라도 많은 부분을 차지하는 수많은 협력자들의 이름 없는 노력에 의한 결과이다. 근대의 토목공학에서 뛰어난 기여를 한 사람들의 이름은 특정한 구조물이나 공사보다는 특정한 연구주제 또는 계산법과 연관되곤 한다. 과학적 연구업적도 점점 과학자들로 구성된 팀의 집합적 노력으로 되고 있는 것이 사실이며, 특히 예를 들어 건설재료, 토질역학, 수공학 등 실험실과 연구기관에서의 연구업적은 더욱 그렇다. 그러나 새로운 계산법, 특히 특정한 분야에 대한 체계적 취급과 종합적인 소개는 여전히 주로 개개인의 몫이다.

엔지니어링 실무 중 철근콘크리트 공사에 있어서는, 건축적 재능이 있는 설계자들의 개인적이고 창의적인 노력의 결과를 언급할 여지가 있다. 마야르 혹은 이탈리아 엔지니어 네르비(그림 69) 등 이름이 떠오른다. 하지만 대규모 건설, 특히 댐, 운하, 항만, 또는 주요 강 교량과 같은 대역사에서는 설계회사, 감독청, 시공회사 등이 그 공을 나누어 가져야 하기 때문에, 참여한 개인의 개별 공헌을 가려내는 것이 쉽지 않다. 전술한 바 있는 뉴욕 시 킬밴쿨 교량에 대한 기고문의 저자[14]는 책임자이었던 암만H. O. Ammann 외에 대공사의 완성에 크게 기여한 9명의 엔지니어 이름을 거론하고 있지만, 모든 보고자들이 그와 같이 세심한 것은 아니다.

14) 191쪽의 각주 참조.

2. 근대건축에 미친 엔지니어링 건설의 영향 : "테크니컬 양식"

제7장의 결론부에서 우리는 19세기 후반기 동안 엔지니어링 기술의 급속한 발전의 영향을 받아, 원칙적으로 다른 두 가지 관점으로부터 건설 공사가 어떻게 다루어졌는가를 보았다. 산업 또는 교통을 목적으로 하는 건물은 단지 역학적, 경제적인 고려에 따라 설계되고 실용주의적 성격을 가졌다. 그러나 미학적인 고려가 역할을 하는 곳에서는 예술적이고 조형적인 면이 과도하게 강조되는 경향이 있었다.

20세기 초반부, 근래의 건축 역사에 대한 연구를 통하여, 근대의 건축 수준이 낮다는 것을 점점 더 인식하게 되었다. 사람들이 19세기의 접착식과 같은 전면부 건축frontal architecture의 공허함과 무의미함을 점차적으로 인식하게 됨에 따라, 의도되지 않았던 기능주의적인 건물이 근대 "건축"의 복고주의적 창작과 대조되어, 결국은 일정 예술적인 요소를 지니고 있음을 알게 되었다. 옥수수 저장고, 공장, 교량 또는 기계, 차량, 선박과 같은 대형 구조의 냉철한 기능주의가 그 시대의 적절한 표현으로 간주되었으며, 역학적, 구조적, 기술적인 고려에 의하여 만들어진 형태가 미학적인 기호에도 영향을 미치게 되었다. 근대의 엔지니어들은 주어진 물질의 양과 질을 최대한 활용하고, 최소한의 경제적 노력으로 최대의 효율성과 결과를 얻고자 노력하였다. 이에 따른 구조물의 "볼드니스boldness"는 기술적, 구조적 역량과 창의적 설계를 상호 자극하게 되었고, 새로운 구조 형식을 이끌었다. 이 과정은 볼트의 고딕형식이 어떻게 발생했는가를 상기시키며, "결정적인 새로운 형태의 양식style은 항상 그 시대에 가장 중요한 과제로 여겨지는 건축 과제에 기원을 둘 것이다."15)라는 의견을 되새기게 한다.

건축의 역사에서 이전에 이미 발생했던 것처럼,16) 이미 생겨난 경향이 결정적

---

15) Peter Meyer, "Schweizerische Stilkunde", p.194.
16) 예를 들어 고대로부터 초기 기독교 건축으로의 변천기에서와 같이. 13쪽 참조.

인 순간에 외부로부터의 뜻밖의 사건에 의하여 촉진되곤 한다. 제1차 세계대전 후 전반적인 빈곤은 건물 공사에서 최고의 경제성, 불필요한 치장적 장식의 삭제, 현대적 기술이 제공하는 구조적 가능성의 활용을 요구하게 되었다. 기계와 마찬가지로 하나의 구조물은 기술적인 목적성의 원칙에 따라 설계되어야 하고, 주택조차도 "거주 기계living machine"와 같이 간주되었다. 프랑스에서 이러한 학파의 주역은 르 코르뷔지에Le Corbusier(그림 75)이었다. 심리적 기반, 즉 유행에 뒤떨어진 장식에 대한 반감과 재료의 상태 즉, 경제적 건물에 대한 요구가 새로운 아이디어와 잘 부합된, 독일에서는 주로 "바우하우스Bauhaus"(바이마르Weimar, 후에는 데사우Dessau) 주변의 건축가 그룹, 특히 주택단지와 건물을 이 원칙에 의하여 건축하고자 노력한 발터 그로피우스Walter Gropius가 주축이었다.

또 다시 역사는 반복된다. 후기 고딕 시대에서와 마찬가지로, 양식의 원래 구조적 목적은 잊혀갔다. **테크니컬 양식**technical style을 탄생시킨 공학적 건물에 있어서 유용성과 기능주의는 결정적인 요인이었다. 하지만 이러한 요인은 이 양식이 주거 건물과 기념비적 건물에 적용되면서 점차 배경으로 물러서게 되었다. 강한 직사각형 형태, 지지부의 날씬함, 구조물의 넓은 경간, 브라켓으로 지지되지 않은 발코니 슬래브의 돌출부, 이러한 모든 특징은 기술적 또는 경제적 필요성을 넘어 과장되었고, 미학적인 구도와 표현의 수단으로 사용되었다. 진정한 의미의 건축가들은 예술적인 설계를 구조적 목적성과 결합할 수 있었고, 1920년대의 예술양식에 종종 사용되는 "신기능주의New Functionalism"라는 용어가 건축에도 정당하게 사용될 수 있었다. 그들의 창작은 우리가 앞에서 여러 번 만났던 예술적 노력과 구조 기술의 종합을 다시 한 번 보여준다.[17] 그러나 많은 "길동무"들에게, 평면지붕, 대형 유리표면, 그리고 처마돌림띠cornices, 벽기둥pilasters, 아치 등 전통 지향적 부재의 배제는 단지 유행의 문제일 뿐이었다. 이것은 의식 있는 비평가에게는 분명했다. "구성주의constructivist 건축가에게는 이들 자신의 의지와는 상관없이 진정한 합리주의의 문제가 아님이 분명하다. 수학자, 물리학자, 엔지니어들은 이 게임을 원하지 않는다. …… 우리는 기계기술자, 기계요소의 예술적 표현을 만나고 있다."[18]

"테크니컬 양식"으로 설계된 구조물을 나열하는 것은 의미 없다고 생각한다. 많은 구조물들이 거의 모든 주요 도시에 있기 때문이다. 이 양식의 발전에 주요한 영향을 미친 두 교회에 대해 언급하는 것만으로 충분할 것이다. 1922~1923년에 오귀스트Auguste와 귀스타브 페레Gustave Perret에 의해 건설된 파리 근교 랭시의 노트르담Notre Dame du Raincy 교회, 1926~1927년 카를 모저Karl Moser가 설계한 바젤의 성 안토니우스Saint Antonius 교회(그림 76)이다. 두 번째 교회에는 "영혼의 저장소Seelensilo"라는, 이 엔지니어 영감에 따른 건축물을 적절히 표현하는 대중적인 별명이 있다.

순수하게 기술적인 건물 양식에서 예술적인 면을 발견하고, 그 건물에서 "테크니컬 양식"으로 표현되는 미학적 재인식을 하는 것은 토목공학 그 자체에 소급하여 영향을 미치지 않을 수 없는, 근대 건축의 전환점을 의미한다. 예술가와 건축가에 의하여 자기 구조물의 색다른 아름다움을 알게 된 엔지니어는 구조적이고 경제적인 측면과 더불어 미적인 외관에 보다 큰 관심을 가지게 되었다. 예

17) 8, 13,(2장 5쪽) 참조.
18) Franz Roh, "Nachexpressionismus", Leipzig, 1925. H. Sedlmayr, "Verlust der Mitte", Salzburg, 1948에서 인용.

그림 76. 바젤의 성 안토니우스 교회

그림 77. 시카고의 옥수수 저장고
(From schweizerische Bauzeitung, Vol. 87)

전보다 근대 공학 문헌 중에 미적인 부분을 다루는 문헌이 더 많이 포함되어 있는 것이 사실이다. 심지어 전형적인 공학 분야, 예를 들어 도로 건설에서도 교통에 대한 고려뿐만 아니라, 선형, 곡률, 절성토면의 경사 등을 적절히 선택함에 의하여 "조경"과 같은 미적인 부분까지 주의하고 있다.[19]

교량이나 댐과 같은 구조물, 산업이나 교통목적의 구조물, 저장고 등은 그 규모, 그리고 많은 경우 평범하지 않은 형태(그림 77)로 말미암아, 도시 또는 교외의 주변 배경을 지배하는 랜드마크andmark가 되고, 따라서 필연적으로 기념비적 성격을 가지게 된다. 기념비는 그 관람객의 마음에 남는 인상을 남겨야 하므로 예외성이 기념비의 중요한 요소가 된다. 사실 "기억되는 것to be reminded"이 "기념비monumentum"의 진정한 의미이다. 이것이 기념비적 구조물의 설계자들이 그 크

---

19) 그중에서도 "Erfahrungen beim Trassieren der Reichsautobahnen"; Schweizerische Bauzeitung, vol. 117, p.8.(1941년 1월 4일 자) 참조.

기에서조차 관례를 넘어 크게 하고자 노력하는 이유이다. 반면, 그러한 예외적인 규모가 태생적으로 가지고 있는 기술적인 어려움 때문에, 피라미드, 고딕 대성당, 성베드로 대성당의 돔 등은 또한 엔지니어링 업적으로 간주되어야 한다.

여기서 우리는 "테크니컬 양식"에 핵심적으로 관련된 주제를 다루도록 한다. 토목 구조물은 기념비적 구조물이 될 수 있는가? 그리고 그렇게 되어야만 하는가? 어떻게 해야만 바람직하지 않은 기념성을 피할 수 있을까? 당시 몇 년간 반복적으로(특히 스위스에서)[20] 논의되는 이 질문의 답을 찾기 위해, "의도적이지 않은unintentional"과 "의도적인intentional"으로 칭할 수 있는 정도 또는 수준을 구분할 필요가 있다. 전자는 "효과보다 목적을 더 마음에 둘 때 초래된다."[21]

이미 언급한 바와 같이, 예외적인 규모, 역학적으로 분명한 형태에 의한 힘, 아치, 부벽, 기둥과 같은 단순한 모티프motif의 규칙적인 반복, 그리고 장식품의 배제 등등에 의하여 이러한 기념성은 태생적이다. 실용적인 구조물이 보통은 지니지 않은 의도적인 중량과 과장된 대칭을 통하여 어떤 구조물이 중요성을 부여받는다면, "의도적인" 기념성이라고 할 수 있다. 불행하게도 잘못된 기념성의 예를 다수 볼 수 있다. 베를린 제네럴 일렉트릭General Electric의 터빈 공장(그림 78) 등 1920년대에 높이 칭송받았던 페터 베렌스Peter Behrens와 그 제자들의 산업 건물을 예로 들 수 있다. 이 건물은 다소 가식적인 인상을 주기 때문에 "테크니컬 양식"의 좋지 않은 예로 간주될 수 있다.

대중적인 의견과 달리, 산업용 건물이나 기능성 건물은 전적으로 단지 기능적인 면만 고려한 결과가 아니다. 이 사실은, 다음 절의 역학적인 관점에서 좀 더 논의되겠지만, 잘 설계된 공학 구조물 그리고 "테크니컬 양식"에서 과도한 예에 의하여 확인될 수 있다. 과거의 공학 구조물은 항상 그들이 속한 시대의 주요

---

20) 스위스 건축과 순수 및 응용미술 월간 잡지 "Werk" vol. 25(1938년) p.123, vol. 27(1940년), pp.160, 189.
21) Peter Meyer, Schweizerische Bauzeitung, 1924년 10월 4일 자.

한 양식의 특징을 보여주고 있다. 지금의 시대에서는, 강 또는 콘크리트 구조물 조차 재료와 계산방법이 어느 나라에서도 동일함에도 불구하고 보통 어떤 특정한 국가의 성격을 보여준다. 미세한 음영을 분별할 수 있도록 훈련된 눈은 공공 건물 또는 종교 건물로부터 주택 그리고 단순히 기술적인 기능성 구조물까지, 모든 경우 한 국민의 구조적 표현 전체에 뻗어 있는, 일정하게 반복되는 특성과 양식의 특색을 어렵지 않게 찾아낼 수 있다. 예를 들어 제2차 세계대전 이전 독일 라이히스아우토반넨Reichsautobahnen(국영자동차도로)의 대규모 교량과 육교는 제3제국 당시 대표적인 공공건물과 양식상 틀림없이 유사성을 지니고 있다. 스위스에서는, 로베르 마야르의 몇몇 철근콘크리트 교량(그림 73, 79)의 가식 없고 편안한 경향은 1939년 국립박람회의 건물 등 당대 스위스 건물들과 공통으로 가진 일정한 독특한 특징을 가지고 있다. 비슷한 현상은 미국과 다른 국가에서도 알아 볼 수 있다.

교량, 기차역, 시장 등과 같은 공공 공사의 경우 기념성의 정도를 결정하는 데

그림 79. 로베르 마야르가 제네바 아르브 강에 건설한 철근콘크리트 교량
(From Das Werk, 1940)

설계자 또는 건축가가 크게 관여하지 않는다. 이 결정은 일반적으로 관련된 공공기관의 몫이다. 이런 상황에서는, 엔지니어링 구조물이 의도적으로 국력 또는 시민의 자존심의 상징으로 사용되게 되고, 특정한 방법으로 "의도적인 기념성"이 부여될 수 있다. 이러한 생각의 타당성에 대한 의견을 개진하는 것은 이 책의 범위에서 벗어나는 것이다. 그러나 중세시대의 축성 또는 르네상스 등 과거에 일어났던 비슷한 내용을 되새길 수 있다.

3. 회고 - 구조공학에서의 해석적 접근의 한계

이 책에서 정리하였던, 고대에서 근대에 이르는 동안 토목공학의 발전은 다음과 같이 요약될 수 있을 것이다:[22]

고대세계에서 우리는 뛰어난 엔지니어링 업적, 그중 몇몇은 거대한 규모를 가진 업적을 보았다. 그러나 이때는 이론적으로, 건축과 토목공학을 구분하는 차이를 보이는 자취가 없었고, 또한, 엔지니어링 건설에 있어 정확한 과학적 방법

---

22) 이 맺음부의 일부는 저자가 Schweizerische Bauzeitung, vol. 116, p.239에 기고한 글에서 발췌.

을 적용한 자취도 없었다. 이는 중세시대에서도 마찬가지이었다.

르네상스 시대는 현대적 의미의 자연과학이 막을 올린 시기이다. 그 시대의 영감을 받은 열린 사고의, 특히 이탈리아 사상가들은 중세의 편협함의 문을 깨뜨려 활짝 열었다. 보편성을 추구했고, 예술과 과학 간의 차이, 그리고 전통적인 장인기술과 이론적인 인식의 차이를 연결하고자 노력하였다. 그러나 그런 시도는 얼마 가지 못하고 끝이 났고, 그 후의 역사에 거의 자취를 남기지 않았다.

과학의 범위가 넓어지면서 전문화가 필요해졌고, 연구는 물리학자와 수학자의 영역이 되었다. 엔지니어링 실무와 엔지니어링 학문은 계속해서 다른 방향으로 나아갔다.

18세기 중반은 건물의 안전성 조사와 구조 치수의 결정에 구조해석의 과학적 방법을 적용하는 첫 번째 시도를 가져왔다. 한 세기도 되지 않는 기간 동안에 구조역학 이론이 개발되었고, 이는 엔지니어들이 수학적 용어로 구조물의 역학적 거동과 안전성을 예측할 수 있도록 하였고, 이에 따라 경제적인 고려에 기반을 두고 구조물의 치수와 형태를 결정할 수 있도록 하였다.

19세기 동안에는 해석 계산의 과학적 방법이 개발되고, 효율적이고 새로운 건설 자재들이 개발되고 상업적 생산이 가능해지면서, 산업과 세계적 교통수단의 발전이 시작되는 격동의 시기에 나타난 수많은 새로운 건설 과제와 함께 하게 되었다. 매 10년마다 보다 크고 대담한 구조물들이 이전 10년의 구조물을 능가하는 추세이었고, 그래서 19세기는 아마도 진정 토목공학의 "영웅시대"라고 생각될 수 있을 것이다.

근대에 와서 "응용물리학", "정역학", "탄성론", "재료역학", "재료실험" 등 제목의 주제들은 일반적인 엔지니어가 모두 습득하기는 불가능한 정도까지 영역이 확장되었다. 이 경향은 다시 과학자와 실무 엔지니어를 새롭게 분리하는 방향으로, 물론, 각각의 두 분야는 한층 더 심도 있게 전문화되는 방향으로 나아가고 있다. 이 과정에 있어서, 학문 또는 연구의 결과를 실무 엔지니어가 가장 경제적으로 활용할 수 있는 형태로 만들고자 하는 뚜렷한 경향이 있었다. 근대에서 구조역학이 발전하는 것을 검토하면서,[23] 우리는 뼈대, 고정단 아치 등 자주 사용되는 구조의 해석을 위하여, 그러한 부정정 구조를 신속히 해석할 수 있는 수치 표를 사용할 수 있는 방법이 개발되어 온 것을 보았다. 이러한 방향으로 더욱 나아가, "미리 준비된" 공식과 표의 모음집을 서점에서 구하거나, 유명 편람이나 교재에서 보거나, 혹은 전문기술 잡지를 통하여 보급되곤 하였다. 예를 들어 클라인로겔Kleinlogel의 "뼈대구조의 공식", 그리오Griot 혹은 빙클러의 "모멘트 표", 크레이Krey의 "토압 표", 관성모멘트와 저항의 병치표, 응력계산 및 철근콘크리트 단면결정을 위한 수치도표 등이 있었다. 근대의 수학은 계산도표 nomograph의 형태로 엔지니어들이 3개 이상의 변수 간의 비교적 복잡한 관계식을 알기 쉬운 도표의 형태로 표현하는 효율적이고 우아한 방법을 제공하여, 만약 두 개의 수치가 주어진다면 제3의 또는 그 이상의 변수를 어려움 없이 읽어낼 수 있도록 하였다.

과학적인 연구와는 다르게, 위와 같은 출판물들의 목적은 근본적으로 형식화 또는 체계화이다. 다시 말해서, 이론상으로 이미 해석된 문제를, 간결하고 실무자에게 편리한 방식으로 표현하여, 펜과 계산자를 사용한 힘든 계산 작업을 줄여주도록 함에 있다. 이렇게 작업을 경감시키는 것은 실무 엔지니어의 능률을 증가시킬 뿐만 아니라, 실무자들이 좀 더 다른 업무, 즉 기획, 계획, 창의적 설계, 시공과 같은 보다 개인적인 업무에 시간을 투자할 수 있도록 해주었다.

그러나 만약 이러한 도움의 사용이 구조물의 안전성이나 경제성에 불리하도록 하고자 하는 것이 아니라면, 이들을 사용하는 엔지니어는 그 한계에 대한 확고한 지식, 숙련된 역학적 감각, 관련 건설 재료의 성질에 대한 충분한 이해를 가

---

23) 187쪽 이하 참조.

지고 있어야 한다. 이러한 지식은 부분적으로는 실무를 통해서, 더 크게는 철저한 이론 학습을 통하여 습득되고 심화된다. 그러므로 학문적으로 교육받은 엔지니어에게 있어서, 이론적 연구와 과학적인 방법들이 절대로 공식들이나 표의 모음집으로 대체될 수 없다는 것은 두말할 나위가 없다. 공식과 표의 중요성은 약간 다른 측면에 있다. 즉, 이론 학습의 목적이 이전에 비하여 실무보다는 교육에 놓일 것이라는 의미에서, 두 종류 작업의 중요도를 변화시킬 것이다.

비록 단순화한 가정에 기초하는 공식과 표가 구조물의 역학적 거동을 다소 거친 근사치로 해석할 수밖에 없다고 할지라도, 그렇게 얻는 정확도는 심지어 비교적 중요한 구조물이라 하여도, 대부분의 경우, 실무 목적에 충분히 적합하다. 명백한 것을 다시 반복하는 위험에도 불구하고, 다음 사실은 여러 번 강조되어야 한다. 기본 상수(극한강도, 탄성계수, 탄성한계, 열팽창계수, 건조수축도)의 불확실성이 크기 때문에, 정교한 계산법을 통하거나 또는 부수적인 가능성을 모두 고려함으로써 얻는 결과의 정확성이 겉보기에는 클지라도 실제로는 착각이기 쉽다. 이것은 시공이나 콘크리트 타설 과정의 영향, 흙의 다양성, 그리고 종종 임의의 하중 가정 등이 가지고 있는 불확실성과는 다른 것이다. 모든 전문가들은 이러한 불확실성이, 특히 석조와 콘크리트 구조에서 얼마나 큰지 알고 있을 것이다. 개개 오류들의 합(혹은 곱)에 의하여, 최종결과는 상당히 큰 오류에 의하여 영향을 받을 수 있을 것이다. 예를 들어, 철근콘크리트 구조물을 파괴 실험한 결과, 계산에 의하여 기대되었던 것보다 몇 배나 큰 안전도를 갖고 있음을 발견하였다. 반면에, 부정적인 상황이 불행하게도 일치하고 부적절한 설계를 하게 되면 반대의 경우를 야기할 수 있다. 불행히도, 이것은 토목공학의 역사에서 무수한 실패로 증명된 바 있다. 그러므로 신중하고 책임감 있는 설계자는 지나치게 불충분하지 않은 "안전 계수"(파괴응력과 허용응력의 비율)를 선택하기를 고집할 것이다.[24]

---

24) 구조물의 안전이 단지 역학적인 면에 의하여 지배되는 경우는 이 법칙에서 예외이다. 예를 들어 석조 블록의 전도에 대한 안정성 문제에 있어서는 전술된 상수들(극한강도, 탄성계수, 열팽창계수, 건조수 축계수)이 어떠한 영향도 미치지 않는다.

철과 강구조물의 경우, 금속의 극한강도, 탄성계수, 열팽창계수가 콘크리트에 비하여 보다 정확하게 예측되기 때문에 계산의 결과를 더 신뢰할 수 있다. 그러나 여기에도, 하중, 특히 풍압, 지진력 등에 대한 가정의 불확실성은 남아 있다.

어떠한 경우에도, 일정 한계를 넘어 계산의 이론상 정확성을 높이기 위하여 필요로 하는 노력은 대체로 그 유용성과 비례하지는 않는다. 그러므로 어렵고 당혹스럽고 복잡한 계산 작업에 주안점을 두는 것으로부터, 완전히 그리고 자세하게, 훌륭하고 목적에 맞는 설계를 총체적으로 고찰하도록, 즉 적절한 비율과 치수를 가지고 구조물이 그 주변과 융화되도록 주안점이 옮겨졌을 때 환영받을 것이다.

한 세기 반 동안 정립되어 왔었던 엔지니어와 건축가 사이의 구분 대신에, 미래에는 한쪽으로는 연구자, 다른 한쪽으로는 창의적인 시공자와 설계자로 하는 큰 구분이 확립될 수 있을 것이다. 얼마 전부터 그러한 경향의 특정한 징후들이 나타나고 있다.

이런 면에서, 스위스의 가장 창의적인 토목공학자 중 하나인 로베르 미야르의 사망에 대한 뒤르스트H. Jenny-Dürst 교수의 추모사[25]로부터 발췌한 다음의 구절을 되새겨 보는 것은 가치 있는 일이다. "미야르의 구조물이 가진 가장 구별되는 특징은 그 독자적이고 거리낌 없는 창의적인 설계에 있다. 구조계산에 있어서는 주로 구조물들이 1차 응력을 감당할 수 있는 범위에서 설계된다. …… 2차 응력은 이 천재에 의하여 설계되는 적절한 구조적 방법들에 의하여 제어되고 이론적으로 상세히 검토된다."

미야르 자신은 이 주제에 대한 그의 의견을 다음과 같이 표현했었다. "치수를 명백하게 그리고 최종적으로 계산에 의하여 결정하여야 한다는 것은 인정하건

---

25) Neue Zürcher Zeitung, 1940년 5월 2일 자.

데 꽤 보편화된 의견이다. 그러나 모든 가능한 경우를 고려한다는 것이 불가능하다는 관점에서 생각하면, 어떠한 계산결과도 설계자에게는 단지 참고가 될 수 있을 뿐이다."

미야르의 설계는 "테크니컬 양식"의 탁월한 예들이다. 그들은 형태와 구조양식이 완전히 하나가 되는 동질의homogeneous 창조물이다. 예술적으로 흥미가 있는 사람들은 "미야르가 교회와 같은 주로 건축학적으로 중요한 구조물을 설계할 기회가 없었던 것"[26]을 유감스러워하였다. 그러나 그가 설계를 맡아 온 작품들, 즉, 주로 교량들은, 특별한 규모의 것은 아닐지라도, 토목공학의 역사 속에서 그 창조자가 영원히 자리 잡도록 할 것이다.

근 2세기 동안, 토목공학은 양식유형에 따른 전통적 기능으로부터 수학적 계산을 기초로 한 과학을 향해 저항 할 수 없는 변화기를 거쳐 왔다. 구조해석과 재료기술의 모든 새로운 연구결과는 좀 더 합리적인 설계와 좀 더 경제적인 치수, 혹은 완전히 새로운 구조적 가능성을 의미하였다. 해석적 접근의 가능성에는 어떤 분명한 한계도 없었다. 구조물 건설에 있어서 계산으로 해결될 수 없는 분명한 문제도 없었다.

그렇지만 미래에 구조물 건설에 종사하는 토목공학 엔지니어는 지난 세기 동안 너무 많이 무시되어 왔던 측면들, 구조물의 창의적인 설계, 그 형식적 미학적 완성도, 그리고 주변 경관과의 조화를 다시 기억할 것이 분명하다. 그러나 이러한 방향전환도 **자유로운 창의적 설계와 해석적 접근의 융합이 토목공학의 가장 중요한 표상이자 기준**이라는 절대적인 사실에는 영향을 미치지 않을 것이다.

전통적 건설 기능과 순수과학, 이 두 가지 기원으로부터 현대 토목공학이 어떻게 진화되어 왔는가가 이 책의 주요 주제이었다. 구조물의 예술적 측면에 흥미

---

26) M. Hottinger in Werk, 1940, p.329.

가 있는 모든 사람, 그리고 역사 정신을 가진 모든 토목공학 엔지니어들에게, 그러한 융합이 일어났던 시기를 회상하는 것은 항상 특별한 매력의 대상이 될 것이다.

연대표

연도		토목공학과 관련된 공학 및 과학 업적	위대한 과학자와 엔지니어
1450	1434~36	브루넬레스키가 피렌체 대성당의 돔 완성	Brunelleschi(1377~1446)
1460	1457~60	밀라노를 아다 강과 연결하는 운하 완공	Leon Battista Alberti(1404~1472)
1470	1461	베른의 옛 "니덱 교Nydeck Bridge" 개통	Francesco di Giorgio Martini(1439~1502)
	1474	바치오 폰텔리가 로마 티베르 강의 시스토 교 재건설	Fra Giocondo(1433~1515)
1480	1480	치비달레에 "악마의 다리Ponte del Diavolo" 건설	Bramante(1444~1514)
1490		라인 강의 재킹엔과 콘스탄츠 사이에 목교 건설	Giuliano da Sangallo(1445~1516)
1500	1502	레오나르도 다 빈치가 체사레 보르자의 공병으로 복무	Leonardo da Vinci(1452~1519)
1510	1506	브라만테가 로마 성 베드로 대성당 재건축	Michelangelo(1475~1564)
1520	1507	프라 지오콘도가 파리 노트르담 교량 건설	Tartaglia(16세기 초~1568경)
1530		성 고탈드 도로의 목재교량을 석재교량으로 대치	Cardano(1501~1576)
1540	1543	올자토G.M. Olgiato가 제노아 등대 건설(높이 70m)	Francesco de Marchi(1504~1577)
1550	1546	타르탈리아의 "다양한 발명의 문제" 발간	F. Commandino(1509~1575)
1560	1559	암만나티Ammannati가 피렌체 "까라리아 교Ponte Carraia" 재건설	Antonio da Ponte (1512경~1597)
1570	1566-69	암만나티가 피렌체 "산타트리니타 교Ponte S. Trinita" 재건설	Benedetti(1530~1590)
	1577	귀도발도의 "기계학" 발간	Giacomo della Porta (1540경-1602)
1580	1580경	알리칸테(스페인)에 중력 댐 건설	Domenico Fontana(1543~1607)
	1586	폰타나가 성 베드로 광장에 오벨리스크 건설	Guidobaldo del Monte(1545~1607)
	1586	스테빈의 "Mathematicorum Hypomnemata de Statica" 발간	
1590	1588~90	포르타와 폰타나가 성 베드로 대성당 아치 건설	Bernardino Baldi(1553~1617)
	1588~92	안토니오다폰테가 베니스의 리알토 교 건설	
1600	1583~97	뮌헨의 성 미카엘 성당의 원통형 볼트 건설	Simon Stevin(1548~1620)
1610	1609	리보르노 유역의 새 항만 건설 시작	Galilei(1564~1642)
	1619	존 네이피어가 첫 대수표logarithmic table 발행	Mersenne(1588~1648)
1620	1625경	라인베르그-펜로 사이의 라인-마스 운하 건설	Descartes(1596~1650)
1630	1626	메르센이 강도실험 수행	Roberval(1602~1675)
1640	1638	갈릴레이가 "새로운 두 과학..." 출판	Mariotte(1620~1684)
1650	1653	프라이부르크 싸힌느 강의 목교 "베른 교" 건설	Hooke(1635~1703)
1660	1666	프랑스 "과학한림원" 설립	Vauban(1633~1707)

연도		토목공학과 관련된 공학 및 과학 업적	위대한 과학자와 엔지니어
1670	1673경	라이프니츠 미적분학의 기본 원리 발견	Carlo Fontana(1634~1714)
	1667~81	랑그도크 운하 건설	De la Hire(1640~1718)
	1671~83	보방에 의하여 됭케르크 항구와 요새 건설	Leibniz(1646~1716)
1680	1685~88	베르사유궁 정원의 상수도관 건설 시작(미완성)	Newton(1642~1727)
1690	1687	뉴턴의 "자연철학의 수학적 원리"	Jakob Bernoulli(1654~1704)
1700	1691	후크의 법칙	Varignon(1654~1722)
1710	1707	"Urnerloch" 세인트 고타드 고개 터널 관통	Parent(1666~1716)
	1707	파랑 휨 시험 결과를 도표화	Jahann Bernoulli(1667~1748)
	1717	요한 베르누이가 "가상변위의 원리" 발표	Poleni(1685~1761)
1720	1720	프랑스 교량도로기술단 설립	Musschenbroek(1692~1761)
			Belidor(1697~1761)
1730	1729	벨리도르 "엔지니어의 과학" 발간	Daniel Bernoulli(1700~1782)
			Euler(1707~1783)
1740	1742	로마 성 베드로 대성당 돔의 측량	Buffon(1707~1788)
	1744	오일러의 좌굴 공식 발표	Perronet(1708~1794)
	1747	프랑스 국립교량도로대학 설립	Boscowich(1711~1787)
1750	1758	그루벤만이 샤프하우젠 라인 강 목교 건설	Chezy(1718`1798)
1760	1768~74	페로네가 센 강 "뇌이 교" 건설	John Smeaton(1724~1792)
			Gauthey(1732~1806)
1770	1773	쿨롱의 "최대 최소 법칙의 구조역학 문제……" 발간	Coulomb(1736~1806)
	1776~79	아브라함 다비가 세번 강 철교 건설	Abraham Darby III(1750~1791)
1780	1784	헨리 코트에 의하여 교련법 철 생산	Monge(1746~1818)
	1787	최초의 철 압연기 등장	Franz Joseph v. Gerstner(1756~1832)
1790	1786~91	페로네가 파리 콩코드 교 건설	Macadam(1756~1836)
	1794	파리 국립공과대학Ecole Polytechnique 설립	Thomas Telford(1757~1834)
1800	1796	제임스 핀리가 북아메리카에 첫 현수교 건설	Johann Gottfried Tulla(1770~1828)
			Wiltmann(1757~1837)
1810	1801	건설 기계에 증기기관 응용(유압 햄머, 펌프)	Eytelwein(1764~1848)
	1803	토압을 받는 최초의 터널(Tronquoi, St. Quentin) 건설	Tregold(1788~1829)
	1822~24	뒤푸르와 세퀸이 제네바에 유럽 최초 현수교 건설	Navier(1785~1836)
1820	1824	아스피딘에 의하여 포틀랜드 시멘트의 제조 특허출원	Poisson(1781~1840)

연도		토목공학과 관련된 공학 및 과학 업적	위대한 과학자와 엔지니어
	1825	스톡턴-달링턴 철도 개통	George Stephenson(1781~1848)
	1826	나비에의 "교량도로대학 강의 요약" 발간	Aspdin(1779~1855)
	1829	스티븐슨의 "로켓"이 레인힐의 기관차 경주에서 우승	L. J. Vicat(1786~1861)
1830	1831	최초의 압연 L형 철재	Cauchy(1789~1857)
	1832~34	샬레가 프리부르 지방 사린느 강의 "로잔 대교" 건설	Poncelet(1788~1867)
1840	1840~44	베른 니덱 교 건설	H. Dufour(1787~1875)
	1846~50	로버트 스티븐슨이 메나이 해협 브리타니아 교 건설	Lamé(1795~1870)
			Clapeyron(1799~1864)
			Robert Stephenson(1803`1859)
1850	1850	로체스터 메드웨이 교 건설에 압축공기 기초 사용	Saint-Venant(1797~1886)
	1851	북아메리카 최초의 대형 철재 트러스 교량	F. A. v. Pauli(1802~1883)
	1854	취리히연방공과대학 설립	Culmann(1821~1881)
	1855	베세머 강 생산	Maxwell(1831~1879)
1860	1861~66	그래프와 도르끄르가 푸렌스 댐 건설	H. Bessemer(1813~1898)
	1865	쿨만의 도해역학	J. W. Schwedler(1823~1894)
	1867	모니어가 최초로 철근콘크리트 특허 획득	Castigliano(1847~1884)
1870	1869	수에즈 운하 완공	Monier(1823~1906)
	1871	몽스니 터널 완공	Franz v. Rziha(1831~1897)
1880	1881	고타드 터널 완공	Cremona(1830~1903)
	1882~83	베른 커첸펠드 교량 건설	Mohr(1835~1918)
	1886	뮐러-브레슬라우의 "재료역학과 구조역학의……" 발간	Wilhelm Ritter(1847`1906)
	1886	코넨의 철근콘크리트의 역학 계산법 개발	H. Gerber(1832~1912)
	1889	쾨슐랭의 디자인에 따라 에펠탑 건설	Reynolds(1842~1912)
1890	1890	포스만을 건너는 철도교 완공(지간 520m)	Hennebique(1843~1921)
	1890	최초의 철근콘크리트 교량 건설	Koenen(1849~1924)
1900	1899~00	파리 알렉상드르 3세교 건설	Müller-Breslau(1851~1925)

참고문헌

많은 경우, 인용된 자료의 전체 제목을 본문 또는 각주 중 표시하였다.
계속적으로 여러 번 인용된 다음 책들의 경우에는 본문과 각주에 저자명 또는 축약된 제목만 명시하였다.

Alberti, Leon Battista, "De re ædificatoria", Italian edition, "I dieci libri di architettura", Rome, 1784.

Beck, Ludwig, "Die Geschichte des Eisens in technischer und kulturgeschichtlicher Beziehung", five volumes, Brunswick, 1891-1903.

Bélidor, B. F. de, "La science des ingénieurs dans la conduite des travaux de fortification et d'architecture civile", Paris, 1729.

Bélidor, B. F. de, "Architecture hydraulique", four volumes, Paris, 1750-1782.

Brunet, P. and Mieli, A., "Histoire des sciences: Antiquité", Payot, Paris, 1935.

Coulomb, C. A. de, "Essai sur une application des règles de maximis et minimis à quelques problémes de statique relatifs à l'architecture": reprinted as an Appendix to; Coulomb, "Théorie des machines…", Paris, 1821.

Dehio, Georg, "Geschichte der Deutschen Kunst", three volumes of text and three volumes of illustrations, Berlin and Leipzig, 1921-1926.

Dehio, Georg, and Bezold, G. v., "Die Kirchliche Baukunst des Abendlandes", Stuttgart, 1892-1901.

Duhem, P., "Les origines de la statique", two volumes, Paris, 1905-1906.

Encyclopedia Britannica, Ninth Edition, Edinburgh.

Enciclopedia Italiana.

Feldhaus, F. M., "Die Technik der Antike und des Mittelalters", Potsdam, 1931.

Galilei, G., "Discorsi e Dimostrazioni matematiche intorno a due nuove scienze", Leyden, 1638.

Gauthey, E. M., "Traité de la construction des ponts", published by Navier; New Edition, 1843.

Handbuch der Architektur, Volume II: "Die Baukunst der Etrusker und Römer," by Durm, J.; Second Edition.

Handbuch für Eisenbetonbau, by Emperger, Third Edition. In the absence of notes to the contrary, the reference relates to Volume I; Berlin, 1921; Chapter I: "Die Grundzüge der geschichtlichen Entwicklung des Eisenbetonbaues," by Foerster, M.

Handbuch der Ingenieurwissenschaften, mainly Volume V, "Tunnelbau", Leipzig, 1920.

Mach, E., "Die Mechanik in ihrer Entwicklung"; Ninth Edition, Leipzig, 1933.

Marcolongo, R., "Leonardo da Vinci, Artistascienziato", Milan, 1939.

Matschoss, C., "Männer der Technik–Ein biographisches Handbuch", Berlin, 1925.

Matschoss, C., "Grosse Ingenieure", Second Edition, Munich, 1938.

Mehrtens, "Vorlesungen über Ingenieurwissenschaften"; Second Edition, Leipzig, 1909 and later.

Merckel, C., "Die Ingenieurtechnik im Altertum", Berlin, 1899.

Meyer, A. G., "Eisenbauten, Ihre Geschichte und Aesthetik", Esslingen, 1907.

Navier, L. M. H., "Résumé des Laçons données à l'Ecole des Ponts et Chaussées sur l'Application de la Mécanique à l'Etablissement des Constructions et des Machines"; New Edition, Brussels, 1839.

Olschki, L., "Geschichte der neusprachlichen wissenschaftlichen Literatur": Vol. I, "Die Literatur der Technik und der angewandten Wissenschaften vom Mittelalter bis zur Renaissance"; Heidelberg, 1919; Vol. II, "Bildung und Wissenschaft im Zeitalter der Renaissance in Italien"; published by Olschki, S., 1922; Vol. III, "Galilei und seine Zeit", Halle, 1927.

Perronet, J. R., "Déscription des projets et de la construction des ponts de Neuilli, de Mantes, d'Orléans, etc.", Paris, 1788.

Poleni, G., "Memorie istoriche della Gran Cupola del Tempio Vaticano", Padua, 1748.

Ritter, W., "Anwendungen der graphischen Statik", four volumes, Raustein, Zürich, 1888-1906.

Rondelet, "L'art de bâtir"; Italian Edition: "Trattato dell'arte di edificare", Mantua, 1832.

Rühlmann, M., "Geschichte der technischen Mechanik", Leipzig, 1885.

Saint-Venant, Historical introduction to the Third Edition, edited by Saint-Venant of Navier's "Résumé des Laçons...", Pais, 1864.

Schnabel, F., "Deutsche Geschichte im neunzehnten Jahrhundert"; Vol. III., "Erfahrungswissenschaften und Technik", Freiburg im Breisgau, 1934.

Steinman and Watson, "Bridges and their Builders", New York, 1941.

Todhunter and Pearson, "A History of the Theory of Elasticity and of the Strength of Materials", Cambridge, 1886-1893.

"Tre mattematici", Le Seur, Jacquier and Boscowich, "Parere di tre mattematici sopra i danni che si sono trovati nella Cupola di S. Pietro sul fine dell 'Anno 1742".

Vasari, Giorgio, "Le vite de' più eccellenti pittori, scultori ed architetti", 1550. Salani's Edition, Florence, 1913.

Vitruvius, "De architectura libri decem". Most quotations are taken from the English translation by Joseph Gwilt.

다음은 본문과 각주 중 계속적으로 여러 번 인용된 정기간행물의 목록이다.

Annali dei Lavori Pubblici, Rome.

Annales des ponts et chaussées, Paris (from 1831).

Der Bauingenieur, Berlin (from 1920).

Die Bautechnik, Berlin (from 1923).

Engineering News Record, New York.

Le Génie Civil, Paris.

L'ingegnere, Milan and Rome.

Schweizerische Bauzeitung, Zürich.

Zeitschrift des Vereins Deutscher Ingenieure.

인명색인

장소색인

토목
공학의
역사

고대부터 근대까지

초판발행   2016년 10월 19일
초판 2쇄   2016년 12월 9일
초판 3쇄   2018년 9월 28일
초판 4쇄   2022년 4월 27일

지 은 이   한스 스트라우브
옮 긴 이   김문겸
펴 낸 이   대한토목학회 회장 이성우
펴 낸 곳   도서출판 씨아이알

편집책임   박승애
디 자 인   정소영, 백정수
제작책임   이헌상

등록번호   제2-3285호
등 록 일   2001년 3월 19일
주   소   04626 서울특별시 중구 필동로8길 43(예장동 1-151)
전화번호   02-2275-8603(대표)
팩스번호   02-2265-9394
홈페이지   www.circom.co.kr

ISBN 979-11-5610-261-8 93530
정가 15,000원